Audio Digital

AUDIO DIGITAL

Conceptos Básicos y Aplicaciones

Por José "Chilitos" Valenzuela

Backbeat
Books

San Francisco

Diseño gráfico:	Tim Mustain
Edición y diseño de gráficas:	Jorge Palacios
Diseño de Portada:	Philip Keppler
Asesor de edición y producción:	Peter Mrzyglocki
Revisión técnica:	Mauricio Guerrero
Corrección:	Refugio Valenzuela
Fotografía:	Oscar Elizondo
Asistente de Fotografía:	José M. Ruiz

Editado en Enero de 1996 por **Backbeat Books** (Antes Miller Freeman)
600 Harrison Street, San Francisco, CA 94107
books@musicplayer.com
www.backbeatbooks.com
Una impresión de Music Player Network
United Entertainment Media, Inc.
Editores de revistas Keyboard Magazine, GuitarPlayer y Bass Player

Para más información acerca de otros libros editados en español o en inglés por **Backbeat Books,**
favor de escribir a: Backbeat Books, 600 Harrison St., San Francisco, CA 94107, U.S.A.
ISBN 0-87930-430-8

El autor aceptará todas sus sugerencias y contestará su correspondencia dirigida a:
José "Chilitos" Valenzuela
AudioGraph International
2103 Main Street
Santa Monica, CA 90405
Tel: (310) 396-5004 • Fax: (310) 396-5882 • Correo electrónico: chilitos@audiographintl.com

Este libro lo dedico primeramente a mis padres
quienes a través de mi carrera profesional han creido en mí
y me han apoyado en las altas y bajas de mi vida.

José Valenzuela García

Y

Ma. Guadalupe Flores

Asimismo le dedico este libro a mi maestro de la
preparatoria que me enseñó a comprender las bases de la
tecnología digital para poder llevar a cabo esta obra.

Sr. Ing. Ricardo Morales

Agradecimientos

Agradezco a todas las compañías y personas que me han ayudado, apoyado y han sido pacientes durante el transcurso del tiempo que duró producir este libro:

Ma. del Refugio Valenzuela Flores, Jorge Palacios, Tim Mustain, Bruce Honda de **AudioGraph International**; Marcus Ryle, Susan Wolf, Michel Doidic, Carol Nakahara de **Fast Forward Designs**; Nelly Paredes Walsborn, Dennis Walsborn de **Walsborn Productions**; Peter Tomsky, Marcy B. Holeton, Dennis Yurosek, Ernesto Mas, Bobby Fernandez, Cal Anderson, Ausencio Ariza, Felipe Capilla, Alberto Capilla, Arnoldo Baeza; Philip Keppler, Matt Kelsey, Dorothy Cox de **Backbeat Books**; Erika Lopez y Richard G. Elen de **Apogee Electronics Corporation**; Alex Artaud, Hillel Resner, George Petersen, Jeffrey Turner de **Mix Magazine**; Robert D. Brinkman, Mauricio Guerrero; Tricia Bannister, Jerry Antonelli, Dino Virella, Paul Rice, Andrew Calvo, Grendall Hanks, Joel Krantz, Mark Wilcox de **Digidesign**; Jeff Klopmeyer, Mark Fredrick de **Alesis Corporation**; Jim Cooper, Chuck Thompson, Eli Slawson de **J.L. Cooper Electronics**; Thomas Hawley, Gonzalo Arjona de **Músico Pro**; Jo-Dee Benson de **Crystal Semiconductors Corporation**; Maggie Watson de **Fostex**; Sarah Inciong de **Shure Brothers**; Tom Dunn, Peter Munson, Julie Wright de **Kurzweil**; Nina Lowe de **AMS/Neve**; Steve Fisher de **Roland**; Ralph Cook, Jim Cooper de **Mark Of The Unicorn**; Ferdinand J. Fuchs de **Studer**; Paul Maselli de **GML**; Gustavo Afont de **Sony**; Phil Wagner, Stuart DeMarais, Max Noach de **Solid State Logic**; Ms. Jessie O Kempter de **International Business Machines Corporation**; Georges Jaroslaw de **Arboretum Systems**; **Time Line**; Carry Casteel, David Firestone de **Mackie Designs**, Inc.; Wendy Foster de **Iomega**; Michael Kovins, Ken Peveler de **Korg U.S.A**; John Rishoj, Ed Simeone de **t. c. electronic**; John Mavraides de **Opcode**; Chrissie McDaniel de **Aphex Systems**; Ray Bloom de **Rane Corporation**; Paul W. Melnychuck de **Eastman Kodak Company**; Debbie Chubb de **Yamaha Corporation of America**; Steve Cunninham de **360 Systems**; David Farace de **SyQuest Technology**; Todd Souvignier de **OSC**; Peter Alexander de **Sound Ideas**; Tal Herzberg de **Waves**; Vince Poulos de **speck electronics**; William C. Mohrhoff de **TEAC America, Inc.**; Russ Jones, Steve Garth, Craig Lewis, Elizabeth Stacy de **Steinberg North America**; Richard McKernan, Peggy Blaze de **Euphonix**; Cecilia Celestino de **DigiTech**; Mark Johnson, Scott Gledhill de **Meyer Sound**; James Husted de **Symetrix**; David Netting de **Ensoniq**; Buzz Goodwin, Karen Emerson de **Audio-Technica**; Lynn Thompson de **Panasonic**; Lisa Kaufmann de **Genelec**; Robert J. McKean de **IMC (Akai)**; Woody Moran de **midiman**; Leonard Marshall, John Caldwell de **Marshall Electronics, Inc.**; Chris Anthony de **General Music**; Scott Whitney de **Hollywood Edge**; y al resto de mis hermanos. Asímismo agradezco a todos mis amigos y amigas (ustedes ya saben quienes son) de México, Argentina, Perú, Chile, Uruguay, Venezuela, Colombia y España que han creído en mí y me han apoyado para realizar esta obra. Gracias

CONTENIDO

Prólogo

En los últimos 15 años la manera de grabar audio ha cambiado radicalmente con los nuevos diseños de sistemas de audio digital modernos y de alta tecnología que año tras año vienen a ser más accesibles económicamente, es decir, cualquiera de nosotros podemos tener un estudio digital, ya que no ocupa mucho espacio, la calidad sonora es de muy alta calidad y uno no tiene que gastar demasiado para poder tenerlo en su propia casa.

El único gran problema se basa en decidir cual sistema de audio digital es el adecuado, por supuesto dependiendo de su presupuesto, usted podría eligir un sistema digital para su estudio en el cual pueda grabar aleatoriamente (es decir, que puede grabar el final de la canción primero y luego el principio para después ensamblarla por medio de la edición digital que es el atractivo principal de este formato) o en forma lineal (en una cinta digital como en el DAT o Adat) o en el formato que más le convenga. Los diferentes tipos de formatos pueden ser como: grabadoras digitales modulares con formato S-VHS como las Adats de Alesis, la RD-8 de Fostex; la DA-88 de Tascam o la PCM-800 de Sony que tiene un formato de cinta de video de 8-mm, así como sistemas integrados de audio digital o conocidos también como estación de trabajo de audio digital como Pro Tools de Digidesign, Sonic Solutions, Dyaxis de Studer, Music Frame de Time Line, etc. También existen los sistemas independientes, es decir, que no necesitan de una computadora como la Macintosh o IBM para funcionar, estos son auto eficientes como el DM-800 de Roland y el Darwin de E-mu Systems, entre otros.

Recuerdo que antes de que empezara esta revolución tecnológica, la manera de grabar audio, fuera una producción musical o efectos de sonido, era por medio de la cinta magnética que hoy en día aún se usan en la mayoría de los estudios de grabación profesionales, pero no como la única alternativa de grabar sino más bien por tener otra opción en términos sonoros, es decir, para tener una mejor "calidez" en los instrumentos acústicos. Quizá les ha tocado escuchar en los estudios de grabación cuando están charlando con otros ingenieros de grabación o productores que ellos prefieren la cinta magnética o grabación analógica porque el resultado sonoro "es más musical" que es un término que quiere decir más cálido.

El debate entre los ingenieros de sonido sobre qué es mejor, si una grabación digital o una grabación analógica, siempre será un tema de conversación o discusión en el campo del audio. En mi manera de pensar y por las experiencias que he tenido, las dos tecnologías son excelentes, por supuesto depende de la aplicación y situación del proyecto en que se esté trabajando, ya sea una producción musical, es decir, una grabación de un disco compacto o una aplicación de post-producción la que hoy en día se ha hecho muy popular y que es la edición de efectos de sonido, diálogo e incidentales en las películas o videos. Les diré que para la post-producción el equipo digital es lo más apropiado y práctico, esto es por la flexibilidad que uno tiene con las herramientas de audio digital, a diferencia del analógico.

Bien, en este libro lo que estoy poniendo a su alcance es la información necesaria sobre qué tipo de equipo digital está disponible en el mercado y cuales son sus aplicaciones, al igual que de sampleo y tipos de sampleadores que es la base del audio digital. También veremos las diferentes aplicaciones del equipo digital dependiendo de las situaciones en que se encuentren, además algo muy importante, y que muchos pasan por desapercibido, los cables.

Hoy en día existen tantos tipos de formatos para el audio digital que no hay un estándar en que pueda uno adquirir con confianza el equipo y conectarlo sin problema. Esto se debe a que los fabricantes quieren ser los "únicos" en lanzar al mercado una "máquina" digital original, entonces no existe ese estándar para interconectarlos, así que vamos a ver qué tipos de cables existen y para qué se usan.

Son mis mejores deseos de que disfruten este libro de Audio Digital y que les sea de gran utilidad para alcanzar el éxito deseado en el mundo del audio digital.

Sinceramente,
José "Chilitos" Valenzuela

Introducción

¿Qué es el audio digital?

El audio digital es una manera de representar una forma de onda continua de un sonido (forma analógica) como una serie de valores numéricos los cuales pueden grabarse, editarse y convertirse de nuevo en señales analógicas o sonido, es decir, cada variación de voltaje se convierte en una serie de dígitos binarios (0's o 1's) y reconvertidos a señales de audio o voltajes.

Un estudio digital con el sistema Scenaria de Solid State Logic. *Cortesia de SSL*

Fotografía: Oscar Elizondo.

Estudio Digital de AudioGraph International en Los Angeles, CA. USA.

Introducción al Audio Digital

Fotografía: Oscar Elizondo.

Estudio Ariza Recording en Los Angeles, CA. USA

El uso del audio digital nos ofrece muchas ventajas, por ejemplo la velocidad en que uno puede trabajar con excelentes resultados y una gran confiabilidad. El acceso aleatorio de las secciones de audio en la memoria lo hace indiscutiblemente eficiente ahorrándole tiempo y dinero, ya que la repetición del material no causa ningún desgaste en la grabación como en el medio analógico. Por otro lado, las funciones de cortar *(cut)* y pegar *(paste)* en este sistema le permiten una gran rapidez durante la edición del audio.

Otra ventaja es la calidad sonora, uno puede conseguir rangos dinámicos más arriba de los 90 decibeles sin problema, la distorsión es mínima y el ruido de piso y de cinta *(hiss)* es virtualmente inaudible. También se puede modificar el audio por medio de procesadores de señales digitales internos dándole una dimensión diferente a la señal de audio.

Por medio del uso de diferentes formatos de transmisión digital como el AES/EBU, el S/PIDF, el TDIF, etc., el audio se puede transferir de un sistema a otro para hacer copias sin desgaste de esa valiosa grabación que tanto le costó obtener, todo esto en el dominio digital, es decir, sin usar cables comunes que pueden causar zumbidos e interferencias en la señal. Esta es una de sus principales ventajas.

Con el uso de interfases de audio y de MIDI y con códigos de tiempo como el SMPTE y el MTC, entre otros, los sistemas digitales pueden comunicarse y controlarse entre ellos mismos. Siendo útiles en el campo de la producción musical y post-producción donde la sincronización entre el video y el audio es vital para que todo funcione a la perfección. De esta manera es posible secuenciar la música en una película por ejemplo, sincronizarla, disparar las muestras *(samples)* de efectos especiales automáticamente, automatizar la mezcla de efectos como de reverberación, delays, etc.; parámetros como el nivel, el panorama; funciones como los *mutes* y los solos, todo esto totalmente en el dominio digital.

Como todo en la vida, también el audio digital tiene sus desventajas, como el alto costo del equipo de grabación digital, el ruido de cuantización, es imposible hacer ediciones manuales como en una cinta analógica, además tiene la posibilidad de tener problemas con el fenómeno llamado *aliasing* (frecuencias ajenas). Nadie le dijo que vivimos en un mundo perfecto ¿verdad?

Capítulo 1

Conceptos Básicos del Audio Digital

Visión general

Si ha observado, últimamente es más fácil encontrar grabadoras de audio digital en estudios caseros, estudios profesionales y estudios de post-producción, que grabadoras analógicas. Muchas compañías que fabrican grabadoras analógicas, se están inclinando al diseño de grabadoras digitales a mayor escala y fabrican las analógicas solamente sobre pedido. Con los nuevos formatos como: el S-VHS (Adat), el de Hi8-mm (DA-88 o PCM-800), el de disco duro (ProTools, Dyaxis, Sonic Solutions), el DAT, el MiniDisk, el DCC, etc., es más factible y económicamente accesible crear producciones desde la sala de su propio hogar, casi listas sólo para ser masterizadas. Más adelante estudiaremos los diferentes formatos de grabación digital y sus diferencias, pero primero debemos estudiar el concepto básico del audio digital.

Antes de hablar de lleno acerca de los principios y conceptos básicos del audio digital, debemos comprender y hablar un poco del fenómeno llamado sonido y sus propiedades (amplitud, frecuencia, fase, timbre y envolventes), ya que sin este concepto básico es imposible entender las bases del audio digital.

El sonido

El sonido es la sensación producida por la detección de ondas acústicas en el oído, o simplemente dicho, el sonido es producido por vibraciones mecánicas. Un objeto vibrante como lo es la cuerda de una guitarra, perturba las moléculas de aire en reposo causando variaciones periódicas (ondas) (figura 1.1).

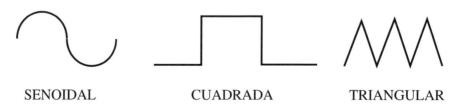

SENOIDAL　　　　CUADRADA　　　　TRIANGULAR

Fig. 1.1 Ejemplos de formas de onda.

El sonido es propagado por moléculas de aire a través de desplazamientos sucesivos, en otras palabras, las moléculas de aire chocan unas con otras propagando así la energía y alejándose de la fuente transmisora (una voz, la cuerda de una guitarra, etc.). Como analogía, tenemos el juego de billar donde la bola blanca le pega a las otras causando una cadena de reacción haciendo que las segundas se propaguen (alejándose de la blanca—la fuente) por todos lados de la mesa.

El sonido requiere de un medio elástico (como lo es el aire) para su propagación. Si las moléculas de aire son desplazadas fuera de su posición original por una fuerza externa, éstas tienden a regresar a su posición original cuando es removida la fuerza externa. El desplazamiento local de las moléculas de aire se desplazan en la dirección de las perturbaciones que están viajando, así que el sonido sigue una forma de transmisión longitudinal. El receptor, por ejemplo, un micrófono colocado en el mismo campo de sonido moverá su diafragma de acuerdo a la presión impuesta en él, completando la cadena de reacciones (vea figura 1.2).

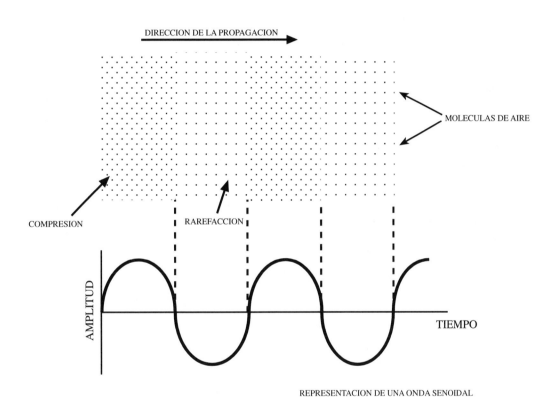

Fig. 1.2 Proceso de compresión y rarefacción de las moléculas de aire.

Los cambios de presión de las vibraciones del sonido pueden ser producidas ya sea periódica o aperiódicamente. Por ejemplo, en una guitarra al tocarse una de sus cuerdas, ésta se mueve periódicamente de un lado para otro a una velociadad constante. Así, la explosión de una bomba no tiene una vibración constante, por consiguiente se le considera una onda aperiódica. Una secuencia de vibraciones periódicas ocasionadas por compresión y rarefacción de la presión una y otra vez se considera como un ciclo o período (figura 1.3).

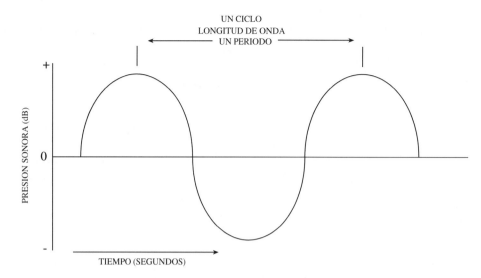

Fig. 1.3 Ejemplo de un ciclo o período.

Propiedades del sonido
Amplitud

La amplitud es en sí a lo que llamamos volumen y se mide en decibeles (dB). El decibel es una relación entre dos cantidades tales como potencia, presión sonora o intensidad. Como mencionamos anteriormente, las vibraciones no sólo afectan el movimiento de las moléculas arriba y abajo, sino también determina el número de moléculas desplazadas que son puestas en movimiento desde su estado en reposo hasta la altura máxima y profundidad de la onda generada (pico positivo y pico negativo). Entre mayor sea el desplazamiento de moléculas en el aire, mayor va a ser la amplitud y mayor será el volumen de esa señal (figura 1.4).

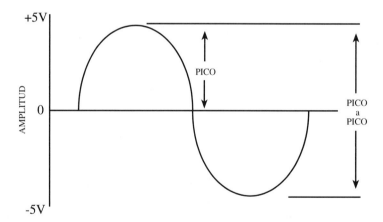

Fig. 1.4 Figura de una onda senoidal mostrando el pico positivo y el pico negativo.

La presión acústica es medida en términos de nivel de presión sonora (SPL). Si observa la tabla, podrá saber el número de decibeles que se producen en diferentes situaciones y lugares, como en la oficina, en un concierto de rock, etc. (ver figura 1.5).

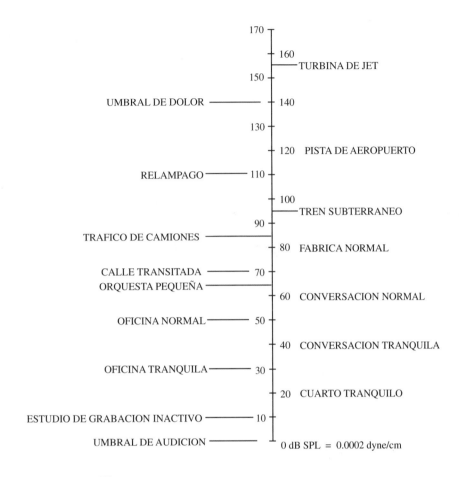

Fig. 1.5 Tabla de niveles de presión sonora (SPL).

Frecuencia

La frecuencia es el número de ciclos o vibraciones producidas por un objeto oscilante que ocurre en un segundo y se mide en ciclos por segundo o Hertz (Hz) (figura 1.6). Por ejemplo, la frecuencia de la nota de Do Central es de 262 Hz o ciclos por segundo. Asímismo, al recíproco de la frecuencia que es el tiempo que toma un ciclo se le da el nombre de Periodo (T), en otras palabras, T= 1/F.

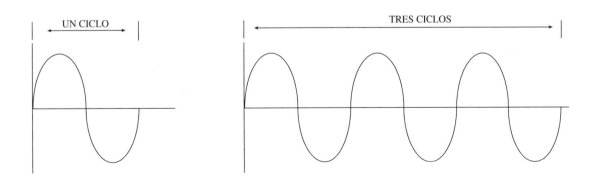

Fig. 1.6 Frecuencia de un ciclo y tres ciclos.

Conceptos Básicos

Longitud de onda (Wavelenght)

La longitud de onda es la distancia recorrida por una onda en un ciclo completo (ver figura 1.7). A propósito, la velocidad del sonido en el aire es de 335 metros por segundo (1130 pies por segundo). Al saber la velocidad del sonido en el aire, es fácil calcular la longitud de onda de un sonido dividiendo la velocidad del sonido por su frecuencia, es decir, T=V/F. Es curioso observar que la longitud de onda de una frecuencia grave sea enorme y que la de una frecuencia aguda sea tan pequeña. Por ejemplo, una onda de 20 kHz tiene una longitud de onda de 0.7 pulgadas de largo, mientras que una de 20Hz es aproximadamente de 56 pies. El oído humano tiene dificultad de escuchar una longitud de onda de este último tamaño. La respuesta de frecuencia del oído humano es de 20Hz a 20,000Hz, obviamente si usted está expuesto constantemente a niveles superiores a los 100 dB, su respuesta va a ser menos de 20kHz, más o menos entre 16kHz a 18 kHz. Si tiene alguna duda, acuda al médico para que le haga una prueba auditiva y de mi se acordará.

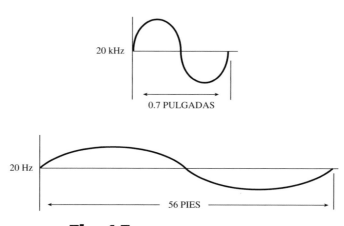

Fig. 1.7 Ejemplo de la longitud de onda.

Ancho de banda

Es el rango entre la frecuencia más grave y más aguda en que puede operar un sistema o aparato . El ancho de banda, "Q", indica qué frecuencias pueden pasar (pasabandas) y cuáles no (parabandas). La frecuencia cuya amplitud se desvanece 3 dB de su valor pasabanda es conocida como Frecuencia de corte (Fc) (figura 1.8).

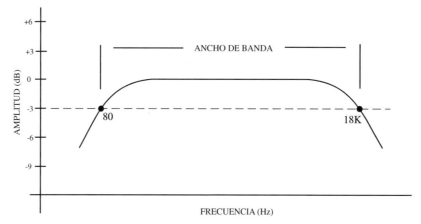

Fig. 1.8 Ejemplo del ancho de banda.

Fase

La fase es la relación de tiempo entre dos o más sonidos (ondas) en un determinado punto de sus ciclos. La fase de un sonido se mide en grados (0°, 90°, 180°, 270° y 360°). Se dice que un sonido está en fase con otro cuando su relación en grados es la misma y su característica es que la amplitud se incrementa. Por otro lado, cuando dos o más sonidos están fuera de fase quiere decir que su relación en grados es diferente y auditivamente decae la amplitud, es decir, baja de volumen, o hay pérdida por lo general en el rango de frecuencias agudas (ver figura 1.9). Un ejemplo perfecto es cuando uno coloca varios micrófonos uno al lado de otro pero si no se tiene cuidado en colocarlos a una determinada distancia pueden estar fuera de fase causando pérdida en la respuesta de la señal. Por eso en muchas consolas se agrega un botón con la letra griega "theta" (ø) que sirve para cambiar la fase de la señal o instrumento que entra por ese canal. Esa es la manera de probar si algún micrófono está fuera de fase con otro.

EN FASE

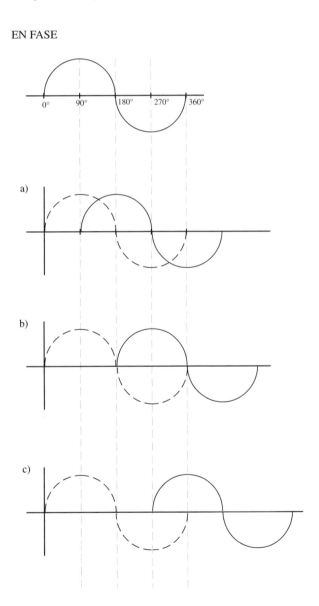

Fig. 1.9 Ejemplo de una señal fuera de fase: a) 90°, b) 180°, y c) 270°.

Conceptos Básicos

Timbre

Si escuchamos detenidamente el sonido de una flauta y el de un clarinete, notaremos que ambos suenan diferente, es decir que su contenido armónico no es igual. El timbre, es lo que difiere en los sonidos de distintos instrumentos musicales tocando la misma nota. Cada sonido tiene su propia frecuencia fundamental o primer armónico que es la que mejor captamos auditivamente, asímismo tienen una estructura armónica que los hace distinguirse de los otros.

Los armónicos son los que le agregan color tonal a un sonido, por ejemplo, un sonido con armónicos pares, es decir, segundo armónico, cuarto armónico, etc., producen un sonido más cálido, más lleno y abierto. Por otro lado, los armónicos nones, es decir, tercer armónico, quinto armónico, etc., producen un sonido más aspero, chillón o cerrado. De esta manera es como se diferencian los sonidos. Por eso, cuando en una sesión le soliciten que ecualice equis instrumento (si es que lo necesita), lo primero que deberá hacer es encontrar la frecuencia fundamental o primer armónico de ese instrumento y después agregarle o quitarle frecuencias para darle un buen tono (figura 1.10).

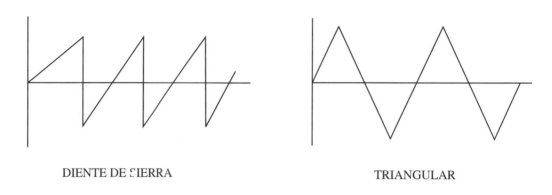

DIENTE DE SIERRA   TRIANGULAR

Fig. 1.10 La forma de onda de diente de sierra contiene ambos tipos de armónicos, pares y nones.
La onda triangular sólo contiene los armónicos nones.

Envolventes

Los generadores de envolvente sirven para darle forma a un sonido, por ejemplo, si queremos que el sonido tarde en escucharse después de que se haya oprimido la tecla (ataque largo) o si queremos que el sonido suene indefinidamente (relajamiento largo).

Un generador de envolventes (ADRS) consta de cuatro parámetros principales que son: el ataque (attack), el decaimiento (dacay), el sostenimiento (sustain) y el relajamiento (release) (ver figura 1.11). En algunas ocasiones notará que algunos aparatos sólo usan tres parámetros como el *attack*, *decay* y *release* para darle forma a los sonidos. El *attack* y el *release* son comúnmente usados en compresores, la función del *attack* es la de hacer que el compresor responda rápida o lentamente a la señal que pasa del nivel de umbral -*threshold*- y *release* hace que la señal se apague rápida o lentamente.

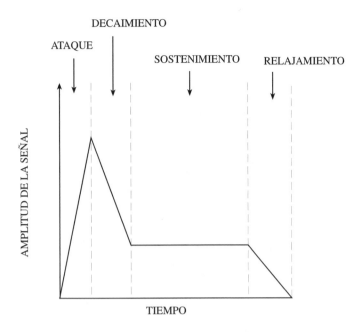

Fig. 1.11 Parámetros del generador de envolventes.

Transductores

El sonido se capta a través de unos transductores, son dispositivos que cambian de un estado de energía a otro. El micrófono cambia la energía acústica a mecánica, la mecánica se convierte en energía eléctrica (amplificadores), los pulsos eléctricos se convierten en energía magnética (cabeza de grabación de la grabadora), la energía magnética (cabeza de reproducción de la grabadora) se convierte de nuevo en energía eléctrica (amplificadores) y finalmente esa energía se convierte en energía mecánica (parlantes) (figura 1.12).

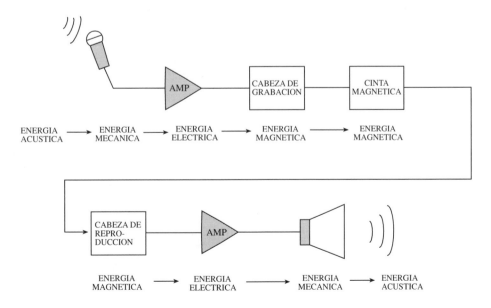

Fig. 1.12 Proceso de cambios de energía por medio de transductores.

Conceptos Básicos

Después de este breve repaso del sonido y sus propiedades, ya podemos hablar libremente sobre los fundamentos del audio digital.

El audio digital

Cuando alguien le dice: "Quiero grabar esta canción digitalmente", lo que en realidad desean es "samplear" la canción, ya que las bases de una grabación digital es el "sampleo".

Una observación.- Antes de continuar, deseo aclarar que desde este punto y hasta el final del libro, cuando hablemos del proceso de hacer una muestra, utilizaremos el modismo "samplear", la palabra "sampleador" la usaremos para referirnos al dispositivo que usamos para captar sonidos en forma digital y controlarlo vía MIDI o por medio de pulsos de audio.

Tengo que hacer esta aclaración porque después de haber entrevistado y hecho un estudio en diferentes países de Latinoamérica sobre cómo usan esta palabra, un 90% de los entrevistados me dijeron que usan el término en inglés, es decir, "sampling" por esa razón la usaremos en éste y en otros libros al igual que anglisismos y otros modismos comúnmente usados en el campo del audio en Latinoamérica.

Bien, ya que establecimos la terminología, prosigamos con nuestro tema. Como mencioné anteriormente, el proceso de grabar un sonido digitalmente es lo que se conoce como sampling. Así, cuando usted samplea algún sonido usando cualquiera de los sampleadores en el mercado (para aquellos que ya lo han hecho), tiene que seleccionar la frecuencia de sampleo, el nivel de entrada del sonido que se va a samplear; dónde va a guardar la muestra -sample-; cómo lo va a disparar y/o sincronizar, etc. Cuando grabamos algo digitalmente en cualquier formato, tenemos también que seleccionar nuestra velocidad de sampleo, el nivel de entrada, etc. (más acerca de sampleadores y sampling en el capítulo 3).

Cómo hacer muestras (samples)

Si algún día le llegan a preguntar, ¿qué es el 'sampleo'?, puede decir que "el proceso de sampleo es convertir señales eléctricas o voltajes de audio analógico en una serie de números representados en Bits (**B**inary Dig**its**) para después ser almacenados en un medio ya sea magnético (cinta magnética, discos floppy o disco duro), óptico (CD-R, CD), o magneto-óptico, y finalmente modificarlos y reproducirlos, es decir, editarlos, cortarlos, copiarlos, etc." ¡Whao, qué buena respuesta! (figura 1.13).

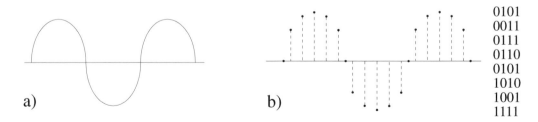

Fig. 1.13 Ejemplo de la conversión de una onda analógica a digital

Samplear un sonido, es como tomarle una serie de "fotografías" por cada variación de nivel o voltaje. Cada "fotografía" tomada sería a lo que conocemos como sample, y la cantidad de fotografías vendrían siendo la velocidad de sampleo —que es lo que determina el ancho de banda total de un sistema, es decir, si la velocidad de sampleo es de 48 kHz, entonces cada 48 milésimas de segundo (1/48,000) se tomaría una "fotografía". ¿Se imagina cuántos rollos de película necesitaríamos? Como otro ejemplo, también se puede pensar en que el sonido (forma de onda analógica) se puede dividir en pequeñas porciones, dependiendo de la velocidad de sampleo. Si nuestra velocidad de sampleo es de 32 kHz, entonces vamos a dividir el sonido en 32,000 partes, hablando digitalmente, el sonido se dividirá en miles de bits o números binarios (0's y 1's) para después convertirlos en una serie de pulsos (figura 1.14).

20 kHz   44.1 kHz

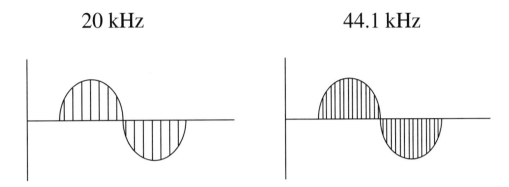

Fig. 1.14 Ejemplo de ondas analógicas sampleadas a diferentes velocidades.

Cuantización

Cuando se samplea un sonido, la amplitud del sonido analógico se divide en una serie de intervalos o valores distintos, a este proceso se le da el nombre de cuantización -quantizing- y representa la amplitud de la señal digital. A cada división de voltaje se le asigna un valor binario para después almacenarlo y para que cuando el sonido sampleado se convierta de nuevo a un sonido analógico (serie de voltajes), éste pueda reproducirse a su valor original. (figura 1.15).

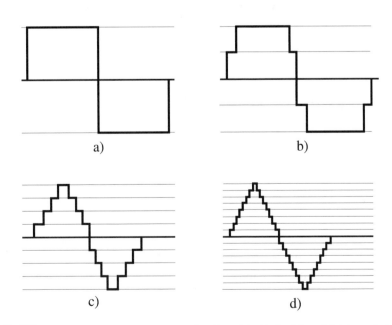

Fig. 1.15 Ejemplo de una cuantización de: a) un bit, b) dos bits, c) 3 bits y d) 4 bits.

Conceptos Básicos

Entre más niveles de 'cuantización' haya, más alta será la "resolución" del sonido, es decir, más calidad sonora o mejor rango dinámico. Algunas veces habrá escuchado o leído que un buen sistema de grabación, CD, o un "x" sampleador tiene una resolución de 16, 20 ó 24 bits. Bien, a lo que se refieren es al rango dinámico del sistema. Entre más bits de reproducción tenga un sistema, mayor será la calidad sonora de la música. Así que un sistema profesional de 16 bits tendrá un total de 65,536 niveles. Esto es el resultado de multiplicar 2 a 16ª potencia, es decir, 2x2x2x2.....x2 (dieciséis veces).

Si observamos la figura 1.15 notaremos que el sistema de un bit equivale a dos niveles, al cero y al uno, el de dos bits equivale a 4 niveles o divisiones, en otras palabras, si se multiplica 2 a la potencia de 2 se obtendrá 4, el de 3 bits tendrá 8 niveles (2 x 2 x 2 = 8), el de 4 bits tendrá 16 niveles (2 x 2 x 2 x 2 = 16) y así sucesivamente.

Ya que cuando hablamos de audio analógico siempre nos fijamos en las características de cualquier sistema, especialmente la relación señal-ruido, *signal-to-noise ratio*, que se mide en decibeles que es la relación que demuestra cuánta señal existe en comparación del nivel de ruido, en otras palabras, cuánto ruido estará presente en un sonido. En el mundo digital se refiere a relación señal-error, *signal-to-error ratio*, que representa el grado de precisión en que se codificó la señal digital.

Una solución para reducir el error de cuantización es el de diseñar sistemas con una resolución de 16 bits o más. Habrá notado que hoy en día algunos sistemas ya se diseñan con resoluciones de 20 y 24 bits. Para calcular la relación señal-error de un sistema se multiplica el número de bits por 6 y sumándole al resultado 1.8.

En otras palabras:

Relación Señal-Error = 6 x (número de bits) + 1.8 dB

El número seis es debido a que en cada bit de resolución tenemos seis decibeles de señal, por lo tanto, en un sistema de 16 bits, tendremos una relación señal-error de 97.8 dB.

El proceso de grabación digital

Durante el proceso de una grabación digital -sampling- desde el momento que la señal entra al sistema, ésta debe pasar por varias etapas para llegar a su destino final ya sea el disco duro, cinta magnética o cualquier otro medio utilizado. Primero debe pasar por un filtro pasabajos, después por un circuito de muestra/retención, luego por un convertidor analógico-a-digital, por el proceso de codificación, por el proceso de modulación y finalmente a la memoria. Veamos este proceso con más detalle en la figura 1.16.

El filtro pasabajos en un sistema digital (llamado así aunque a veces, dependiendo del sistema, la frecuencia de corte puede ser de 20 kHz) es por donde la señal pasa primero y sirve para detener frecuencias arriba del límite del teorema de Nyquist (más adelante hablaremos del señor Nyquist). A este filtro también se le da el nombre de filtro *antialiasing*, porque filtra las frecuencias "ajenas" -aliasing- producidas al samplear una frecuencia que es más que la mitad de la velocidad de sampleo, es decir, si usted desea samplear un sonido con una frecuencia digamos de 12 kHz y su frecuencia de sampleo es de 22.05 kHz. Al hacer el cálculo para sacar la mitad de la frecuencia de 22.05 kHz notará que el resultado es 11.025 kHz y que la frecuencia que deseamos samplear es de 12 kHz, por esa simple razón algunas frecuencias "ajenas" se producirán y se mezclarán con el sonido original causando un tipo de distorsión armónica.

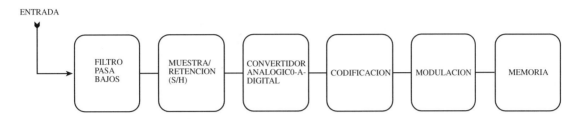

Fig. 1.16 Ejemplo del proceso de grabación en bloque.

Me imagino que ya se están preguntando y ¿quién es el mentado señor Nyquist? Bien, este señor creó a lo que se le da el nombre del Teorema de Nyquist y establece que: a) para obtener una buena muestra, la velocidad de sampleo debe ser por lo menos dos veces más alta que la frecuencia más alta que desea samplear, por otro lado también estableció que: b) ninguna señal de audio puede ser sampleada más del doble de la velocidad, que viene siendo básicamente lo mismo que arriba. Esto surgió al preguntarse la gente ¿cuál es la frecuencia de sampleo más baja en la que se puede obtener los mejores resultados sin usar mucha memoria? y ¿cuál es la frecuencia más alta que uno puede seleccionar sabiendo que entre más alta sea la frecuencia de sampleo, obtendremos mejor calidad del sonido? (figura 1.17).

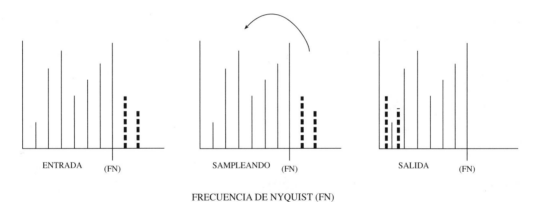

Fig. 1.17 Ejemplo del fenómeno *Aliasing*.

La razón de la frecuencia de sampleo de 44.1 kHz se debe a que la máxima frecuencia que un oído humano puede escuchar es de 20 kHz y no tiene sentido incrementar esa frecuencia, especialmente cuando estamos hablando de escuchar música en un disco compacto. Ahora se preguntará, ¿pero, qué no dijimos que la frecuencia de sampleo debe ser exactamente el doble que la frecuencia más alta que queremos samplear?—en este caso todo el rango de 20 Hz a 20 kHz, entonces, ¿por qué 44.1 kHz y no 40 kHz? Bien, en teoría, un filtro "perfecto" que bloquee totalmente todas las frecuencias arriba de 20 kHz sería ideal, pero en la realidad es muy difícil diseñar y fabricar un filtro "perfecto" que pueda llevar a cabo esta función. Por esa razón una frecuencia de 44.1 kHz es funcional y atenuará las mayores de 20 kHz con una pendiente más suave, como se puede apreciar en la siguiente gráfica (ver figura 1.18).

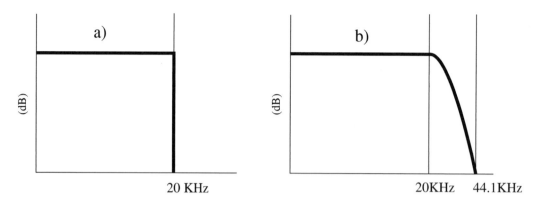

Fig. 1.18 a) Pendiente ideal; b) Pendiente real de un filtro "antialiasing".

En un sistema digital como lo es un reproductor de CD o una grabadora DAT por ejemplo, los filtros pasabajos usados tienen una frecuencia de corte de 20 kHz. Si observa las características de su reproductor de CD, notará que la resolución es de 16 bits, es decir, un rango dinámico de 98 dB y que la velocidad de sampleo -sampling rate- es de 44.1 kHz, estas especificaciones son el estándar para la masterización de un CD. Por otro lado, el estándar de la industria del audio profesional es de 44.1 kHz y de 48 kHz, por eso siempre van a existir esas dos frecuencias en las grabadoras DAT, en las Adat, DA-88 o en otras grabadoras digitales profesionales.

Cuando se mezclan varias señales digitales, el ruido que generan aunque sea el mínimo, es acumulativo cuando se suman y el rango dinámico ya no es tan bueno como debería. Es ahí cuando se necesitan algunos bits extras para conservar la calidad sonora que nos ofrecen los 16 bits. Por esa razón notará que algunos procesadores de efectos, mezcladoras digitales y algunas grabadoras tendrán una resolución de 18, 20 ó 24 bits ayudando así a que el resultado de la mezcla de las señales digitales sea verdaderamente de 16 bits, o sea un rango dinámico de 98 decibeles.

Prosiguiendo con el proceso de grabación digital, la siguiente etapa por donde debe pasar la señal es la del circuito de muestra y retención, (S/H) Sample and Hold. El circuito básico de un S/H consiste en un capacitor que es el que retiene la carga o *sample* por un determinado periodo de tiempo y un amplificador operacional (OpAmp) como se aprecia en la figura 1.19.

La función de este circuito es la de samplear o retener el valor analógico de la señal que se va a grabar a una velocidad y tiempo determinado, es decir, la velocidad de sampleo. El valor analógico se retiene hasta que el convertidor de analógico a digital (ADC—analog-to-digital converter) produce el correspondiente valor binario. Una vez que este proceso termina (el de la retención de la muestra por una fracción de segundo), el capacitor suelta la carga que tiene detenida y retiene la siguiente muestra o valor analógico para que el ADC mida el valor y produzca el valor binario correspondiente. Este proceso sigue hasta que se oprime el botón STOP en la grabadora.

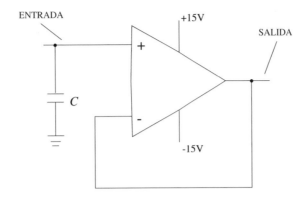

Fig. 1.19 Ejemplo del circuito de (S/H) *Sample and Hold*.

Conversión de audio analógico a digital

Como mencioné anteriormente, la responsabilidad de producir el nivel de la señal analógica a información digital es del convertidor ADC. Actúa como un transductor que transforma un tipo de energía a otro. Es un elemento muy importante y crítico en un sistema de audio digital. También, es una de las partes más costosas. Este circuito o componente es el que determina cuál es la aproximación (en lo que se refiere a la cuantización) real de la señal analógica que se grabará y el que produce la serie de bits que representa el valor analógico, todo esto en fracciones de segundo. Los requisitos de un buen convertidor son la velocidad en que cuantiza y la precisión en cuanto a la exacta representación digital de la señal original, por supuesto, cualquier convertidor por excelente que sea, tendrá un porcentaje de error.

Existen varios métodos de conversión de la señal analógica a digital, uno de ellos, que por cierto es muy popular, es el llamado "aproximación sucesiva", *succesive aproximation*. La manera en que funciona este método es comparando el voltaje de la señal con una serie de niveles de referencia, éste sigue comparando niveles hasta que encuentra el adecuado y genera el equivalente en forma digital (0's y 1's). La diferencia entre la aproximación de la señal y el valor real de la señal antes de ser convertida se le llama "error de cuantización", que en realidad escuchamos como ruido. Así que el resultado de la diferencia entre el nivel máximo que puede ser sampleado y el ruido producido por la cuantización nos da la relación señal/ruido del convertidor ADC (figura 1.20).

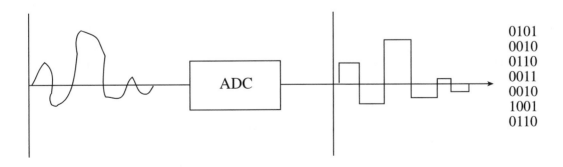

Fig. 1.20 Ejemplo de una conversión A/D

El proceso de grabación digital es un proceso en forma serial, es decir, las señales sampleadas se transmiten bit por bit hacia su destino final que es el medio en que se va a grabar, sea éste cinta magnética, disco duro, etc. Pero la información digital que sale del convertidor ADC trabaja en forma paralela, así que esta información debe convertirse a la forma serial y se lleva a cabo usando un multiplexor o multicanalizador (multiplexer en inglés). Un multiplexor es un dispositivo que cuenta con múltiples líneas de entrada y una sola salida. Si observa la figura 1.21 notará que las dieciséis salidas del convertidor ADC (en el caso de un sistema de 16 bits) están conectadas a las dieciséis entradas del multiplexor y que la salida de éste es sólo una que se dirige al resto de los circuitos que llevará la señal a su destino final.

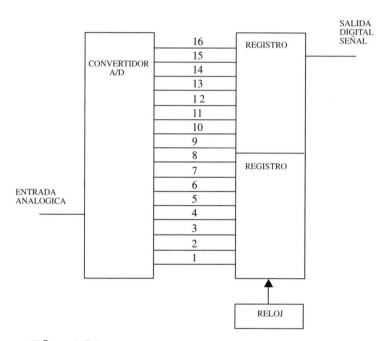

Fig. 1.21 Ejemplo de un circuito con un multiplexor y un ADC.

Codificación

Después de que la información de la señal es convertida de forma paralela a serial, la información se codifica, es decir, se le da una identificación a cada "palabra" o grupo de bits que representa la señal sampleada para que sea procesada adecuadamente. Un sistema digital puede identificar a cada grupo de bits o "palabras" por medio de un código de sincronización para que sepa dónde inicia cada uno y las separe para poderlas leer fácilmente cuando sea necesario. También durante la codificación se puede (según el diseño del sistema) agregar la "dirección" -address- de cada sample, para que se pueda identificar fácilmente el lugar en la memoria donde quedó cada muestra o "palabra" después de la grabación. También se generan otros tipos de códigos tales como: la velocidad de sampleo, el contenido, si se usó pre-énfasis o no, código de tiempo, etc.

Detección y corrección de errores

En un sistema digital es imperativo que exista algún método de detección y corrección de errores para minimizar defectos durante el almacenamiento o grabación de información en un medio. Así como en una grabación analógica, cuando hay alguna caída de audio o error en la señal, probablemente es porque hay alguna partícula de óxido que se desprendió de la cinta o una basurita que está entre la cinta y las cabezas de la grabadora. Este tipo de caídas de audio en la señal ocurren también en un sistema digital, sin embargo, por la alta densidad de información en una grabación digital, las caídas son más notables tanto que se puede escuchar como que si la señal desapareciera totalmente y reapareciera con un "click" en ella o como si la señal o grabación tuviera una especie de rayones.

En un sistema sin corrección de errores, la calidad de la grabación de audio digital sería altamente degradada. Existen varios métodos de detección y corrección de errores usados en grabadoras y otros dispositivos digitales. Uno de ellos es conocido como "Cruce entrelazado" de información que básicamente es una redundancia de información creada con la misma información de la señal original para ayudar a detectar y corregir errores. En otras palabras, la información se graba dos o más veces, pero no todos los sistemas optan por este método ya que usa memoria extra y quizá el sistema no cuenta con ella (ver figura 1.22). El método cruce entrelazado básicamente coloca la información en varios lugares diferentes de la memoria para evitar que se destruya la señal original y la copia con que se va a corregir el error.

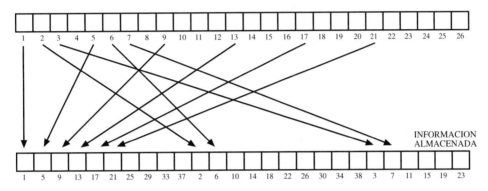

INFORMACION
ALMACENADA

Fig. 1.22 Ejemplo del método de corrección de "Cruce entrelazado".

Otros fabricantes de equipo digital optan por usar el método llamado "parity checks". Una sencilla y básica explicación de este método es que cada "palabra" de 16 bits se envía con un bit extra conocido como bit "parity", cuando la "palabra" es leída (reproducida), si el número de unos en ese grupo es un 'número par', entonces el bit parity es equivalente a "1". Ahora, si el uno es impar, el bit parity es igual a cero. Finalmente, si al leer la información y el número uno en la "palabra" y el bit parity no coincide, entonces el sistema detecta un error y simplemente ignora esa información (ver figura 1.23). Esta es una explicación del concepto, por supuesto que una forma de detectar errores como éste no es suficiente para un sistema de audio digital complicado, se necesita uno más elaborado.

Datos	Bit de Paridad	Resultado
01010100101101	0	ok
01010101001001	1	ok
10101010101010	0	ok
01101000100010	1	error
01101001000110	0	error
11001101011001	1	ok
11010111001100	0	error

Fig. 1.23 Tabla del método de corrección "Parity Check".

Modulación

Finalmente, después de haber filtrado, sampleado, codificado y corregido la señal en caso de errores, es tiempo de modularla. Cuando la señal se graba, en cualquier medio, ésta no puede grabarse como una serie de unos o ceros solamente, debe ser modulada en otro tipo de señal que también contenga información de tiempo para que los bits siempre sean contados correctamente, de otra manera al querer reproducir la señal o muestra, es posible que el sistema de reproducción o receptor no distinga o interprete el sonido que debe ser, en otras palabras, que no cuente bien el número de bits, etc., causando un gran problema.

El sistema de modulación que se usa típicamente para grabar o samplear un sonido es la Modulación de Código de Pulso (PCM) el cual usa una forma de onda de pulso constante que corre a la velocidad de sampleo del convertidor ADC. Este tipo de modulación lleva una amplitud constante con variación en el ancho del pulso de acuerdo al valor de la muestra o señal que se esté codificando. Por ejemplo si nota en la figura 1.24, el ancho del pulso depende de los 1's y 0's que tenga la señal codificada. Este es el ejemplo de una palabra de 4 bits. Por supuesto, este tipo de modulación puede usarse con cualquier número de bits en una "palabra".

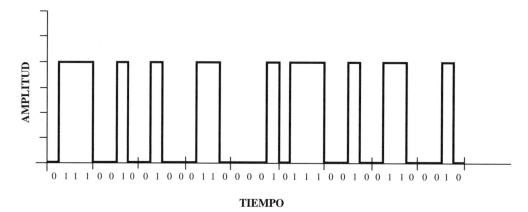

Fig. 1.24 Ejemplo de modulación.

Finalmente, después de que la señal o muestra fue modulada, ésta se envía a su medio de almacenamiento o memoria, es decir, a la cinta, disco duro, etc., para usarse o reproducirse en un tiempo dado.

Proceso de Reproducción Digital

Bien, como ya se imginará, el proceso de reproducción de una grabación digital es básicamente lo inverso al proceso de grabación.

Este proceso empieza leyendo la información desde la memoria e incluye las etapas de demodulación, descodificación, la de conversión digital a analógica, el circuito de muestra y retención y el filtro pasabajos de salida (ver figura 1.25).

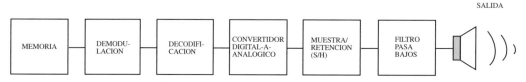

Fig. 1.25 Proceso de la reproducción digital en bloque.

Capítulo 2

Computadoras y Tipos de Almacenamiento

Generalidades

El arribo de la computadora digital a principios de los '50 revolucionó los métodos de computar y manipular información digital (0's y 1's). La computadora o CPU (Unidad Central de Procesamiento) consiste en uno o más circuitos integrados comúnmente llamados *chips* con todas las funciones digitales para llevar a cabo una operación matemática que producirá una acción dependiendo de la aplicación o situación. El tamaño pequeño y el bajo costo de una computadora hoy en día ha incrementado enormemente su uso para cálculos complejos, para control de máquinas industriales, para controlar las funciones internas de un automóvil y para la producción musical y cinematográfica, entre otras aplicaciones.

Cuando a usted le preguntan: "Oye, ¿qué tipo de computadora tienes?", lo que en realidad le están preguntando es qué tipo de CPU tiene, ya que cuando uno compra una computadora, uno debe saber qué marca va a pedir (Macintosh, IBM o PC, Atari o Amiga), de qué modelo (Macintosh: Quadra 950, Power PC 8100, etc.; IBM: AT 386, 486, Pentium, etc.; Atari: ST1040, Mega 4, la Stacy, etc.), qué tipo de monitor necesita (éste generalmente se vende por separado), ya sea policromático o monocromático de 13", 15", 17" o 21 pulgadas, y algunas veces necesitan una tarjeta de video para poder hacerlo funcionar con su CPU. También, tiene que pensar qué cantidad puede invertir para colocarle memoria RAM (Random Access Memory), ya que algunos programas o aplicaciones no "corren" -trabajan- si no tienen un mínimo de 8 ó 16 MegaBytes (MB). Finalmente, debe decidir cuánta memoria de disco duro -Hard Disk- va a requerir para guardar todos sus programas de música, programas para diseñar gráficas, procesador de palabras, etc. Por lo general hoy en día, los CPU vienen ya con un mínimo de 120 MB hasta 1.2 GigaBytes (1024 MBytes) dependiendo de la marca y modelo.

Como ve, uno tiene que informarse bien leyendo revistas o poniendo atención a las necesidades del programa que utilizará para gráficas, procesador de palabras, de video o para música y grabación. De otra manera, tal vez el CPU que adquiera o que ya haya adquirido no sea el apropiado para sus necesidades. Veamos ahora qué tipos de computadoras existen en el mercado.

Tipos de computadoras

Hace varios años recuerdo que me preguntaba: ¿Por qué la gente quiere una computadora personal en su casa? Me di cuenta de la razón hasta que tuve la necesidad de adquirir una para escribir "Descubriendo MIDI" (ya sé, ya sé, basta de publicidad y hablemos acerca de las computadoras). Ahora, aparte de usar el procesador de texto, el diseño de gráficas, etc. en este nuevo libro, las computadoras las estoy usando para edición digital de audio, post-producción, MIDI y una gran variedad de aplicaciones ya que todo se hace más sencilla y rápidamente.

Adquirir una computadora es una inversión que se debe estudiar muy bien, ya que se deben adquirir los programas de aplicación -software- como el procesador de texto, que es como usar una máquina de escribir, sólo que más sofisticada y rápida para editar lo escrito. También se debe adquirir la impresora, memoria de disco duro o fijo para poder guardar todos los archivos y documentos elaborados y poder respaldar en cualquier momento y no perder ninguna información en caso de que la computadora falle. Es muy irritante y desagradable saber que en un segundo toda la información o documentos existentes en la computadora, el trabajo de muchas horas, puede desaparecer. Por esto es muy recomendable tener siempre respaldos externos de toda la información que se tiene en la computadora (más sobre los distintos tipos de almacenamiento externo en este capítulo). Como se puede ver, poco a poco los gastos van aumentando al adquirir una computadora, pero aún así, vale la pena la inversión, por supuesto, hay que justificarla.

Las personas dedicadas a la música probablemente ya se habrán enterado de la gran cantidad de trabajo que se puede desarrollar mediante una computadora, pueden escribir e imprimir su música en papel pautado, estudiar partituras, reproducir éstas y hasta reproducir la música utilizando un sintetizador.

Ahora un compositor, programador de sintetizadores e ingeniero de grabación, puede adquirir una computadora para la producción de música (secuenciador en programa), editar y organizar sonidos (patch, editor/librarian) de sintetizadores y sampleadores, utilizar MIDI, grabar digitalmente esa música y editarla, etc. Al adquirir una computadora se deberá investigar cuál es la apropiada, un punto muy importante es saber qué tantos programas existen en el mercado para la computadora que se pretende adquirir.

Entre las computadoras más populares de aplicación musical, están la Macintosh (Mac) de la Compañía Apple, la IBM o PC compatible, la Atari ST, la Commodore 64, la Amiga y la C1 de Yamaha.

La mayoría de las computadoras necesitan un interconector, *MIDI interface*, que convierte el lenguaje de la computadora al lenguaje de MIDI. La computadora de Atari, la 520ST y la 1040 ST al igual que la C1 de Yamaha, ya tienen integrado este convertidor. En el caso de un sistema de grabación directa a disco duro como el Pro Tools de Digidesign o el Dyaxis de Studer, es necesario adquirir un interfase de audio para escuchar lo recién grabado.

Para elegir la computadora adecuada para cada necesidad; como mencioné anteriormente se deberá investigar cuántos programas han sido diseñados y que tan prácticos y confiables son. Me refiero a programas de secuenciadores, editores, archivo de sonidos, transcripción de música a papel pautado y edición de audio digital. También se debe tener en cuenta la capacidad de memoria que tiene y qué tan sencillo y económico es adquirir memoria extra para la computadora. Entre más memoria tiene una computadora, se podrán almacenar más secuencias o composiciones y audio digital. Esto es muy útil especialmente si el músico o ingeniero tiene la necesidad de tener todas sus obras a la mano para una determinada situación.

Como mencioné anteriormente, las computadoras más populares para aplicaciones musicales son la Macintosh (Mac), la IBM PC, la Atari ST, la Commodore 64, la Amiga y la C1. A continuación veremos brevemente las ventajas y desventajas de ellas.

Macintosh (Mac)

Cuenta con diferentes modelos que difieren en potencia y velocidad. El primer modelo que la Macintosh lanzó al mercado fue la 512K, después la MacPlus, enseguida la SE y la SE/30, la Mac II, la Mac II CX, Mac II Ci y las más recientes, la línea de Quadras 650, 900, 950, la línea de modelos Power PC 7100, 8100 y las todavía más recientes, la serie Power PC 7500, 8500, 9500 con el nuevo diseño PCI (ver foto 2.1). Antes de esta última serie, las Macintosh tenían un diseño para el interfase de otros sistemas tipo NuBus que por lo general se usa para colocar tarjetas como de video, audio digital (Pro Tools) y procesadores de efectos (NuVerb de Lexicon). Como se podrá observar, entre más nuevo sea el modelo, más rápida y potente es la computadora. Hoy en día es una de las que tiene más programas de aplicación musical y de audio digital.

Existen programas para editar, almacenar y procesar muestras en la Macintosh como el "Sound Designer II" de Digidesign. La misma compañía lanzó al mercado un circuito impreso para convertir la Mac en todo un sistema completo de grabación y edición de audio en disco duro, Pro Tools. Estas computadoras son muy costosas, puede encontrarlas hasta de ocho mil dólares para un sistema básico, es decir, el CPU solamente. Aunque ya los precios han bajado, aún así es una de las más costosas. Un punto bueno de las Macintosh es que son muy sencillas para usarlas, funciona especialmente con la ayuda de figuras -icons- aunque ya la IBM trabaja con un sistema

Foto 2.1 Computadora Macintosh modelo Power PC 8100. (*Usada con el permiso de © Apple Computer, Inc. Todos los derechos reservados.*)

operativo muy parecido a la Mac llamado "Windows" de la empresa Microsoft.

IBM PC

Estas computadoras y las compatibles tienen mucha aplicación en los negocios. Hasta hace un par de años no existían muchos programas de aplicación musical para la IBM. Hoy en día las compañías que se especializan en escribir esta clase de programas para la Macintosh, están comenzando en traducir sus programas para hacerlos trabajar en la IBM PC. La mayoría de estos programas vienen en color.

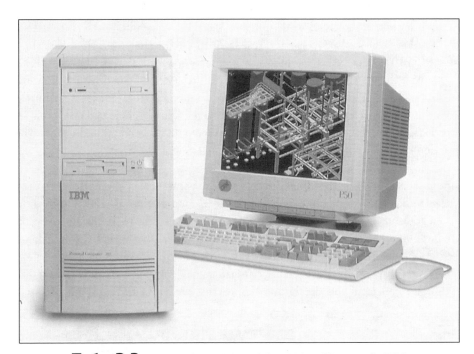

Foto 2.2 Computadora IBM modelo 36011. (*Cortesía de IBM*)

La IBM también cuenta con varios modelos; IBM PC XT, IBM PC AT que incluyen la comúnmente llamada 386 y 486 (básicamente es el tipo del microprocesador que están usando y son más rápidas que el modelo XT (ver foto 2.2). Funciona a base del sistema operativo de disco llamado MS DOS (DOS: Disk Operating System), sin él no puede funcionar. El sistema MS DOS trabaja por medio de comandos o instrucciones que se le da a la computadora para que ejecute una función. El usuario deberá conocer todos los comandos; espacios, diagonales, comas, etc. con exactitud para llevar a cabo una operación, aunque como mencioné anteriormente, la IBM ya cuenta con un sistema operativo como la de la Macintosh llamado "Windows" haciéndo más fácil su operación por medio de iconos. Los precios de estas computadoras son moderados. Por su tamaño, no es tan práctica para transportarse de un lugar a otro.

Atari ST

Estas computadoras vienen también en distintos modelos y son la 520 ST, la 1040 ST, la "The Stacy", la Mega 2 y la Mega 4. Con excepción de la Stacy, el resto son compatibles entre ellas, la única diferencia es la capacidad de memoria (ver fotografía 2.3).

Las computadoras de Atari ya tienen integrado el interconector convertidor de lenguaje de computadora al lenguaje MIDI. Es un dispositivo del que el usuario ya no deberá preocuparse. No son muy costosas y la cantidad de programas de aplicaciones musicales son muy extensas. La potencia de la Atari es muy buena, se le está catalogando como la computadora del músico. Funciona también a base de iconos y no de comandos.

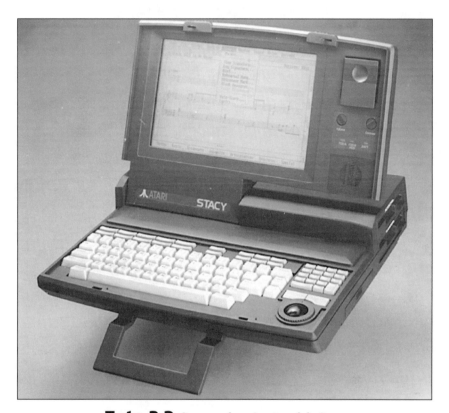

Foto 2.3 Computadora Atari modelo Stacy.

Commodore 64

Es una de las computadoras más económicas en el mercado. Pero su potencia no se puede comparar con la de las anteriores, es por esto la gran diferencia en su precio. La Commodore 64 es una buena inversión también, ya que existen en el mercado una extensa cantidad de programas. Además cuenta con un generador de sonido multitimbral interno con el cual el usuario puede producir música con el programa adecuado. Hay unos programas que no tienen la necesidad de MIDI para poder producir estos sonidos. Por lo tanto, la Commodore 64 es perfecta para todos aquellos que desean entrar al mundo musical sin invertir demasiado.

C1 de Yamaha

Fue diseñada especialmente para aplicaciones musicales. Cuenta ya con el convertidor de lenguaje de computadora a lenguaje MIDI, o sea, que ya tiene conectores de entrada y salida. El sistema operativo que la C1 utiliza es como el de la IBM PC y las compatibles. Significa que sus programas también funcionan para la C1, tales como procesador de texto, organizadores de archivo, etc.

Computadoras y Tipos de Almacenamiento

La C1 es portátil y tiene una pantalla de cristal líquido (LCD) a las que se les puede controlar el contraste y la brillantez. También tiene un convertidor de MIDI a SMPTE, el código de tiempo para sincronizar el audio con el video. En otras palabras, puede generar y leer este código sin la necesidad de tener un convertidor externo (foto 2.4).

Foto 2.4 Computadora C1 de Yamaha.

Como se podrá observar, para decidir qué computadora usar, cuál será la adecuada a las necesidades de cada uno, se deberá tener en cuenta el precio y sus aplicaciones; si sólo será para música, o también para las cuestiones financieras y administrativas o quizá para pasatiempos con los programas de juegos. Para todo ésto deberá considerarse la cantidad de programas que existen en el mercado.

Bien, después de que ya lo dejé pensando si la computadora que iba o que acaba de comprar le va a servir para su trabajo, ahora veamos superficialmente sin profundizar técnicamente un poco de lo que es una computadora o CPU, sus partes y cómo funciona. De ninguna manera tiene que saber esto para poder utilizarlas porque ya sé que a usted le interesa usarlas para grabar o componer música y no para dar una cátedra técnica sobre computadoras en una universidad.

La Unidad Central de Procesamiento

Un ordenador o computadora generalmente se diseña en base a un microprocesador o CPU. El microprocesador es un chip que contiene la mayoría de las funciones de control y aritmética de una computadora. Pueden ser de 8 ó 16 bits como el 8051 de la compañía Intel y el MC68000 de Motorola respectivamente.

Para que una computadora sea un sistema completo, además del microprocesador debe contar con otros *chips* agregados al circuito impreso (ver fotografía 2.5) tales como memoria RAM para guardar y borrar las ediciones hechas, memoria ROM (Read Only Memory) que es donde están almacenados los programas o las instrucciones de las funciones de una grabadora digital, por ejemplo. Como ya vimos, este tipo de memoria no se puede alterar sin tener las herramientas adecuadas; y otros periféricos como: codificadores y decodificadores, co-procesadores y microcontroladores para la unidad de disco floppy o disco duro, entre otros. A todos estos circuitos integrados e impresos es a lo que comúnmente se le llama el *hardware* de la computadora.
U n

Fotografía: Oscar Elizondo.

Foto 2.5 Circuito impreso con un microprocesador y otros *chips*.

CPU consiste en cuatro partes básicas: a) La memoria; b) el ALU (Unidad de Aritmética y Lógica); c) el sistema de entradas y salidas (I/O); y d) la unidad de control (figura 2.6).

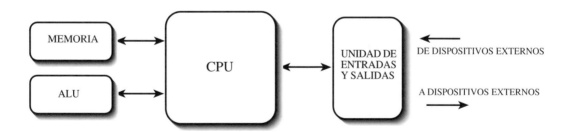

Fig. 2.6 Diagrama en bloque de las partes de una computadora.

La memoria

La memoria es una parte indispensable de la computadora. Contiene la información editada en un programa —en el caso de los programas o sonidos en un sintetizador, contiene los sonidos editados— así como las instrucciones de ejecución del programa. Ahora, un programa es una serie de instrucciones que le ordenan al CPU qué hacer con la información. Un programa podría ser el ordenarle a la computadora que realice la suma de dos números o a una grabadora digital que comience a grabar y se detenga a un determinado momento. Más adelante detallaré los tipos de memoria y el almacenamiento de la información digital.

Unidad de aritmética y lógica (ALU)

La ALU es la parte de la computadora que llava a cabo las operaciones o aritmética requerida por una serie de instrucciones y genera los bits o códigos que son la parte principal del proceso de decisión de cualquier computadora.

Sistema de entradas y salidas (I/O)

El sistema de entradas y salidas controla la comunicación entre la computadora y uno o varios dispositivos externos como un disco duro externo, un CD-ROM, una impresora, un modem, etc. La computadora debe recibir la información desde los dispositivos externos tales como sensores de luz, teclas de un sintetizador, cuerdas de una guitarra sintetizador, convertidores analógico a digital o viceversa. También debe producir las salidas o resultados que se le ordenan por medio del programa que está usando, por ejemplo que controle los sintetizadores vía MIDI por medio del secuenciador de software que está usando, o que la grabadora comience a grabar al oprimir una tecla en la computadora, o si la función de la computadora es la de controlar un proceso físico, su salida serán pulsos eléctricos que serán traducidos en comandos como la de levantar objetos del piso por un brazo mecánico por ejemplo. Como podrá observar, existe una extensa variedad de aplicaciones para las computadoras.

Unidad de control

La unidad de control consiste en un grupo de simples circuitos digitales llamados *flip-flops* (FF) y de registros que regulan la operación de la misma computadora. La función de la unidad de control es lograr que la secuencia adecuada de eventos ocurran en el orden correcto durante la ejecución de cada instrucción. Algunos de los registros que se incluyen en una unidad de control son: el registro MAR (Memory Address Register) que se encarga de retener o almacenar la dirección - address - de la "palabra" (información digital) que está siendo accedida en el instante; y el MDR (Memory Data Register) que se encarga de almacenar la información digital que está siendo escrita en o leída de la "dirección" de la memoria en ese momento. También tenemos el registro llamado Registro de Instrucciones -Instruction Register-, que retiene por un determinado periodo la instrucción dada mientras está en proceso de ser ejecutada. El registro decodificador de instrucciones -Instruction Decoder. Sus entradas provienen del registro de instrucciones. Finalmente, tenemos el Acumulador que es un registro que almacena temporalmente los resultados ariméticos, las direcciones de la memoria que se están usando, las instrucciones de operaciones, etc., para que el microprocesador los utilice.

Generalmente el chip del microprocesador solamente tenía el ALU y la unidad de control de la computadora, la memoria y el sistema de entradas y salidas (I/O) estaban ubicados en otros chips externos. Hoy en día, los nuevos microprocesadores ya tienen incorporados algo de memoria y el sistema de entradas y salidas, que hace que los instrumentos como sintetizadores, grabadoras digitales o cajas de ritmo, por citar unos, sean más accesibles económicamente por el simple hecho de que no necesitan chips extras, eso baja mucho el precio de un aparato.

El concepto de la memoria

El bit es un dígito binario (Bynary Digit), es decir, un cero (0) o un uno (1) y se une en grupos de ocho para formar un byte (ver figura 2.7). Es usual para la mayoría de las computadoras que sean organizadas para que los bits sean agrupados en "palabras" -words. Una "palabra" puede consistir en 8 ó16 bits según el tipo de microprocesador que se está usando en la computadora o aparato musical. Por otro lado, el código de tiempo SMPTE que es un código para sincronizar audio con video, consiste en una "palabra" de 80 bits (más sobre este tema en el capítulo de sincronización).

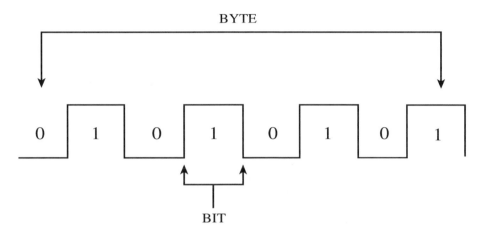

Fig. 2.7 Diagrama de un bit y un byte.

Las computadoras modernas pueden transmitir 1 byte o una "palabra" de información al mismo tiempo por medio de lo que se le da el nombre de *bus* de información -data bus- que es como una carretera ancha de ocho carriles (en el caso de un byte) donde los bits viajan de un *chip* a otro (figura 2.8). Cuando se está utilizando un microprocesador de 16 bits, entonces una "palabra" consiste en 2 bytes o 16 bits.

Uno puede imaginarse que la memoria es una oficina de correos donde cada buzón o apartado postal contiene una "palabra" de información digital o un sonido diferente con su propia dirección y nombre. Los buzones están ordenados en secuencia "en sus respectivas casas y domicilios" para poder encontrarlos fácil y rápidamente. Cada instrucción o "palabra" es escrita/grabada en un determinado lugar de la memoria para utilizarla cuando se necesite. Por ejemplo, cuando uno modifica un programa predesignado de fábrica, es decir, un *preset* en un sintetizador o un procesador de efectos, en lugar de alterar permanentemente el efecto o sonido se puede grabar en otro lugar de la memoria, es decir, ponerse en otro buzón (por lo general a estos lugares en la memoria se les llama memoria para el usuario -user programs) para su posterior uso. Una instrucción típica a un microprocesador requiere por lo menos de 1 a 3 bytes. Ya que las memorias en chips o IC (Integrated Circuit) son pequeñas y relativamente baratas, pueden tener hasta miles de bytes de capacidad para que puedan correr programas complejos. Una capacidad de memoria típica en un chip puede ser de 4 a 64 Kilobytes.

Nota: Una observación acerca del equivalente de un Kilo en términos de la computación: Un kilo en nomenclatura estándar tiene un valor de 1000. Cuando se habla de memoria, un K(ilo) es equivalente a decir 2 a la potencia de 10, por consiguiente, un Kilobyte o KB es equivalente a

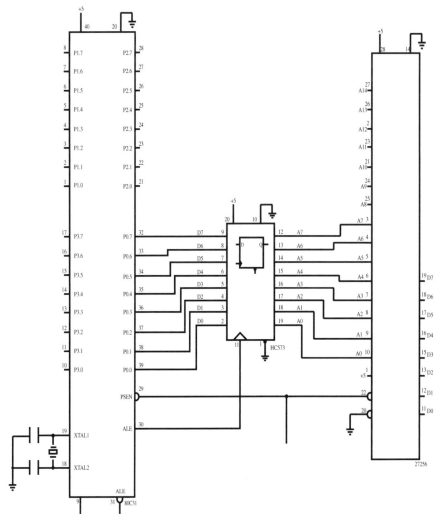

Fig. 2.8 Ejemplo de un *bus* de información (Data Bus).

1024 bits en lugar de 1000 (si multiplican 2x2x2x2x2x2x2x2x2x2=1024). Este valor de K se usa porque los diseños de memoria normal son para que sea un valor exacto a la potencia de 2.

Cada "palabra" en una memoria tiene dos parámetros; su dirección, y la información almacenada en la memoria. El proceso de colocar el contenido en un lugar determinado en la memoria requiere de dos registros (¿recuerda cuando hablamos de la unidad de control en el procesador hace unos párrafos?), uno asociado con la dirección y otro con la información. El registro de la dirección de la memoria (MAR) retiene la dirección o domicilio de la "palabra" que se está buscando al instante y el registro de la información de la memoria (MDR) retiene la información que está siendo escrita/grabada o leída en la memoria.

El ejemplo, figura 2.9, de un diagrama en bloque de una memoria tipo RAM de 1Kbyte por 8 bits, a información de la dirección en el MAR selecciona una de las 1024 palabras en la memoria.

Tipos de memoria (estática y dinámica)

Aún los sistemas más pequeños de computadoras requieren de memoria de varios miles de bits para almacenar sus programas e información digital y en el caso de una aplicación musical, para almacenar los sonidos, secuencias o grabaciones. La mayoría de las computadoras usan algo de memoria RAM.

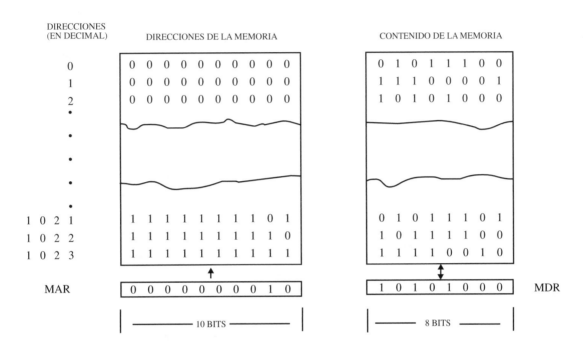

Fig. 2.9 Diagrama de la organización de una memoria.

Las memorias de "gran escala" -Large-Scale- para computadora están hechas de núcleos magnéticos o de registros flip-flops y de capacitores. Un flip-flop es un circuito electrónico que puede colocarse en uno de dos estados binarios *SET* o *RESET* (bit presente o no presente, o uno o cero) y se mantiene en ese estado hasta que se le ordena que cambie de estado. De esa manera se puede decir que un flip flop es una memoria con capacidad de un bit. Este recuerda si la última vez estuvo el bit en 1 (set) o en 0 (reset). Miles de flip flops pueden integrarse en un solo chip o IC. A este tipo de memoria se le conoce como memoria estática -static memory-, es decir, que necesita de una fuente constante de alimentación para retener su contenido en la memoria. Por lo general se usa una batería hecha de litio que abastece +5 voltios de corriente directa y por lo general tiene de dos a cinco años de vida según el tipo. Si el voltaje llegase a bajar a menos de, aproximadamente, 2.5 voltios, la memoria se perdería, en otras palabras, la música que se programa en un secuenciador externo -hardware- o la percusión en la caja de ritmos, se borrarán. Por eso aconsejo que se tome nota de la fecha en que se instaló la batería de litio, o tener en mente cuándo se adquirió el aparato para saber más o menos cuantos

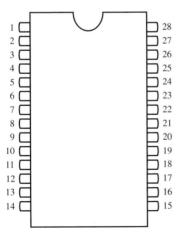

Fig. 2.10

Diagrama de un chip de 28 pins.

años tiene la batería. A este tipo de memoria también se le llama No-Volátil. Por lo general en este tipo de memoria, los registros flip-flops, están encapsulados en un chip tipo DIP (Dual In Line Package) de 14 ó 28 pins (figura 2.10).

Las memorias dinámicas por otro lado, usan capacitores para almecenar su información y requieren ser "refrescadas" -refreshing-, es decir, re-cargadas con un pulso de +5 voltios. A estos tipos de memoria se les considera que son volátiles, ya que requieren de corriente constantemente y si el aparato o computadora se apaga, la memoria se borra inmediatamente, así como en los sampleadores donde se tienen que cargar las muestras, los sonidos de instrumentos o los efectos de sonido para poder dispararlos por medio del teclado u otro tipo de disparador -trigger.

La memoria dinámica es más pequeña, barata y ampliable que la estática y se usa generalmente en computadoras como la Macintosh y la IBM o en los sampleadores. Este tipo de memoria se adquiere en chips de 14, 16 ó 28 pins o en forma de SIMM (Single In-Line Memory Module) (foto 2.11).

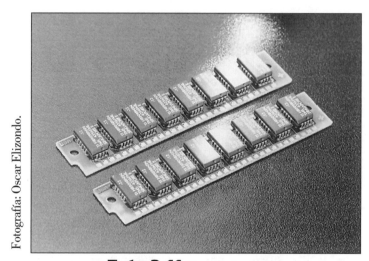

Fotografía: Oscar Elizondo.

Foto 2.11 Foto de dos SIMM.

Tipos de almacenamiento de información digital

Cuando usted termina un proyecto en su computadora o grabadora digital, necesita un lugar donde almacenarlo o hacer el respaldo para en caso de que se dañe la información original poder recobrarla desde otra fuente o lugar de almacenamiento. Estos pueden ser discos flexibles o floppys (que no son muy confiables ya que son susceptibles a daños muy fácilmente durante su manejo), en un disco duro interno o externo, fijo o removible con bastante capacidad, en un disco magneto-óptico, en una cinta magnética u otro medio externo a la computadora.

Cuando compra una computadora, con un disco duro interno, la mayoría de las personas guardan las aplicaciones o programas; como procesadores de palabras, secuenciadores en software, editores de audio, etc., junto con sus proyectos ya terminados. Siempre existe algo de peligro al hacerlo; en primer lugar su disco duro se puede llenar de inmediato sin darse cuenta, especialmente si lo usa para grabar audio o video. En segundo lugar, si su disco duro falla o se descompone, es decir que se "atora" o se "cuelga", existe la posibilidad de que la información se pierda para siempre y no pueda recobrar esos proyectos que tanto tiempo le costaron.

Existen varios medios de almacenamiento de información digital, MIDI, audio, video, gráficas, etc. En esta sección hablaremos de los más comunes.

ROM (Read Only Memory)

Ya dijimos que si la información era grabada o escrita en ROM no se podía alterar o editar. Por lo general este término se aplica a un chip donde se graba el software que controla algún aparato musical o computadora y que es permanente. El ejemplo perfecto de esto es cuando se adquiere un sintetizador o caja de ritmo que ya tiene programas o secuencias que no se pueden alterar porque se encuentran en este tipo de memoria. Si observa dentro de su caja de ritmo podrá identificar el ROM que por lo general se usa como EPROM (Erasable Programable Read Only Memory), una memoria sólo de lectura y que sólo se puede borrar con rayos ultra violeta para poderse reprogramar. Como se observa en la foto 2.12, por la "ventanita" que se encuentra arriba del chip, es donde entran los rayos ultra violeta para borrar la memoria.

Fotografía: Oscar Elizondo.

Foto 2.12 Foto de un EPROM.

Esto se hace muy a menudo cuando hay actualizaciones del software, cuando existe un problema con el aparato, lo arreglan y lo renombran con una versión diferente, por ejemplo si se fija en su Adat, u otra grabadora controlada por medio de software, encontrará los EPROM con una nomenclatura que dice Adat, Ver. 4.0 ó 4.0.1, etc. En sistemas de edición digital de audio como en Pro Tools de Digidesign, si usted recuerda, antes de que saliera el Pro Tools III que en realidad es la versión 3.0, este se llamaba Pro Tools Ver. 2.5. En estos días ya están con la versión 3.2. Es un cuento de nunca acabar, así es el negocio, que le vamos a hacer, ¿verdad?

RAM (Random Access Memory)

Por otro lado tenemos a la memoria RAM. En este tipo de memoria podemos escribir información y leerla (read/write). También está disponible en forma de semiconductores. Usted ya habrá escuchado la frase común en este ambiente del audio digital cuando le preguntan que cuánto RAM tiene su computadora o sampleador, bien, a este tipo de memoria es a lo que se refieren (foto 2.13).

Fotografía: Oscar Elizondo.

Foto 2.13 Foto de un RAM en chip.

Como mencioné anteriormente, uno puede ampliar la memoria RAM de la computadora o sampleador por medio de los chips llamados SIMM (Single In-Line Memory Module) los cuales son un circuito impreso con una serie de pequeños chips puestos uno a lado del otro y por lo general vienen en grupos de 8 ó 9 en cada módulo dependiendo de la capacidad de memoria que se requiera. A propósito, también ya están disponibles los DIMM (Dual In-Line Memory Module) que son casi como los SIMM, se usan en las nuevas Macintosh de la serie Power Mac, que en lugar de tener el interfase NuBus, tienen el PCI. Los modelos 7200, 7500, 8500 y 9500 de la Power Mac incluyen el PCI.

Algunas aplicaciones requieren de un mínimo de RAM de 16 MBytes como Pro Tools III. Uno de los inconvenientes de no contar con suficiente RAM en la computadora, es no poder abrir varias aplicaciones o programas al mismo tiempo, es decir, no poder abrir el secuenciador Cubase Audio y Pro Tools III simultáneamente. En el caso de los sampleadores, uno no podrá grabar muestras o sonidos que sean muy largos como el sonido de una tecla de un piano acústico que dura varios segundos. La información digital también se puede almacenar o respaldar en un medio magnético como discos floppy, cinta magnética, discos magneto-ópticos y discos duros:

Discos Floppy

El disco floppy que comúnmente se le llama "diskete" es hecho de un plástico flexible que almacena información digital. Este se inserta en la ranura que se encuentra generalmente en el panel frontal de la computadora o un dispositivo como el sampleador, un procesador de efectos o un sintetizador para grabar, reproducir y guardar la información digital. Su tamaño puede ser de 5.25" y de 3.5" (ver fotografía 2.14). No es recomendable doblar este tipo de disco porque existe el riesgo de perder partículas magnéticas ocasionando la pérdida de información digital.

En estos discos se puede grabar y leer información igual que la memoria RAM. Estos definitivamente almacenan más información que la del tipo en semiconductores o chips. Pueden tener capacidad de 360 Kbytes (disco de 5.25"), 800 KBytes y 1.4 Megabytes —a estos últimos se les considera floppys de alta densidad y por lo general tienen las letras HD *(High Density)* inscritas en el disco de 3.5". Los de 800 KB se consideran de doble densidad y se caracterizan por tener un sólo orificio para protegerlos contra borrado, por lo general tienen inscrito una DS-DD *(double sided, double density).*

Fotografía: Oscar Elizondo.

Foto 2.14 Foto de un Floppy de DD y HD.

La velocidad de transferencia de los floppys entre el disco y el microprocesador es muy lenta comparada con la de los discos duros u otro formato, por eso no se usan en situaciones donde la información debe obtenerse instantáneamente. Estos se pueden usar cuando se necesita almacenar o respaldar algo que no van a usar con frecuencia y no necesita gran velocidad de acceso.

La cinta magnética (DAT)

El sistema de cinta magnética digital o DAT (Digital Audio Tape) originalmente fue desarrollado como un medio para almacenar información de audio en forma digital, pero después empezó a ser usado con una computadora para respaldar -backup- la información digital de ésta. Las cintas son categorizadas por su longitud y vienen descritas como 60, 90 y 120 metros de longitud. Es un medio más lento para transferir la información, está al otro extremo (en velocidad de transferencia) del uso del RAM. También se usa para el respaldo de información y sonidos de instrumentos o muestras (efectos especiales de sonido) para su uso en sampleadores.

Cuando falla este medio de almacenamiento, es porque el cabezal o cabezas de grabación (write) y reproducción (read) se ensucian. Las cabezas sucias pueden dañar la valiosa información digital de la cinta, por eso es necesario el mantenimiento limpiándolas constantemente. Existen en el mercado cartuchos o casetes limpiadores que se colocan en las grabadoras DAT y se usan como si estuvieran reproduciendo un DAT con audio.

La capacidad de un DAT depende de la longitud de la cinta y del sistema de compresión de información digital, puede ser desde 2 GigaBytes (GB) hasta 48 GB y una velocidad de transferencia de información entre 19 MegaBytes (MB) y 100 MB por minuto. También depende de qué tan sofisticado sea el sistema. Se conectan en la computadora vía la compuerta llamada SCSI (Small Computer Systems Interfase), más adelante se explica más detalladamente sobre ella (foto 2.15).

Fotografía: Oscar Elizondo.

Foto 2.15 DAT para almacenar información digital.

Discos ópticos

En los últimos años, el uso de discos ópticos para almacenar información digital se ha incrementado, su atractivo principal es el de poder almacenar altas densidades de información a un bajo costo. Casi almacenan veinte veces más cantidad de información en una área determinada que un disco duro común. Otro atractivo es su fácil manera de transportarlo, almacenarlo y cambiarlo. Por ejemplo, si la información, sea ésta música o simplemente datos, con sólo cambiar el disco, uno puede colocar otro y escucharlo y recuperar su información en la computadora. Una de las desventajas que tiene en comparación a los discos duros, es la velocidad de acceso de la información debido a la lenta movilidad de las partes físicas del sistema óptico, comparando con las livianas y ágiles cabezas magnéticas de los discos duros. Pero no lo dudo que en un futuro muy cercano estas desventajas cambiarán con el avance de la nueva tecnología.

Disco compacto de audio (CD-Audio)

Los discos ópticos vienen en diferentes formatos, como el Disco Compacto que puede tener una capacidad de 74 minutos de grabación digital o música en estéreo a una velocidad de sampleo de 44.1kHz y a una cuantización de 16 bits y su tamaño es de 4.75 pulgadas de diámetro, trabajan mediante rayos laser y esto crea una de las mayores ventajas a diferencia del disco de vinil o acetato, no se desgasta y tienen mayor capacidad de grabación (foto 2.16).

Creo que muchos de los lectores han tenido la oportunidad de trabajar con ellos simplemente escuchando música, y ya se habrán dado cuenta de que pueden escuchar las canciones de principio a fin, programar el orden de éstas, adelantarlas, retrasarlas, crear loops, etc. Toda la información como el número de la selección, duración, índice, etc., está grabada digitalmente como datos al principio de cada disco en una tabla de información. Una vez que uno coloca un disco diferente, lo primero que hace el reproductor de discos compactos es leer esa tabla y estar listo para los comandos que le dé el usuario.

Fotografía: Oscar Elizondo.

Foto 2.16 Un disco compacto de audio.

Si observa en unos CD verá una nomenclatura como la siguiente: DDD, ADD y AAD. Esto le notifica a uno la manera o proceso en que fue grabada la música, por ejemplo:

- **AAD:** Significa que originalmente el material se grabó, mezcló y editó usando equipo analógico y se masterizó digitalmente.
- **ADD:** Significa que el material se grabó analógicamente, se mezcló, editó y masterizó usando equipo digital.
- **DDD:** Significa que el material se grabó, mezcló y masterizó digitalmente.

Disco compacto sólo de lectura (CD-ROM)

Después del éxito del disco compacto usado para grabar y reproducir música, se pensó en utilizar también esta tecnología como almacenamiento de información digital común como documentos, gráficas, secuencias MIDI, etc., ya que el audio digital es una serie de números digitales. Esto creó a lo que se le conoce como CD-ROM en el cual únicamente se puede leer información. Este tiene la capacidad de almacenar hasta 680 Megabytes de información digital.

En los catálogos donde anuncian "librerías" de gráficas para usarse en diseño gráfico, juegos para los niños, aún cuando uno compra un programa que se usa como procesador de palabras como el Microsoft Word, a uno le preguntan si lo quiere en el formato de discos flexibles -*floppy*- o en CD-ROM. Asímismo, cuando uno compra "librerías" de sonidos para efectos especiales algunas veces vienen en el formato para leerse únicamente como información digital por medio de un programa de edición digital para editarse como el SampleCell II de Digidesign, o como audio, es decir que se pueden escuchar al momento.

Disco compacto grabable (WORM)

Como mencioné anteriormente, el CD-ROM únicamente puede leer la información pero no grabar, bien, existe otro formato óptico para el almacenamiento de información llamado WORM (Write Once, Read Many), también es un disco compacto en el cual se puede escribir o grabar información digital sólo una vez, pero se puede leer cuantas veces uno desee sin perder la calidad de la información (foto 2.17).

Foto 2.17 CD-Grabable.

Este tipo de CD puede almacenar desde 550 MegaBytes (MB) de información en un disco de 63 minutos hasta 650 MBytes en un disco de 74 minutos. Hoy en día muchos estudios ya cuentan con grabadoras de discos compactos porque ya son más accesibles económicamente y por lo general los usan para darle al cliente un ejemplo de la mezcla que acaban de hacer para llevarla a casa y escucharla en lugar de darle una cinta DAT o un casete de audio común como se solía hacer en los años '60 y '70.

Disco magneto-óptico (MO-Disk)

Es un formato en el que la información digital se lee por medio óptico y se graba por medio magnético/óptico, ofrece una gran capacidad de almacenaje y rápido acceso de transferencia. El tamaño de un disco magneto-óptico es de 3.5" y 5.25" con una capacidad desde 128MB a 230MB en un disco de 3.5" y 1.2 GB en uno de 5.25".

En el proceso de grabación se usa un rayo laser, este rayo calienta el material magnético a temperatura elevada, un electroimán polariza el material mientras todavía está caliente. Cuando la superficie magnética se enfría, la polaridad o magnetización queda retenida para leerse más tarde. A temperaturas normales no es posible magnetizar el disco, por lo tanto no corre el peligro de borrarse accidentalmente. Se usa un rayo laser de bajo nivel para leer la información por medio de la polaridad de la luz reflejada.

Algunas de las características de un disco MO es su alta velocidad de transferencia, su facilidad de borrado y su nuevo uso, su larga vida, es removible y como vimos antes, tiene gran capacidad de memoria.

Disco duro (Hard Disk)

El disco duro, conocido también como disco Winchester, es un disco magnético que almacena información digital y está permanentemente en la computadora — disco duro interno. En el caso de un disco duro externo, se conecta mediante un cable SCSI en la computadora (más sobre ésto posteriormente). El disco duro se ha usado durante mucho tiempo en las computadoras por su capacidad de almacenamiento, por su confiabilidad, su tamaño compacto, su rapidez y su precio accesible. Por ejemplo un disco duro externo de 2.4 GB puede costar cerca de $900. US Dls. pero algunos años atrás costaba "un ojo de la cara".

El disco duro interno está sellado y sus discos físicos internos no pueden removerse, como los discos floppy que se pueden insertar y sacar corriendo el riesgo de que se pueda dañar la información por su manejo. Como mencioné anteriormente, hay algunas personas que almacenan sus documentos y/o proyectos en el mismo disco duro interno donde tienen almacenados sus programas o aplicaciones. Si su disco interno llegara a dañarse, tendría el peligro de no poder recobrar los proyectos que tenía almacenados junto con sus programas. Los programas se pueden re-instalar de nuevo si es que usted pagó por el software y le mandaron los discos originales, pero los proyectos no, aun cuando use un programa de recuperación de archivos perdidos como el Norton Utilities de la compañía Symantec, es muy probable que ya no los recobre, a mí me sucedió.

Para evitar en lo posible estos peligros, es aconsejable comprar un disco externo fijo o uno removible, es decir, que trabaje a base de cartuchos que se pueden adquirir por separado como los de las compañías Mirror, Micropolis, SyQuest, APS o Iomega que venden unidades y cartuchos de diferentes formatos y capacidades. De esta manera puede almacenar diferentes copias de sus proyectos en diferentes cartuchos simulando múltiples discos duros externos. Estos discos removibles se conectan atrás de la computadora vía cable SCSI (ver fotos 2.18 y 2.19).

Los discos externos fijos comúnmente llamados Desktop, son básicamente lo mismo que un interno, pero está encapsulado en un armazón para proteger sus discos internos, por eso es que son un poco más caros (ver fotos 2.20 y 2.21).

Un disco duro consiste en una combinación de discos rígidos internos —no como los floppys que son flexibles. Estos se pueden grabar y leer magnéticamente y están unidos por un eje común (ver figura 2.22) el cual rota a una velocidad increíble. Con frecuencia los discos internos son de aluminio pulido y están bañados por ambos lados con una capa delgada de óxido para crear la superficie magnética de los discos que es donde va grabada la información. También cuenta con cabezas para grabar y reproducir la información digital y no tienen contacto físico con la superficie de los discos. Asimismo el disco duro tiene un posicionador que mueve las cabezas y las coloca donde se va a escribir o a leer la información, su servomecanismo controla las partes movibles, un motor hace rotar las superficies y un controlador administra el flujo de información digital desde y hacia las superficies de los discos que está interconectado con el resto del sistema de la computadora.

Cuando se apaga el disco duro las cabezas se estacionan en una pequeña área previamente asignada en los discos que no contienen información, de otra manera si las cabezas tienen contacto con la superficie de los discos se puede dañar la información digital.

Foto 2.18 Disco duro removible Zip Drive de Iomega.

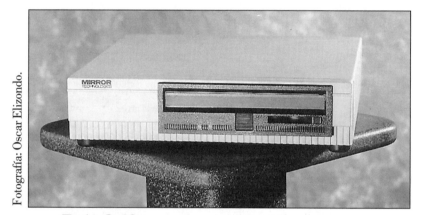

Fotografía: Oscar Elizondo.

Foto 2.19 Disco duro removible de Mirror Technologies.

Fotografía: Oscar Elizondo.

Foto 2.20 Disco duro externo de Pacific Coast Technologies.

Fotografía: Oscar Elizondo.

Foto 2.21 Disco duro interno de Micropolis.

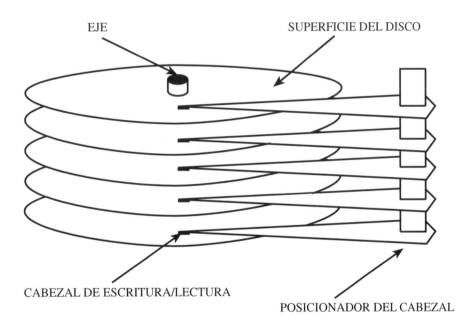

EJE

SUPERFICIE DEL DISCO

CABEZAL DE ESCRITURA/LECTURA

POSICIONADOR DEL CABEZAL

Fig. 2.22 Diagrama de las partes de un disco duro.

La manera como se almacena la información en un disco duro, es muy diferente a como la almacena un disco de vinil (LP) o un disco compaco (CD), en estos dos casos, la información se graba en forma contínua, en un disco duro se almacena en una serie de anillos concéntricos que se llaman pistas -tracks-, cada pista se divide en secciones llamadas bloques -blocks-, cada bloque se separa por un pequeño espacio y precedido por una marca o "domicilio" que identifica a cada bloque en qué parte del disco duro se encuentra la información que quiere acceder, sea ésta una carta que se escribió, una gráfica o una canción grabada con Pro Tools, por ejemplo.

Un cilindro en el disco duro es el conjunto de pistas que físicamente están alineadas verticalmente en los diferentes discos internos. Un sector es un segmento de la pista que puede contener hasta 512 bytes de información (ver figura 2.23). Un disco duro también puede tener hasta 600 pistas por pulgada, como se puede imaginar, un servomecanismo debe usarse para poder colocar la cabeza en las pistas con mucha precisión para que la información correcta se lea o grabe en la posición que se le asignó.

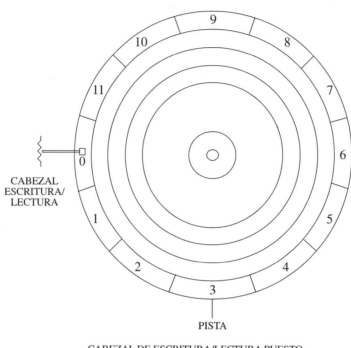

CABEZAL DE ESCRITURA/LECTURA PUESTO
SOBRE LA PISTA 0, SECTOR 0

Fig. 2.23 Diagrama de las partes de un cilindro de un disco duro.

Un buen disco duro por lo general tiene un tiempo de acceso muy rápido que es el tiempo que requiere la cabeza en colocarse en la pista correcta para leer la información que se desea obtener. Este tiempo se mide en milisegundos, como el disco duro MS 9.0 de la compañía APS Technologies tiene un tiempo de acceso de 16 milisegundos. Dependiendo de la calidad del disco duro, el tiempo de acceso puede ser tan rápido como 9 milisegundos.

Ya que casi todos los discos duros se conectan por medio del protocolo SCSI todos tienen la misma velocidad de transferencia de bits desde el disco a la computadora de 232 Kilobits por segundo. Existen algunos aceleradores del estándar SCSI para mejorar esta velocidad desde 3.55 MB (lectura) hasta 5.82 MegaBytes por segundo (escritura).

Como se podrá observar los sistemas de grabación directos a disco duro se han hecho muy populares en los últimos dos años. Sistemas como Sonic Solutions, Pro Tools, Dyaxis, etc. se han venido usando para la edición digital en la post-producción de películas, en la radiodifución y en la producción musical por sus dos características principales que son: la velocidad de acceso rápido y el acceso aleatorio de la información digital.

SCSI (Small Computer Stystems Interface)

SCSI es un protocolo electrónico de información y un interfase que usa una computadora para comunicarse con el disco duro u otro dispositivo con SCSI como un *scanner*, un CD-ROM, un sampleador, etc. Este conector se encuentra en la parte posterior de la computadora. Los dispositivos SCSI (se pronuncia "scasi") se interconectan con un cable comúnmente llamado "cable *scasi*" - SCSI Bus-, la información digital viaja entre el CPU y los dispositivos externos. Algunos modelos de Macintosh tienen ambos, SCSI Bus interno (dispositivos de la computadora) y externo.

Terminador

Los dispositivos SCSI se interconectan en serie (ver figura 2.24), a esta conexión en serie se le da el nombre de encadenado "daisy". Para que la interconexión entre dispositivos SCSI funcione correctamente, los extremos de la cadena deben tener un dispositivo llamado Terminador - Terminator. Por lo general la computadora es el primer dispositivo SCSI de la cadena, ésta ya tiene internamente el terminador, sólo se necesita colocarlo en el último dispositivo. Al igual que la computadora, algunos dispositivos SCSI ya tienen terminación interna, así que la manera de saberlo es consultando el manual de instrucciones del aparato. No es conveniente poner doble terminación o no poner ninguna a un dispositivo porque podría provocar que la computadora se "cuelgue" o tenga problemas al encenderla.

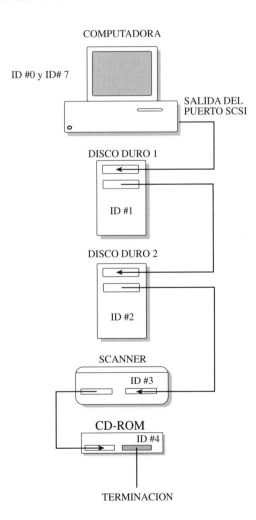

COMPUTADORA

ID #0 y ID# 7

SALIDA DEL
PUERTO SCSI

DISCO DURO 1

ID #1

DISCO DURO 2

ID #2

SCANNER

ID #3

CD-ROM

ID #4

TERMINACION

Fig. 2.24

Interconexión en serie de dispositivos SCSI con terminación.

Ya me imagino que muchos de ustedes se estarán preguntando, pero, ¿para que @#!#@%&* es la terminación? (ver foto 2.25), bien, la terminación es para asegurarse de que las señales de comunicación que viajan sobre el cable -*SCSI Bus*- se mantengan digitalmente establecidas como una señal "alta o baja" -*High or Low*-, es decir, que sean ceros o unos y nada en medio. Al mantenerse los niveles como debe ser, la trayectoria de las señales estarán limpias, en otras palabras, se elimina el ruido.

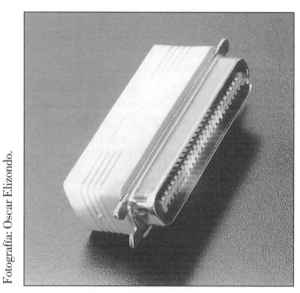

Fotografía: Oscar Elizondo.

Foto 2.25 Terminador.

Por lo general se pueden conectar sólo ocho dispositivos SCSI en un sistema (del 0 al 7) y todos deben tener su número de identificación o ID# cuando se usa el SCSI Bus. El disco interno de la Mac debe estar asignado siempre al ID #0 y la computadora misma o CPU debe tener el ID# 7, consecuentemente, cada dispositivo SCSI debe asignarse a su propio número de identificación (ID) entre el 1 y el 6. Si dos dispositivos tienen el mismo número, la comunicación SCSI se romperá y uno o ambos dispositivos no podrán comunicarse con la computadora. Esto es verdaderamente muy importante saberlo, así que no se olviden de hacer las asignaciones correctas.

Para formatear los dispositivos de almacenamiento

Los dispositivos SCSI sean estos de forma de cinta magnética, disco magneto óptico, disco floppy, disco duro fijo o removible, etc., tienen que prepararse correctamente para funcionar con la computadora (Macintosh o IBM PC), grabadora digital (ADAT o DA-88) o sampleador (Akai S3000 o Roland 760) con el que va a estar trabajando. A esta preparación se le da el nombre del proceso de formatear. La "formateada" examina el disco duro o cinta en contra de defectos, organiza el medio en sectores para definir los espacios o lugares de almacenamiento y borrar completamente la información que estaba previamente almacenada en ese disco o cinta. Por lo general cuando uno compra un disco duro, estos ya vienen formateados de fábrica, pero a veces es necesario inicializarlo para usarlo por primera vez.

Las cintas como la S-VHS (Super Video Home System) o la de Hi8-mm para las grabadoras digitales Adat o DA-88 respectivamente, también se necesitan formatear. Es lo mismo que cuando se formatea un floppy que le permite decirle a la computadora donde poner la información. Cuando uno formatea una cinta lo que está haciendo es "estampar" tiempo en la cinta para que al momento de sincronizar dos o más Adats entre ellas mismas lo puedan hacer con una magnífica precisión y para que el audio tenga referencia basado a este tiempo (tiempo de sincronización). Es aconsejable preparar toda la cinta completa de principio a fin, porque si la dejan a medias puede pasar que necesiten grabar algo más en la parte de la cinta que no está formateada y se pueden presentar problemas de sincronización después. Aunque puede usarse la función llamada "Formateo Extendido" para comenzar a hacerlo desde el punto donde no lo estaba, es más seguro evitar problemas si lo hace de principio a fin.

Otros puntos a considerar cuando use discos duros son:

Inicialización

La inicialización borra directorios ya existentes e instala un software llamado Driver que le permite a la computadora almacenar y volver a llamar la información digital. La mayoría de los discos requieren inicialización cuando son nuevos.

Drivers

Los dispositivos SCSI necesitan de un programa que se le conoce como Driver. Es un programa que es 'invisible' el cual notifica a la computadora cómo manejar o correr el dispositivo SCSI correctamente. Por ejemplo, si tiene problemas en colocar un disco duro para que su computadora lo lea, este programa lo ayudará. Observará que frecuentemente se encuentra en el desktop de la computadora, es decir, que es visible en la pantalla en cuanto enciende la computadora, especialmente en las Macintosh. Se le puede llamar de una forma diferente dependiendo de la marca del disco duro, por ejemplo un nombre es "SCSI Probe", otro puede ser "Mounter", etc.

Cuando tenga problemas en colocar su disco duro, haga un "doble click" en el Driver, este 'le pedirá' que oprima "update", lo que ocurre es que el conector SCSI lee, actualiza y nos hace saber qué dispositivo está conectado a SCSI y cual es su número de indentificación (ID#). Después de ver su disco duro en la lista, deberá oprimir "Mount" para que pueda colocar y usar su disco duro externo. A veces esto no es necesario ya que el disco duro ya inicializado aparecerá en el desktop automáticamente.

Partición del Disco

Otra función que se puede llevar a cabo en un disco duro es a lo que se llama "Partición" - Partitioning. Esto significa que un disco duro puede dividirse internamente en más de un volumen. Se preguntará ¿para qué necesito separar o partir mi disco duro? Bueno como usted sabe, hay cierta información confidencial a la que no debe tener acceso todo el personal y si sólo cuenta con un disco en el estudio o en la oficina, una parte del disco se asigna a la gerencia y otra al resto del personal con sus respectivas claves -passwords- así que las personas no podrán tener acceso a la información sin la clave a menos que "torturen" a su jefe para acceder a ella (ja, ja).

Capítulo 3

Sampling y Sampleadores

En los últimos cinco años la palabra "samplear" se ha popularizado no sólo en la industria de la producción musical y cinematográfica, sino también a nivel consumidor especialmente con la revolución de multimedia donde cualquier persona de cualquier edad ha usado de una manera u otra juguetes computarizados, juegos de computadora, programas educacionales, etc. Todos los sonidos de efectos especiales que escuchamos en las películas actualmente, en los CD de música, hasta del timbre de la puerta de su casa que al tocarlo reproduce el sonido del gruñido de un perro salvaje, fueron hechos por medio del proceso de sampling.

Samplear es el proceso de convertir señales de audio (voces, instrumentos musicales, efectos de sonido, etc.) a números digitales (ceros y unos) para modificarse, manipularse y colocarse después en la memoria interna (RAM) del sampleador y finalmente ser reproducidas (figura 3.1).

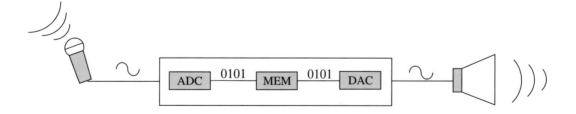

Fig. 3.1 Proceso de sampleo.

Obviamente para poder samplear un sonido, necesitamos un sampleador que pueda grabar, transformar y reproducir la información. Menciono esto porque existen en el mercado reproductores de muestras o samples que en sí no graban, sólo reproducen la información que usted le alimenta por medio de CD-ROM y/o discos floppys. Como ejemplo tenemos al reproductor de muestras SP-700 de Roland y al SampleCell II de Digidesign, este último viene en la forma de una tarjeta que se coloca adentro de la Macintosh o IBM (ver foto 3.2).

Foto 3.2 Reproductor de muestras SampleCell II de Digidesign.

Además de los reproductores que acabo de mencionar, existen los sampleadores que básicamente pueden encontrarse en dos versiones, con teclado o no. Las partes y funciones principales de los sampleadores de hoy son mucho más sofisticadas de los de hace diez años que fue cuando yo tuve mi primer encuentro con uno. Que por cierto recuerdo que fue el Prommer de la compañía Oberheim, este sampleador era de 8 bits, monofónico y podía samplear a diferentes velocidades de sampleo como a 32 kHz, 24 kHz, 16 kHz y 12 kHz. Como no tenía teclado, se controlaba vía MIDI con un teclado o cualquier controlador MIDI externo (ver foto 3.3).

Fotografía: Oscar Elizondo

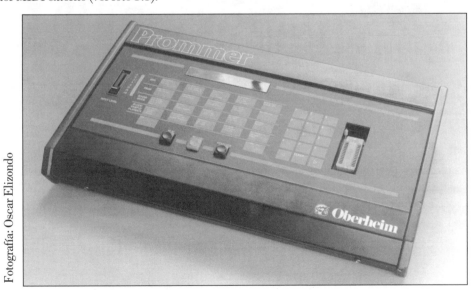

Foto 3.3 Sampleador Prommer de Oberheim de 8 bits.

También recuerdo que el medio donde se almacenaban los sonidos era en chips EPROM y el sonido más largo que se podía samplear era de 32 KBytes de memoria. Básicamente se usaba para grabar sonidos de percusión y para usarlos en las cajas de ritmo de aquel tiempo como la Linn Drum, la Linn 9000, el Drumtracks de Sequential Circuits, en las baterías electrónicas de la compañía Simmons tales como la SDS-1 y la SDS-9, y por supuesto en las cajas de ritmo de la misma Oberheim, la DMX y la DX que por cierto todavía tengo la mía como reliquia. Es interesante como han evolucionado los sampleadores en los últimos diez años. Ahora usted puede encontrar sampleadores que guardan los sonidos en floppys, discos duros vía SCSI o SMDI, CD-ROM y discos magneto-óptico.

Entre otras funciones, características y opciones con los que cuentan los sampleadores de hoy son: teclados de 76 y 88 teclas, con acción de tacto pesada como la de un piano acústico y la función MIDI llamada presión de teclado -aftertouch-, monofónica y polifónica como el ASR 10 de Ensoniq (foto 3.4), entradas de sampleo mono y/o estéreo, salidas de audio analógicas y digitales, una unidad de discos floppy, CD-ROM y magneto-óptico. La resolución de los convertidores (calidad sonora) que antes eran de 8 y 12 bits, ahora son de 16, 18, 20, 24 y 32 bits. Las velocidades de sampleo han cambiado un poco, ahora se están usando desde 11.64 kHz pasando por 29.76 kHz hasta 48 kHz. Entre mayor sea la velocidad de sampleo mejor va a ser la fidelidad del sonido, es decir, se escuchará con más realismo.

Foto 3.4 Sampleador ASR10 de Ensoniq.

Algunos sampleadores también cuentan con secuenciadores internos, así como procesadores de señales de audio o DSP, varios tienen la opción de poderse conectar a la computadora y ahí editar las muestras en lugar de hacerlo en la pantalla del sampleador, ya hay más comodidad y más rapidez para editar, de otra manera, uno "suda la gota gorda" para encontrar un buen loop (ver fotos 3.5 a 3.8).

Foto 3.5 Sampleador K2000 de Kurzweil.

Foto 3.6 Sampleador S-760 de Roland

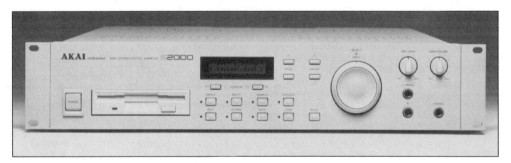

Foto 3.7 Sampleador S2000 de Akai.

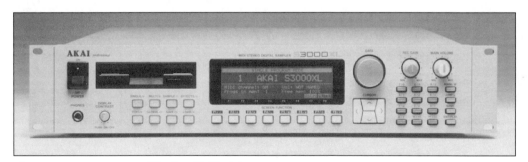

Foto 3.8 Sampleador S3000XL de Akai.

3 Sampling y Sampleadores

Los sampleadores son algo costoso debido a las partes electrónicas que utiliza, por ejemplo, los convertidores ADC y los DAC, (ver Capítulo 11). Entre mayor resolución tenga el convertidor, mejor será la calidad sonora del sampleador.

Como mencioné anteriormente, en los primeros sampleadores cuando se hablaba del tamaño de una muestra, se hablaba en términos de kilobytes (1024 bytes), al pasar el tiempo y al bajar el precio de la memoria RAM se empezó a hablar en términos de megabytes (1024 kilobytes). Entre más megabytes de memoria tenga el sampleador podrá samplear más sonidos o con mayor duración. Por ejemplo, si samplea la nota de un piano, y no se tiene suficiente memoria RAM, el sonido de la nota va a ser cortada abruptamente. Un sampleador que tiene 1 megabyte de memoria interna puede producir un sonido de aproximadamente de 11 segundos de duración si se samplea a una velocidad -sampling rate- de 44.1 kHz y aproximadamente 22 segundos de duración a una velocidad de 22.05 kHz. Esto es cuando se samplea en el modo monofónico. Si se hace en el modo estereofónico, la cantidad de segundos se cortará a la mitad, es decir, que únicamente se obtendrán aproximadamente 5.5 segundos de duración del sonido sampleado a 44.1 kHz. Como regla general, sólo recuerde que en un minuto de sampleo en mono a una velocidad de 44.1 kHz se necesitan cinco megabytes de memoria y si es estéreo, se necesitarán diez.

Si desea calcular el tiempo de duración de una muestra sabiendo la cantidad de memoria con la que cuenta y la velocidad de sampleo, usted puede hacerlo con la siguiente fórmula:

$$T = 1/F \times N$$

Donde: T = Tiempo
            F = Velocidad de sampleo
            N = Memoria disponible en bytes (1 kByte = 1024 bytes)

Ejemplo: Si tenemos un sonido de 16 kbytes de memoria en el sampleador y estamos grabando a una velocidad de sampleo de 32 kHz, ¿Qué duración tendrá el sonido?

Si: $T = 1/F \times N$

entonces: $T = 1/32,000 \text{ Hz} \times (16 \times 1024) \text{ bytes}$

Por lo tanto: $T = .512 \text{ segundos}$

El proceso de samplear

Samplear es un proceso muy sencillo, dependiendo de lo que se trate, es decir, voces, efectos desde un CD de audio, instrumentos musicales, etc, usted tiene que tener cuidado en seleccionar el tipo de micrófono (en el caso de samplear voces, sonidos ambientales o instrumentos musicales) que va a usar. Si va a samplear el sonido del bombo de una batería acústica por ejemplo, entonces necesitará un micrófono dinámico para poderlo captar mejor, esto es porque entre mayor sea el diafragma de un micrófono mejor es la respuesta de frecuencias graves. Después de posicionar y conectar el micrófono en la entrada del sampleador, se debe seleccionar a qué velocidad va a grabar, recuerde que entre más alta sea la velocidad de sampleo, mejor calidad sonora obtendrá, pero necesitará más memoria. Así que si leyó el capítulo 1 acerca del teorema de Nyquist que dice que "para obtener una buena muestra, la velocidad de sampleo debe ser por lo menos dos veces más alta que la frecuencia más alta del sonido que desea samplear". En otras palabras, si va a samplear el sonido de un bombo en el que la frecuencia de éste no es muy aguda, entonces le recomiendo seleccionar una velocidad de sampleo baja como de 22.05 kHz por ejemplo o algo por el estilo. Bien, prosiguiendo con nuestro proceso de sampleo, después de seleccionar la velocidad y tiempo de sampleo adecuado, ahora tendrá que ajustar el nivel del umbral -threshold- de volumen que es donde el sampleador empezará a grabar al sobrepasar el límite ajustado. Al obtener el sonido del bombo en la memoria del sampleador, usted podrá dispararlo o tocarlo con el teclado del sampleador o con cualquier controlador MIDI que tenga a la mano. A propósito, si le gustó el sonido no olvide archivarlo de inmediato en un floppy o en cualquiera que sea su medio de almacenamiento. Este es sólo un simple ejemplo del proceso, por supuesto que dependiendo de lo que desee lograr será un poco más complicado el proceso, pero sólo es cosa de práctica.

Edición de una muestra

Cuando hablamos de editar una muestra nos referimos a hacerla más corta, a quitarle el ruido que se filtró al samplearla, de normalizarla (optimizar su amplitud), cambiarle el principio y el final, nombrarla, modularla con un LFO, o con un generador envolvente para cambiarle el ataque, el release, etc. (ver figura 3.9).

RUIDO   RUIDO

MUESTRA DESEADA

Fig. 3.9 Ejemplo de la edición de una muestra.

Creación de "loops"

Hacer que el sonido se repita indefinidamente sin notar ningún cambio en tono o amplitud es todo un arte. A la repetición indefinida de un sonido se le conoce como "loop". Si usted escucha el sonido de un violín en un sintetizador, usted notará que cuando oprime una tecla y la sostiene, mientras la sostiene se seguirá escuchando el sonido sin notar la diferencia de donde comienza y donde se acaba. Bien, ese sonido sampleado de violín tiene un loop. Para crear un loop perfecto se necesita práctica y paciencia, especialmente si está usando un sampleador que tiene una pantalla (display) pequeña y lo único que ve son números en lugar de formas de ondas como en algunos programas de edición digital como el Sound Designer II de Digidesign o el Recycle de Steinberg entre otros que son programas especiales para crear loops perfectos.

Como le estaba diciendo, para crear un buen loop se necesita práctica, paciencia y una buena muestra para lograrlo. Se dará cuenta que en algunas muestras será imposible encontrar un buen punto de cruce entre el principio y el final del sonido. Por ejemplo, en un sonido que continuamente sube y baja de tono o de volumen será difícil encontrar un buen punto de cruce, ahora si es constante en amplitud y tonalidad, habrá mejor posibilidad de obtener un buen loop siempre y cuando encuentre los puntos de cruce adecuados (ver figura 3.10). Encontrar los puntos de cruce de un sonido es cosa de seguir tratando y de cometer errores, así que no se frustre y tenga paciencia.

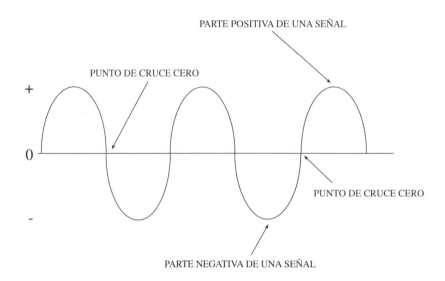

Fig. 3.10 Ejemplo de puntos de cruce.

Para organizar muestras en el teclado

Supongamos que usted es un editor de sonidos independiente, y lo contrataron para agregar los efectos a un comercial o a una película de corto metraje, y le dicen que va a contar en el estudio con un sampleador con teclado y bastante memoria, una librería de efectos de sonido, una reproductora de video de 3/4", un sincronizador y una grabadora digital DA-88 de Tascam. También supongamos que todo ya está conectado y listo para empezar a grabar los sonidos de acuerdo a la imagen de la reproductora de video, pero se da cuenta que el grabar sonido por sonido, es decir, samplear un sonido, grabarlo en la DA-88 y colocarlo en sincronización a la imagen uno por uno, le va a tomar muchísimo tiempo para terminar, bueno si le están pagando por hora está bien, pero si no, ¿qué puede hacer para que no le lleve tanto tiempo? Bien, lo que debe hacer en estos casos es samplear primero todos los sonidos que va a usar, después organizarlos para que cada tecla del sampleador toque un sonido diferente, de esa manera al estar viendo la imagen en video sólo necesita oprimir la tecla correcta y listo.

En caso de que no conozca esta técnica puede estudiarla en "Descubriendo MIDI", entonces debe saber que cada tecla en un sintetizador o sampleador, está enumerada. Esta numeración es la misma para todas las marcas de sintetizadores y sampleadores porque es un estándar que acordó la **MMA**, Asociación de Manufactureras de MIDI. Por ejemplo, en un sampleador o sintetizador que tiene un teclado de cinco octavas o 64 teclas, a la primera tecla (primer DO) se le ha asignado el número 36 y a la última, en un teclado de cinco octavas, se le asignó el 96. Al saber esto, con sólo contar las teclas desde el primer DO que es la 36, la 37 será el DO sostenido, la 38 el primer RE y así sucesivamente hasta que llegue a la última que es la 96 (ver figura 3.4). De esta manera usted puede asignar en el sampleador un sonido por cada tecla para que solamente tenga que oprimir la apropiada y disparar los sonidos que necesita, haciendo más rápido el proceso de grabar y de colocar los efectos de acuerdo a la escena en la película o comercial.

Lo único que tiene que asegurarse es de cambiar la "raíz" del sonido -root-, es decir, el número de tecla con la que quiere que el sonido se escuche normal y no se oiga subido o bajado de tono, ni más lento o más rápido que como originalmente lo grabó. Unicamente recuerde que cuando samplea un sonido, en la mayoría de los aparatos se asigna automáticamente en la tecla número 60. Por ejemplo, si grabó el sonido de una explosión y la desea asignar en la tecla 40, entonces tendrá que asignar esa muestra en el sampleador para que su raíz sea el número 40 en lugar del 60 que le fue asignado automáticamente (fig. 3.11).

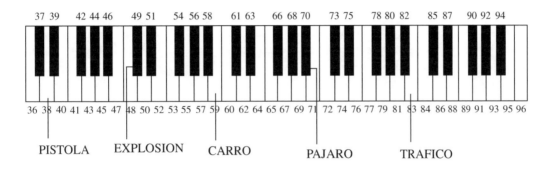

Fig. 3.11 Organización de sonidos en cada tecla.

Transferencia de muestras

Hay ocasiones en que es necesario transferir la información de una muestra de un sampleador a otro, a un programa de edición de muestras en la computadora para crear loops como el Recycle de Steinberg, a un CD-ROM para crear y organizar su propia librería de sonidos, etc. Para esto existen tres formas de llevarlo a cabo, la primera que se estableció cuando se inventó MIDI en 1983 fue el "estándar de vaciado o volcado de muestras" también conocido como MIDI Sample Dump Standard (SDS) que se transmite y se recibe por medio de mensajes MIDI de Sistema Exclusivo o SySex. El problema con este protocolo es que es demasiado lento porque es una transmisión serial y trabaja con la velocidad de transferencia de MIDI. El SDS transmite y recibe solamente información de la muestra y los loops de sostenimiento. En el caso de que usted haya grabado una muestra, la haya editado, es decir, le haya agregado un envolvente, un LFO o un filtro y la haya organizado en el teclado de su sampleador, no se vaya a sorprender de que toda esta información se pierda porque como mencioné anteriormente, el SDS sólo transmite y recibe el puro sonido y el loop si es que lo programó. Tendrá que estudiar el manual de instrucciones para saber si transmite y recibe más información que la mencionada. Algunos sampleadores pueden guardar las muestras en archivos con formato WAV para usarse en computadoras IBM (Windows) o en el formato AIFF para las Macintosh.

También tenemos el protocolo para la transferencia de muestras en forma paralela, el SCSI y como vimos sirve para conectar su sampleador a computadoras o a CD-ROM para guardar sus sonidos en un disco compacto, por supuesto siempre y cuando su sampleador tenga la opción de funcionar con SCSI. Para que su sampleador pueda funcionar con un progama de edición, necesita un archivo especial o Driver en la computadora, asegúrese de esto para que no pierda tiempo trantando de hacer transferencias vía SCSI sin saber que no tiene las herramientas apropiadas. La velocidad de transferencia es como 20 veces más rápida que la del protocolo SDS.

Sampling y Sampleadores

La tercer manera de transferir información de muestra es el protocolo llamado SMDI (SCSI Musical Data Interface). Este protocolo le permite conectar su sampleador (si es que contiene esta característica) por medio de un cable SCSI regular y hacer transferencias de muestras de hasta doscientas cincuenta veces más rápidas con el formato SDS. Una de las ventajas que este protocolo ofrece es la de poder transmitir y recibir toda la información de su muestra, es decir, todos los cambios de tono, los loops, las mudulaciones, muestras en estéreo y transferencia de muestras arriba de dos megabytes de memoria, entre otras.

"Librerías" de sonidos

Si usted trabaja en el campo de la post-producción y necesita de sonidos o muestras para aumentar su archivo de sonidos además de los sonidos que usted haya sampleado, existen en el mercado varias compañías que se dedican a vender efectos de sonido, compañías como Sound Ideas, Hollywood Edge, Prosonus y Roland entre otras (ver fotos 3.12 a 3.14). Puede comprar "librerías" completas no sólo de efectos de sonido, sino de instrumentos musicales con todas las muestras ya listas, es decir, organizadas en sus respectivos tonos a lo largo del teclado listas para cargarlas a su sampleador y empezar a tocar el sonido de piano que usted deseaba. Tiene la opción de pedirlas como información digital por medio de CD-ROM o en forma de audio en disco compacto para poderlos grabar en cualquier sampleador o grabadora digital usando las entradas y salidas ya sean analógicas o digitales.

Foto 3.12 "Librería" de sonidos de Roland.

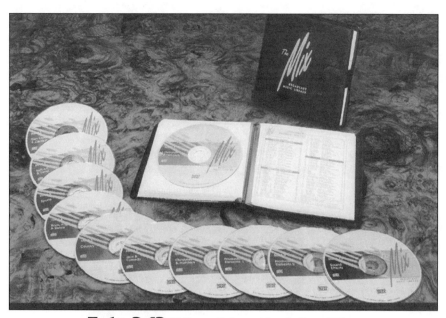

Foto 3.13 "Librería" de sonidos de Sound Ideas.

Foto 3.14 "Librería" de sonidos de Hollywood Edge.

Capítulo 4

MIDI

En este capítulo hablaremos sobre MIDI, un tema de hace ya trece años en la industria musical y que para muchos es algo un tanto complicado aún. En los últimos cuatro años se han incorporado nuevas funciones o protocolos en su especificación original que permite que se use más y más en la producción musical, post-producción y multimedia. Es probable que el ingeniero de grabación que no conozca los conceptos básicos no aproveche las oportunidades de creatividad técnica o artística que ofrece hoy en día la combinación de MIDI y audio digital.

De nuevo le recomiendo, si usted no está familiarizado con MIDI, leer el libro "Descubriendo MIDI" aquí hablo de los conceptos básicos y es una buena referencia para sacarlo de problemas en situaciones como conectar este sistema en casa, en grabaciones profesionales o durante una sonorización en vivo. Así que veamos lo que es.

¿Qué es MIDI?

Como ya se ha dicho, MIDI son las siglas en inglés que representan **MUSICAL INSTRUMENTS DIGITAL INTERFACE**, y que en español se traduce como la Interconexión Digital de Instrumentos Musicales. Esos instrumentos musicales son sintetizadores, secuenciadores, cajas de ritmo, guitarras sintetizadores, procesadores de señal de audio, grabadoras multipistas digitales y computadoras, entre otros. Los instrumentos se interconectan por medio de un cable llamado CABLE MIDI (también se le conoce como un cable con conectores DIN [Deutsch Industry Norm] de cinco conductores) y se conecta en el panel posterior de los instrumentos. Estos instrumentos transmiten y reciben información digital o mensajes (0's y 1's), no información de audio (sonidos).

¿Para qué se usa MIDI?

Las aplicaciones de MIDI son ilimitadas. Los usos más comunes son:
a) Para tocar varios sintetizadores de diferentes marcas con un solo teclado.
b) Para poder sobreponer o combinar diferentes sonidos de sintetizadores de varias marcas y

crear sonidos orquestales que con un solo sintetizador sería imposible reproducir.

c) En actuaciones en vivo (conciertos), MIDI ayuda a disminuir la cantidad de teclados en el foro -stage-. Cuando un tecladista está obteniendo un sonido de piano en el sintetizador, por ejemplo, y a la mitad de la canción desea tocar el órgano eléctrico, entonces en lugar de correr hacia el órgano eléctrico —suponiendo que el órgano tiene integrado el circuito de MIDI, con sólo cambiar algunos controles y con su interruptor de pie, podrá tocar el órgano a control remoto vía el sintetizador.

e) MIDI puede controlar la cantidad de efectos de audio por medio del teclado del sintetizador. Efectos como reverberación, eco, chorus, flanging, etc.

f) También se usa para poder sincronizar secuenciadores, cajas de ritmo, computadoras personales, etc.

g) Otras de las aplicaciones de MIDI es el poder acelerar la tarea de un compositor para transcribir su composición en papel pautado. Por medio de una computadora personal, el compositor puede grabar su composición en un secuenciador y por medio del software apropiado, éste podrá transcribir directamente la música en el secuenciador a una partitura con gran exactitud.

h) Y finalmente, con MIDI uno puede controlar las funciones del transporte de las nuevas grabadoras digitales modulares (Adat/DA-88) por medio de la computadora actuando como el controlador remoto de las grabadoras.

¿El cable MIDI?

Como mencioné los sintetizadores son interconectados por medio de un cable llamado CABLE MIDI que consiste en un cable de cinco alambres conductores de los cuales únicamente se utilizan tres, los otros dos se dejan sin conectar (ver foto 4.1). Estos cables no llevan información de audio (voltajes o sonidos) sino información digital (0's y 1's), esto es, el lenguaje que se utiliza en las computadoras. Para evitar la degradación de la señal digital, que como consecuencia produce información falsa durante la transmisión y recepción de datos, el cable MIDI debe limitarse a una longitud de 15 metros (50 pies). Esto fue estandarizado por el comité de la Asociacion de Manufactureras de MIDI. Es un comité técnico que se integra por miembros de las diferentes compañías fabricantes de sintetizadores y otros dispositivos con MIDI, las cuales se reúnen periódicamente para discutir qué nuevas funciones son necesarias para mejorar MIDI. Esta asociación

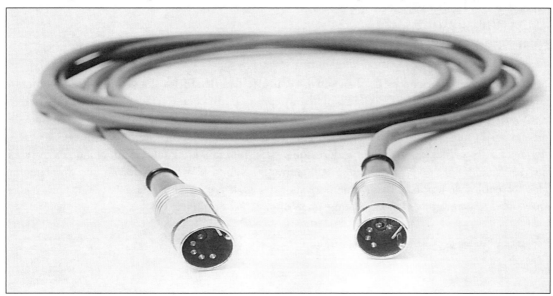

Foto 4.1
El cable MIDI.

fue la que estandarizó todo lo referente a MIDI y publicó la "Especificación Detallada de MIDI, Versión 1.0" (MIDI 1.0 Detailed Specification) que está a disposición del público.

Existen en el mercado varios dispositivos electrónicos que ayudan a fortalecer la señal de MIDI en caso de que haya necesidad de utilizar líneas del cable MIDI más largas de lo permitido.

La figura **4.2** muestra la asignación de los alambres conductores en el cable MIDI:
El conductor o *pin* número 2 se conecta internamente a tierra.
El conductor número 4 se conecta a la fuente de energía que es de +5 voltios.
El conductor número 5 es el que transmite y recibe la información digital MIDI.
Los conductores números 1 y 3 permanecen sin conectar (s/c).

Esto por supuesto fue acordado por la MMA.

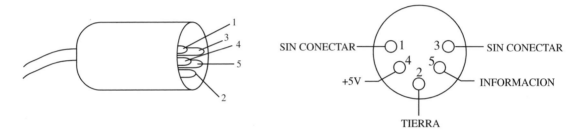

Fig. 4.2 Diagrama de un cable MIDI.

Los conectores MIDI

Este cable se enchufa a unos conectores MIDI que por lo general se encuentran en la parte posterior de los instrumentos y dispositivos con este protocolo. La mayoría de estos dispositivos cuentan con tres conectores MIDI llamados:

ENTRADA MIDI (MIDI IN)
SALIDA MIDI (MIDI OUT)
ENLACE DIRECTO DE MIDI (MIDI THRU)

La mayoría de los fabricantes de dispositivos con MIDI, ordenan los conectores de la siguiente manera; de izquierda a derecha (viendo el aparato por la parte posterior) Entrada MIDI (MIDI IN), Salida MIDI (MIDI OUT) y Salida de Enlace Directo de MIDI (MIDI THRU), como se puede apreciar en la foto 4.3. Se menciona esto porque en varias ocasiones se tendrá que conectar y desconectar los cables de los sintetizadores que están permanentemente en un stand o rack y es muy desagradable no poder saber cuál es la entrada o salida MIDI. Se tendrían que desconectar todos los cables de audio, y bajar el sintetizador del rack por su cercanía a la pared para poder saber cuál es la entrada y cuál la salida. ¡Así lo dicta la experiencia!.

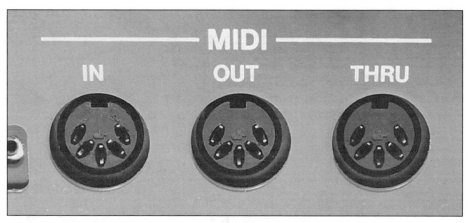

Foto 4.3 Conectores Entrada MIDI (MIDI In), Salida MIDI (MIDI Out) y Enlace
Directo de MIDI (MIDI THRU)

La salida transmite la información digital de MIDI, la entrada recibe la información transmitida por
otro sintetizador y el Enlace Directo es una réplica de la entrada MIDI para que la información
recibida en un sintetizador esclavo siga directamente sin retraso alguno (señal no procesada por el
microprocesador) hacia al segundo sintetizador esclavo y así sucesivamente. Una forma de visualizar la salida de enlace directo de MIDI es como si fuera un adaptador "Y" (i griega) de audio en la
cual se puede partir en dos una señal monofónica (figura 4.4).

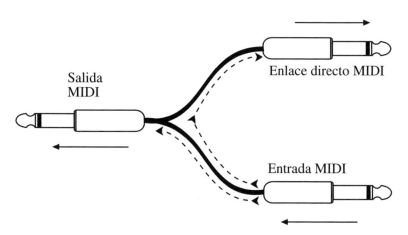

Fig. 4.4 Ejemplo de una salida de enlace directo en forma de "Y" griega.

Como vemos en la figura 4.5 el sintetizador 'A' (controlador) viene a ser el sintetizador MAESTRO
o transmisor y los sintetizadores 'B' y 'C' se les llaman ESCLAVOS o receptores. Cada vez que el
usuario oprime una nota en el teclado maestro, la información digital de MIDI se genera e inicia
su transmisión, los sintetizadores receptores convertirán esa información digital de MIDI en voltajes contínuos y consecuentemente se convertirán en sonidos o notas musicales. A esta clase de
conexión se le llama ENCADENADO-DAISY (DAISY-CHAIN) debido a que es un enlace de sintetizadores en serie. Es aconsejable conectar de esta manera sólo tres o cuatro sintetizadores. Si se
conectan más se empezarán a registrar retardos en la señal de MIDI (también conocido por MIDI
delays). Esto significa que cuando se oprime una tecla en el sintetizador maestro, el último sintetizador en la cadena se va a escuchar varios milisegundos o un segundo más tarde.

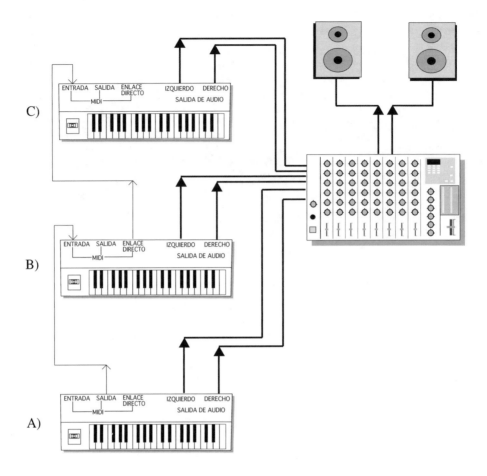

Fig. 4.5 Conexión tipo "encadenado daisy".

Las cajas de enlace directo de MIDI

Existen en el mercado aparatos llamados CAJAS DE ENLACE DIRECTO (MIDI Thru Boxes o MIDI Switchers) que tienen varias entradas y varias salidas (de 1 a 20) de enlace directo de MIDI (MIDI THRU) como se puede apreciar en la foto 4.7 de la caja de enlace directo de la compañía 360 Systems. Una de las compañías que se dedican a la producción de estos aparatos es JL Cooper (foto 4.8), entre otras. Algunos fabricantes de esta clase de aparatos llaman erróneamente a los conectores de enlace directo MIDI (MIDI THRU) salida MIDI (MIDI OUT), esto provoca una mala interpretación y confusión entre los usuarios. La razón es, como mencioné anteriormente que la salida transmite la información generada por el sintetizador maestro y la salida de enlace directo es simplemente una réplica de la información recibida en la entrada MIDI y sirve para enlazar una red de sintetizadores en serie.

Las cajas de enlace directo sirven solamente para conexiones de MIDI en paralelo (véase figura 4.6). También hay otras cajas de enlace directo más sofisticadas que tienen otras funciones, no sólo hacen conexiones. Una de las ventajas del uso de las cajas de enlace directo es el evitar tener que conectar y desconectar los cables cuando se desee cambiar la configuración de un sistema MIDI. En otras palabras, a veces hay necesidad de cambiar el controlador maestro. Tal vez el usuario desea que un secuenciador, caja de ritmos o la computadora sea el controlador maestro.

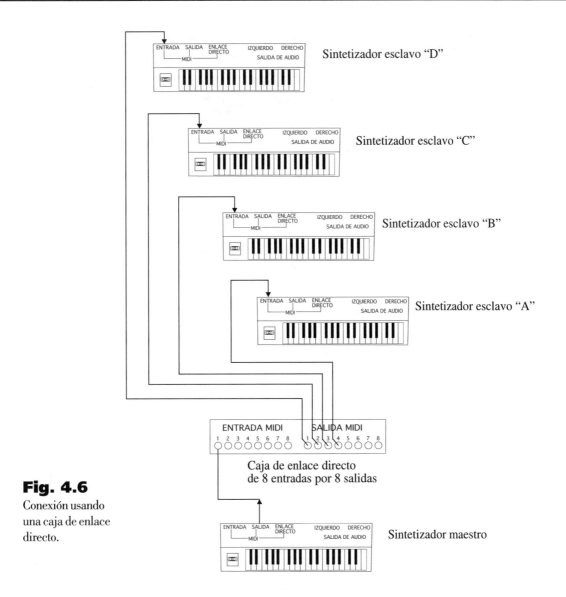

Fig. 4.6
Conexión usando
una caja de enlace
directo.

Algunos dispositivos con MIDI solamente tienen la salida y la entrada ya que no tienen la necesi-dad del uso del enlace directo, por ejemplo: la caja de ritmos, teclados controladores (esta clase de teclados no producen sonido, únicamente generan código MIDI) y algunos procesadores de señales de audio.

Foto 4.7 Caja de enlace directo de la compañia 360 Systems.

¿Qué son los canales de MIDI?

El lenguaje de MIDI viene siendo en forma de "mensajes" como ya vimos anteriormente. Los mensajes se envían vía cable por medio de 16 canales y se les da el nombre de CANALES DE MIDI, no son materialmente como los canales de una mesa mezcladora de audio, sino un arreglo programado, un software, es decir, por medio de instrucciones dadas al microprocesador para que envíe los mensajes MIDI en diferentes rutas al exterior.

Usted se preguntará ¿para qué son tantos canales de MIDI? La respuesta es muy sencilla, entre más canales haya se podrán controlar más sintetizadores y otros dispositivos con un solo teclado, secuenciador, computadora, caja de ritmos, etc. La compañía Mark of the Unicorn (MOTU) lanzó al mercado hace algunos años un producto llamado MIDI Time Piece donde se puede obtener hasta 128 canales. Este producto hasta la fecha sólo trabaja con el secuenciador en software para la computadora Macintosh llamado "Performer". Ahora MOTU tiene el MIDI Time Piece II que también trabaja con el secuenciador llamado Digtial Performer que es una combinación de grabación (secuenciador) de eventos de MIDI y de audio digital. Otras compañías ya tienen en el mercado productos similares a éste.

El concepto de los canales de MIDI es muy fácil de entender con la siguiente analogía: Piense en su televisor, que recibe un gran número de programas por diferentes canales de televisión al mismo tiempo por medio de un solo cable (véase figura 4.9). La compañía transmisora de televisión por cable envía todos esos programas al mismo tiempo. Si usted está interesado en ver un programa de televisión en particular, sólo con seleccionar el canal en que ese programa está siendo televisado, usted podrá verlo. Por ejemplo, las noticias se están transmitiendo por el canal 2, el juego de futbol por el canal 4 y las telenovelas por el canal 8, y usted desea disfrutar del juego de futbol, sólo con seleccionar el canal 4 podrá disfrutarlo. Así es como se seleccionan los canales de MIDI para poder escuchar el sonido que deseamos.

Si por ejemplo tenemos en el sintetizador "A" un sonido de piano en su canal de MIDI número 2; en el sintetizador "B" un sonido de violín en su canal número 4 y en el sintetizador "C" un sonido de trompetas en su canal número 8. Ahora, si yo deseo escuchar el sonido del violín únicamente, entonces seleccionaré el canal de MIDI número 2 del sintetizador "B". Al momento de hacerlo, podré escuchar el sonido del violín cuando toco el sintetizador "A" (controlador maestro). En este ejemplo, el sintetizador maestro o transmisor viene siendo la compañía transmisora de televisión y los sintetizadores esclavos o receptores son los televisores.

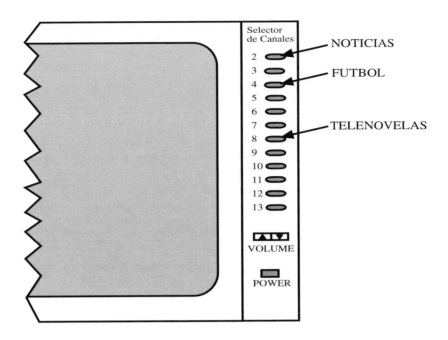

Fig. 4.9 Analogía de los canales de MIDI.

Los nuevos protocolos de MIDI

Ahora que ya tenemos un concepto básico de lo que es MIDI, y después de haber leído "Decubriendo MIDI", hablaremos ahora de los nuevos mensajes o protocolos que se han implementado en los últimos cuatro años. Estos son:

GENERAL MIDI (GM)

Standard MIDI Files (SMF)

MIDI Machine Control (MMC)

MIDI Show Control (MSC)

MIDI GENERAL (GENERAL MIDI) GM

Básicamente lo que significa MIDI General (GM en inglés) es que si se programa una secuencia usando un sintetizador que contenga el banco de programas GM —como por ejemplo el X3 de Korg o el SX2 de General Music— se podrá reproducir esa secuencia en cualquier otro sintetizardor que también tenga este banco de programas sin tener que hacer las asignaciones de los programas o sonidos de nuevo. Para saber si su sintetizador contiene el banco de programas GM simplemente observe que en el panel frontal de su sintetizador o módulo generador de sonidos estén impresas las letras GM (véase foto 4.10).

Foto 4.10 Logotipo.

En MIDI General, el programa número 1 del banco GM siempre es el sonido de piano, ahora, si usted programó una secuencia con un sintetizador marca Kawai por ejemplo que contiene el banco GM y usó el programa número uno, es decir, el del piano, y por cualquier razón esa secuencia la tiene que reproducir en un X3 de Korg con el mismo programa, notará que el sonido que se reproduce en el X3 es también el del piano, a propósito, puede ser que no sea idéntico el sonido en los dos sintetizadores, esto es debido a que cada compañía utiliza diferentes componentes y circuitos electrónicos, es decir, filtros, osciladores, procesadores, etc., y es posible que el sonido del piano en el X3 sea más brillante o más "oscuro". Lo importante es que es lo mismo del otro sintetizador o módulo. Así que si usa un programa GM con sonidos de percusiones, éste ya tendrá asignados todos los sonidos de percusión (pandero, congas, timbales, platillos, etc.) con sus respectivos números de las teclas o número de nota, es decir, que si el sonido de un bombo está asignado en la primera nota de DO del teclado o sea la número 36 en un sintetizador de cinco octavas, este sonido estará asignado exactamente en la 36 del otro sintetizador, siempre y cuando sea el mismo número de programa GM en los dos aparatos.

En otras palabras el MIDI General es una forma universal de usar programas o sonidos que son comunes a todos los fabricantes de sintetizadores o módulos generadores de sonido. Se aplica comúnmente en software de multimedia para asignar automáticamente los sonidos de instrumentos y de efectos para los juegos, programas educativos, o programas para usarse durante una presentación de algún proyecto en una corporación, por ejemplo.

Archivo estándar de MIDI (Standard MIDI Files) SMF

El protocolo "Archivo Estándar de MIDI" (SMF) es una manera de guardar, archivar y reproducir una secuencia hecha en un secuenciador específico, es decir, programada con un software como el Cubase de Steinberg, el Logic de EMAGIC o el Performer de Mark Of The Unicorn, en un secuenciador de hardware como el MMT-8 de Alesis (con capacidad de 10,000 notas o eventos MIDI), el Q-80 de Kawai con capacidad de 26,000 notas o en un secuenciador integrado en un sintetizador como en el X3 de Korg o el S2 Music Processor de General Music que posee un secuenciador interno con capacidad para 250,000 notas (el X3 tiene capacidad para 32,000) (ver fotos 4.11 a 4.13). Es decir, con el formato SMF uno puede importar y exportar canciones o secuencias como archivos MIDI comunes entre diferentes sistemas de computadoras como la IBM PC, la Macintosh, la Atari, etc., con su respectivo secuenciador.

Foto 4.11 El SX2 de General Music.

Por ejemplo, si yo programo una secuencia en mi computadora Macintosh o IBM PC con el secuenciador en software Cubase y no la termino, y sé que al siguiente día tengo que ir a otro estudio a terminarla, pero cuando llego, me encuentro con que ese estudio no tiene el software que yo estaba usando sino otro diferente pero que puede leer este formato SMF ¿qué debo hacer? Guardar el trabajo (secuencia) en el formato en el que estoy trabajando, es decir, en este caso en

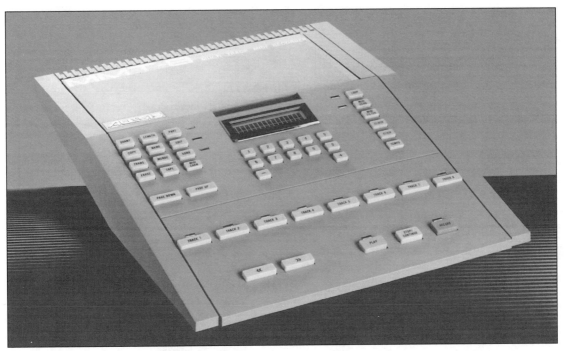

Foto 4.12 El secuenciador MMT-8 de Alesis.

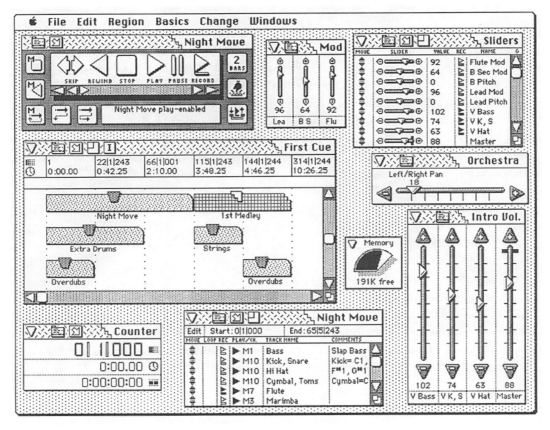

Foto 4.13 Secuenciador Performer de la compañía MOTU.

Cubase y también en el formato SMF. De esta manera no nos sorprenderán si continuamos la secuencia en otra parte, usando otro secuenciador y otra computadora pero que pueda leer archivos SMF.

Ahora, cuando uno guarda la secuencia, es decir, "(SAVE AS...)" como archivo SMF, lo primero que el secuenciador 'le preguntará' es en qué formato desea almacenar su secuencia y le dará tres opciones que son:

- **Format 1** - en pistas separadas con la información del *tempo* y del compás en la primera pista.

- **Format 0** - una pista multi-canal con la información del *tempo* y compás al principio de la secuencia.

- **Format 0** - solamente la información del *tempo* y el compás.

Si se guarda (SAVE) la secuencia como archivo SMF en "Format 1", significa que la estructura de los tracks, se conservó, es decir, que si grabamos en la pista número 8 del secuenciador la melodía de la trompeta y asignamos su sonido en el canal MIDI número 4 con un volumen o velocidad al máximo y la armonía del piano se grabó en la pista 1 con el canal 1 asignado y obviamente el sonido del piano, entonces al guardar esta secuencia en "Format 1" y al abrirla en otro secuenciador con diferente sistema de computadora, se podrá editar o alterar cada pista como si se estuviera editando en el secuenciador original para después reproducirla.

Por otro lado, si usted guarda esta misma secuencia en el formato "Format 0", todas las pistas se van a mezclar en una sola y no podrá editar más la secuencia porque ya todo está mezclado y no hay nada que se pueda hacer mas que volverla a guardar pero en el formato "Format 1". Esto es como cuando se está tratando de grabar audio en una máquina digamos de cuatro pistas y se tienen que grabar ocho instrumentos, para poder llevar a cabo esta grabación, usted tiene que mezclar digamos las primeras cuatro pistas en una, de esta manera tendrá tres pistas disponibles para grabar otros dos instrumentos, luego se agrega la pista ya mezclada con las que se acaban de grabar en la pista que estaba disponible para hacer lugar para otros dos instrumentos y así sucesivamente obtendrá los ocho instrumentos en cuatro pistas, esto es a lo que se le da el nombre de *bouncing tracks* (¿ve que relajo? es la desdicha de ser pobre y no poder comprar una grabadora de 8 pistas para grabar como Dios manda, ¡así es la vida!). Entonces podemos decir que si usa el "Format 1" usted todavía puede editar la secuencia en caso de que no haya quedado a su gusto y en el "Format 0" es más bien únicamente para reproducirla en una pista.

El ejemplo perfecto es cuando una persona está tocando en vivo en un club nocturno y crea las secuencias en una computadora, bien, si esta persona no quiere trasladar su computadora, puede guardar en disco sus secuencias como archivos SMF en "Format 0" y colocarlas en un secuenciador físico o de hardware que lea este tipo de archivos y llevárselo al club para reproducir solamente sus piezas sin tener que asignar nada más, obviamente suponiendo que sus sintetizadores y módulos ya están programados con las asignaciones correctas de sonidos y canales MIDI.

Control de grabadoras vía MIDI Machine Control, MMC

El MMC es un protocolo o grupo de mensajes de sistema exclusivo de MIDI que permite a cualquier sistema con MIDI comunicarse y controlar algunas de las funciones típicas de una grabadora de audio y sistemas de producción de audio y video. Las aplicaciones más comunes son las de controlar, como dije anteriormente, las funciones de transporte de una grabadora de audio como STOP, FAST FORWARD, REWIND y PLAY desde una computadora o secuenciador o establecer una comunicación más compleja entre sistemas digitales de audio y de video, secuenciador y computadora para sincronizarse perfectamente unos con otros. Sin hablar con un lenguaje muy técnico, la aplicación más común hoy en día en estudios tanto de grabación como de post-producción es la de controlar con la computadora el secuenciador, las grabadoras digitales modulares y un sistema de edición digital de audio o sistema digital de acceso aleatorio al mismo tiempo, sincronizadamente (ver figura 4.14).

Fig. 4.14 Ventana de MMC del secuenciador Performer.

MIDI

MIDI Show Control (MSC)

El propósito del MSC es el de permitir que un sistema MIDI pueda comunicarse con y controlar un sistema de control sofisticado dedicado a aplicaciones de teatro, de conciertos, de multimedia y de audio-visual entre otras similares. Pueden ser desde un sencillo interfase (o interfaz como se usa en algunos países) con el que un controlador de luces puede llevar a cabo funciones como GO, STOP o RESUME, hasta sistemas complejos de comunicaciones con sincronización. Los mensajes que se usan para establecer una comunicación entre dispositivos MIDI y los complejos sistemas de luces, son similares a los mensajes de sistema exclusivo como el código del número de identificación del dispositivo, el código de inicio y de terminación de la transmisión, el comando de la acción específica, etc. Entre los comados generales que se transmiten están el GO, STOP, RESUME, TIME-GO, LOAD, SET. FIRE. ALL-OFF. RESTORE, RESET, GO-OFF.

Capítulo 5

Grabadoras Digitales Multipista

El uso de las grabadoras digitales

En los últimos cinco años se han desarrollado una gran variedad de sistemas de grabación digital para diferentes aplicaciones como: la producción musical, la musicalización de películas, la post-producción, el ADR (Automatic Dialog Replacement, Remplazamiento de Diálogo Automático), edición de efectos de sonido para películas, etc.

Hoy en día, existen diferentes tipos de formatos de grabadoras digitales, algunos usan cinta magnética como medio de almacenamiento de la información de audio digital, y otros usan un disco duro.

Las Grabadoras Digitales Modulares multipista (MDM en inglés) tales como: La Adat original y la XT de Alesis, la RD-8 y la CX-8 de Fostex, y la más reciente que se unió a la familia del formato Adat, la MDA-1 de Panasonic, utilizan cinta tipo S-VHS (Super Video Home System), que son del tipo de cintas que usamos en las vidocaseteras cuando rentamos un video o grabamos algún programa de televisión, sólo que la S-VHS es de mejor calidad que la VHS común. Por otro lado, tenemos las que utilizan el formato de cinta de Hi8-mm como la DA-88 y la nueva DA-38 de Tascam y la PCM 800 de Sony que básicamente son las mismas con excepción de algunas variaciones en sus características y opciones.

Otro formato de grabación digital que se ha hecho muy popular en los últimos años, es el equipo que usa disco duro para almacenar información de audio digital. Básicamente, hay dos tipos de grabadoras digitales que lo usan, las que tienen necesidad de una Macintosh o de una IBM para grabar, mezclar y editar la información. Algunos ejemplos son: ProTools III/TDM, Audio Media II y III, Session 8, ProTools Project todos estos de Digidesign, Deck II de OSC, Dyaxis II de Studer y Sonic Solutions, entre otros.

También tenemos por otro lado los sistemas que graban el audio digital directamente a disco duro y que son autónomas, es decir, que no necesitan de una computadora para poder grabar, mezclar y editar la información. Un ejemplo de estas son: la DM-800 y la VS-800 de Roland, la D-80 y la DMT-8 de Fostex,

5 Grabadoras Digitales Multipista

Sound Link de Korg, el Radar de Otari, Foundation 2000 de Fostex, el Darwin de E-mu Systems y el DR-8 de Akai, entre otras, hablaremos acerca de estas en el siguiente capítulo.

Grabadoras analógicas

Sabemos que cuando grabamos en una convencional, es decir analógica, la señal que entra del micrófono consiste en pulsos eléctricos (sonidos) que son convertidos en señales magnéticas y grabadas en una cinta por la cabeza de grabación. Cuando se desea reproducir el material grabado, la señal es leída de la cinta magnética por medio de la cabeza de reproducción y convertida en pulsos eléctricos de nuevo para ser escuchado por medio de un parlante o audífonos (vea figura 5.1).

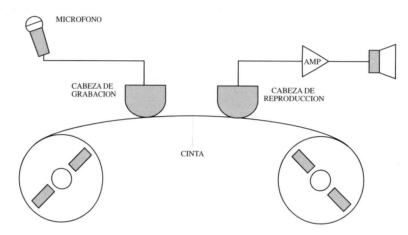

Fig. 5.1 Ejemplo del proceso de grabación analógica.

Si llevamos a cabo el mismo proceso en una grabadora digital, notaremos que la información o sonido que entra por el micrófono (información analógica) es convertida primero en números o dígitos binarios (bits) por el convertidor ADC para poder ser codificada y almacenada en una cinta magnética o disco duro. Asimismo, si esa información se desea reproducir para escucharse por los parlantes, esta se extrae y se decodifica de la cinta o disco duro para pasar por el convertidor DAC y convertirse a sonido de nuevo. Para una información más detallada acerca del proceso de grabación digital, regrese el capítulo 1.

Grabadoras de carrete abierto

Todas las grabadoras, analógicas o digitales, cuentan con tres partes principales que son: el sistema de transporte, el sistema de cabezas magnéticas y los circuitos electrónicos para la grabación y la reproducción de la señal.

Todos, de alguna manera u otra hemos visto y usado una grabadora de casete o microcasete. Todas cuentan con una sección de transporte, que es donde se controlan las funciones como: Grabar (REC), Reproducir (PLAY), Detener (STOP), Avance (FF) y Rebobinado (REWIND). Aunque a veces encontraremos que algunas son más sofisticadas y contienen más funciones en el transporte, pero las que acabo de mencionar son las más comunes, no importa si estamos hablando de digitales o analógicas (ver figura 5.2).

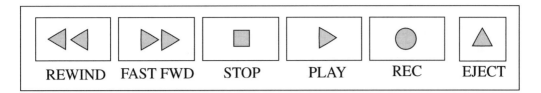

Fig. 5.2 Funciones del transporte de una grabadora.

En cuanto al sistema de cabezas o cabezal, por lo general se usan tres, la de borrado *-erase head-* que se activa durante el proceso de grabación para borrar la información anterior (en el caso de una cinta usada) antes de pasar por la cabeza de grabación, ésta, como usted ya habrá adivinado, sirve para convertir los pulsos eléctricos provenientes de la fuente sonora por medio de un micrófono o directamente de un instrumento (nivel de línea) en una fuerza magnética para grabarla en la cinta. Finalmente, la cabeza de reproducción se encarga de convertir la información magnética de la cinta a pulsos eléctricos. A propósito, estas cabezas deben de alinearse, desmagnetizarse y limpiarse antes de cada sesión de grabación.

En las de carrete abierto, la cinta se monta en la grabadora, si la cinta es nueva y se va a grabar por primera vez, entonces se coloca en el lado izquierdo (Supply Reel) donde el carrete —controlado por un motor— abastecerá la cinta hacia el carrete vacío que recibirá la cinta *(take up reel)*. La cinta se enreda de modo que pase por las guías, cabezas de borrado, de grabación y de reproducción (en una profesional), y entre el *capstan* (motor) y el cilindro de hule *-pinch roller-* que empuja la cinta y la pone en contacto con el capstan que es el que regula la velocidad de la cinta (ver figura 5.3).

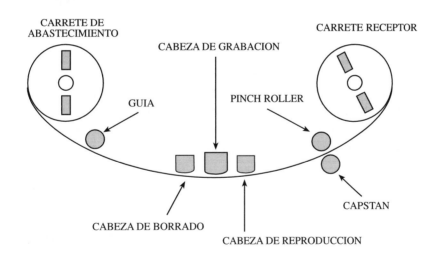

Fig. 5.3 Trayecto de la cinta por medio de cabezas de borrado, grabación y reproducción.

Por supuesto que deben mantenerse calibradas y limpias para evitar problemas de *wow* y *flutter* ya que son problemas que se suscitan por no mantener una buena tensión y una velocidad constante. El fenómeno de *wow* se caracteríza por pequeños cambios de frecuencia causados por variaciones de velocidad en el transporte. El *flutter* se identifica con cambios de amplitud y es causado por fricción entre la cinta y las cabezas o guías.

Grabadoras Digitales Multipista

Las velocidades más comunes en grabadoras analógicas son: 1 7/8, 3 3/4, 7 1/2, 15 y 30 pulgadas por segundo (ips). Las que generalmente se usan en un estudio profesional, como la de 24 pistas corren a una velocidad de 15 ó 30 ips. Dependiendo del presupuesto del proyecto, muchos estudios optan por usar 30 ips. Pero últimamente he notado que en muchos estudios trabajan con una velocidad de 15 ips pero también usan el sistema de reducción de ruido Dolby SR. La razón del uso de 30 ips es que la cantidad de ruido de la cinta -*hiss*- va a ser menor y la relación señal/ruido aumentará obteniendo mejor calidad en el resultado final (fotos 5.4 y 5.5).

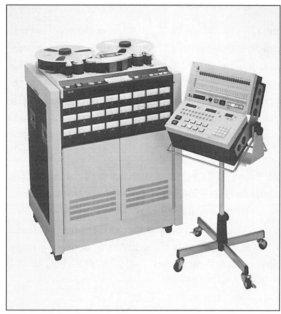

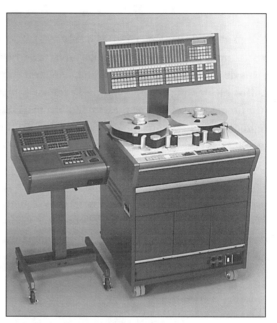

Foto 5.4 Grabadora analógica MTR-90 de 24 pistas de Otari.

Foto 5.5 Grabadora analógica de 24 pistas A820 de Studer.

Ahora, cuando alguien le pregunta: ¿De cuántos canales es tu estudio?, probablemente responderá: "Mi estudio es de 24 pistas". Pero, en la pregunta que se hizo se habló de canales y en la respuesta se usó el término pistas. Existe una diferencia entre pistas y canales. Un canal es el conducto por donde la señal fluye. La pista es la trayectoria de la señal la cinta (ver figura 5.6).

Dependiendo del tamaño de las cabezas, variará el número de pistas y canales. Entre más ancha sea la cabeza, por ejemplo la que se usa para grabar 24 pistas, será mejor la calidad y estará menos propensa a problema de crosstalk. Esto es porque la banda de guardia -*guard band*- entre pistas es más ancha y sirve para que la información magnética de una pista no se derrame a la de un lado. Por supuesto que también existen grabadoras de diferente número de pistas en cintas menos anchas, como por ejemplo la R-8 de Fostex que tiene 8 en una cinta de un cuarto de pulgada. También existen las de 16 en cinta de 1/4". Deberemos tener mucho cuidado con estos formatos por el problema del *crosstalk* (foto 5.7).

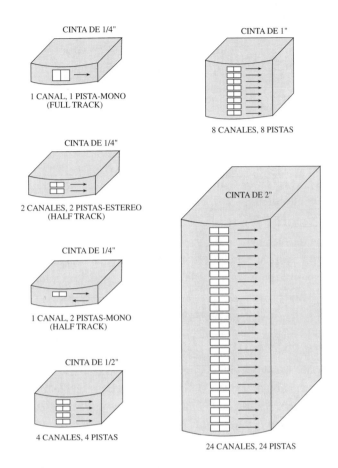

CINTA DE 1/4"

1 CANAL, 1 PISTA-MONO
(FULL TRACK)

CINTA DE 1/4"

2 CANALES, 2 PISTAS-ESTEREO
(HALF TRACK)

CINTA DE 1/4"

1 CANAL, 2 PISTAS-MONO
(HALF TRACK)

CINTA DE 1/2"

4 CANALES, 4 PISTAS

CINTA DE 1"

8 CANALES, 8 PISTAS

CINTA DE 2"

24 CANALES, 24 PISTAS

Fig. 5.6 Diferentes formatos de cabezas para grabadoras mono, estéreo y multipista.

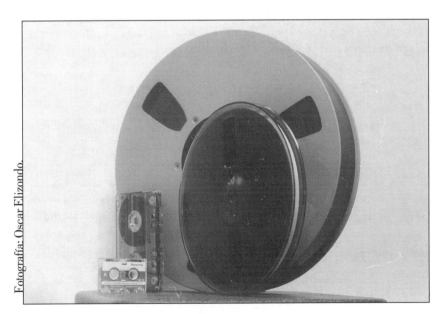

Fotografía: Oscar Elizondo

Foto 5.7 Diferentes tipos de cintas: 2 pulgadas, 1/4", cinta de casete y microcasete.

Grabadoras Digitales Multipista

Diferencias entre grabadoras analógicas y digitales

Ya que hablamos brevemente sobre la grabadora analógica básica, veamos ahora las digitales de carrete abierto, es decir, que no usan cartuchos como los S-VHS, como el que usa la Adat. Pero antes veamos algunas de las diferencias principales entre las de carrete abierto analógicas y digitales.

Las grabadoras digitales requieren más reglas que las analógicas, pero otras especificaciones no son tan importantes. Algunos requisitos son:

• Un ancho de banda -*bandwidth*- bastante amplio hasta de 30 veces más que el de una analógica de alta calidad. Esto es porque una gran cantidad de información debe comprimirse para ahorrar cinta. La información en una digital PCM es muy densa.

• La cinta requerida debe ser de alto grado como en el caso de la Adat de Alesis que usa una cinta tipo S-VHS en lugar de la VHS que se usa para video "casero". Las partículas magnéticas de la cinta deben ser físicamente lo más pequeño posible para acomodar la elevada densidad de la información grabada.

• Las cintas en las grabadoras digitales no necesitan ser tan gruesas como en las analógicas, estas son de 1/2 milésima de pulgada -*mils*- menos que la analógica que es de 1 1/2 mils. El grosor de la cinta determina la relación señal/ruido, dependiendo del grueso de la capa de óxido en la cinta, esta se puede grabar a niveles altos, pero debe evitarse la saturación. Por otro lado, en una grabación digital, la cinta puede ser saturada con pulsos o información binaria y no habrá distorsión porque con lo único que trata la cinta es con información binara. Así que el grueso de la cinta no es factor importante en las digitales para una mejor relación señal/ruido, es decir, mejor rango dinámico.

• La coercibidad de la cinta usada para grabación digital es casi el doble de la cinta analógica y es la fuerza magnética que se necesita para borrar la cinta y su unidad de medición es en oersteds. En una cinta analógica es común encontrar una coercibidad entre 360 y 380 oersteds, en una digital puede ser de 700, esto es en sistemas de carrete abierto. En la cinta digital se necesita una coercibidad más alta para retener las cortas longitudes de onda de las frecuencias agudas grabadas y la alta densidad de información "empacada" en una área más reducida. Esta cantidad de información es aproximadamente diez veces más que en una cinta analógica.

• La cinta digital es más delicada, se debe manipular con más cuidado, no debe tocarse con las manos sucias para no dejar residuos de grasa ni de polvo porque esto puede causar degradación en la señal. Las cabezas deben mantenerse limpias y secas.

• Se necesita también un buen sistema para reducir la "descarapelada" de partículas magnéticas en la cinta, de otra manera habría caídas en la señal -drop outs- que se encuentran más frecuentemente en una grabación digital que en una analógica. Por eso se han incorporado códigos de corrección de errores en las grabadoras digitales para compensar las caídas relativamente pequeñas o pérdidas de información, pero aún así, ningún sistema de corrección de errores puede hacer milagros si la pérdida es muy grande.

Tipos de grabadoras digitales

Se categorizan en dos grupos: las que tienen un sistema de cabezas fijas o estacionarias, las cuales se subdividen en dos formatos conocidos como DASH (Digital Audio Stationary Head), como ejemplo tenemos, la de Sony, de Studer y de Tascam, en el otro formato PD (Professional Digital) tenemos la de Otari y la de Mitsubishi. La segunda categoría son las digitales con cabeza giratoria o rotatoria conocida como R-DAT o simplemente DAT. Por ejemplo la DAT D-10 de Fostex, la A-DAM de Akai, la PCM 2500 de Sony, las Adat de Alesis, Fostex y Panasonic y las DA-88 y PCM 800 de Tascam y Sony respectivamente.

Grabadoras de cabeza fija

Al principio uno piensa que una grabadora con cabeza fija debe ser más sencilla y más enconómica que la de cabeza giratoria. En realidad es más difícil diseñar y construir una grabadora de cabeza fija. El problema es lograr que la cinta pase por la cabeza con una velocidad suficiente para permitir una densidad adecuada de información. La información digital necesita una densidad muy elevada de almacenamiento en la cinta. La cinta debe moverse muy rápido pasando por la cabeza de grabación para brindar suficiente alojamiento para que toda la información digital necesaria quepa en la cinta. Una analógica se considera una grabadora con cabezas fijas. La cinta es jalada a través de las cabezas a una velocidad específica. No es práctico pasar una cinta por la cabeza fija a una alta velocidad. Si se hace, el consumo de cinta sería enorme.

Además del gran consumo, una velocidad alta causaría una gran tensión en la cinta, en los motores y en las guías de la cinta. Esta tensión la rompería, es un problema constante en este impráctico sistema. Una velocidad razonable para una grabadora de cabezas fijas es considerada de 76 cm/seg (193 ips), esto aún no significa ahorro en la cinta. Una canción de 2 minutos tomaría 1,930 pies de cinta y en 30 minutos que es más o menos la duración de un disco, requerería no menos de 28,950 pies. Una velocidad (con respecto a la cabeza) más baja significa menos campo para almacenar la información en la cinta. La información entonces deberá comprimirse más, dejando menos margen para errores. De esta manera casi no quedará lugar en la cinta para información de control o códigos de corrección de errores. El diseño típico o arreglo de una grabadora de cabeza fija se puede observar en la figura 5.8.

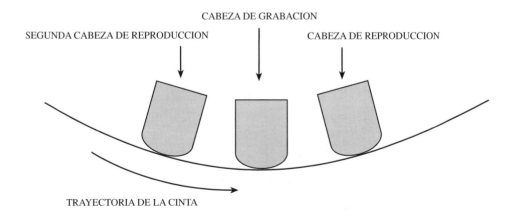

Fig. 5.8 Orden de las cabezas en una grabadora digital de cabezas fijas.

Esta configuración es similar a la de una analógica, la diferencia estriba en que ésta tiene dos cabezas de reproducción y no tiene cabeza de borrado. Así es como está la grabadora digital. La cabeza de reproducción principal está colocada después de la de grabación permitiendo que la señal sea monitoreada inmediatamente después de haberse grabado. La segunda cabeza de reproducción está colocada antes de la cabeza de grabación para monitorear el material previamente grabado y así igualar las señales de sincronización mientras se graba un nuevo material en la cinta en diferentes pistas.

En una analógica, que tiene la capacidad de sincronizar (función *Sel-sync*) las pistas ya grabadas con el nuevo material, parte de grabación se usa temporalmente como cabeza de reproducción para la sincronización de pistas. Por razones técnicas, lo anterior no funciona en una digital así que se necesita una segunda cabeza de reproducción. Un circuito interno de retardo de la señal asegura que la señal reproducida de esta segunda cabeza esté en sincronización perfecta con la señal que se va a grabar.

Para reproducir correctamente la señal digital el circuito de la grabadora debe sincronizarse con la señal en la cinta. Para una mejor sincronización, a lo largo de la cinta se graba una señal de código de tiempo especial. La habilidad de borrar parte de la señal previamente grabada podría causar problemas con la sincronización interna del sistema, así que la digital de cabeza fija no tiene cabeza de borrado. La cinta digital debe borrarse en "bulto", es decir, toda la cinta a la vez.

Grabadoras digitales tipo DASH

Como mencioné anteriormente, DASH es un formato con un sistema de cabeza fija que fue adoptado como el estándar en la industria del audio profesional en cuanto a grabadoras digitales multipista, las compañías como Tascam, Sony y Studer las fabricaron, son compatibles unas con otras, pueden grabar en cintas de dos diferentes niveles de densidad, con cintas de densidad normal se pueden grabar hasta 24 pistas y con cintas de doble densidad, hasta 48. El ancho de la cinta puede ser de 1/4" (hasta 24 pistas) y de 1/2" (hasta 48). A una velocidad de sampleo de 48 kHz, pueden correr a 30, 15 y 7.5 ips; y a una de 44.1 kHz pueden correr a 27.56, 13.78 y 6.89 ips (ver fotografías 5.9 y 5.10).

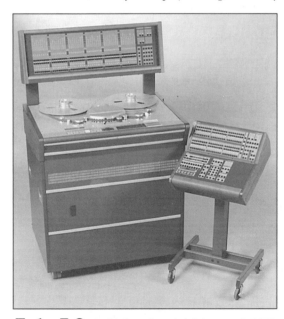 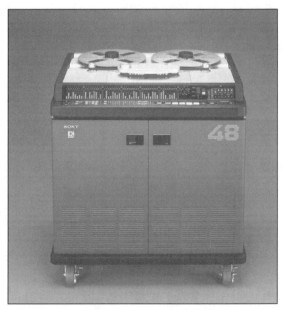

Foto 5.9 Grabadora digital del formato DASH D820 de Studer.

Foto 5.10 Grabadora digital del formato DASH modelo DASH48 de Sony.

Una de las mayores ventajas de este tipo es que la cinta se puede cortar, es decir, se puede editar como en las analógicas. Usted se preguntará "pero ésta es información digital, ¿no?", bueno si, pero lo que no sabía es que cuentan con un sistema de corrección de errores muy sofisticado que al encontrar un "corte" en la cinta, registrará un error y automáticamente creará un punto de cruce -*crossfade*- sobre el "corte" y el error no será audible.

Por otro lado, como mencioné anteriormente, el otro tipo de grabadoras digitales de cabeza fija se conoce como PD o Professional Digital o ProDigi (ver foto 5.11). Este tipo fue diseñado por Mitusbishi y Otari. Las diferencias entre las PD y las DASH radican en que las PD funcionan con tres tamaños de cinta, la de 1/4" para una grabación de dos pistas (estéreo), la de 1/2" en la cual se pueden grabar 16 pistas y la de 1" que puede grabar hasta 32 pistas. La de 1/4" corre a una velocidad de 7.5 ips codificando la información en alta densidad y a 15 ips en baja y alta densidad. Las de 1/2" y 1" corren a 30 ips.

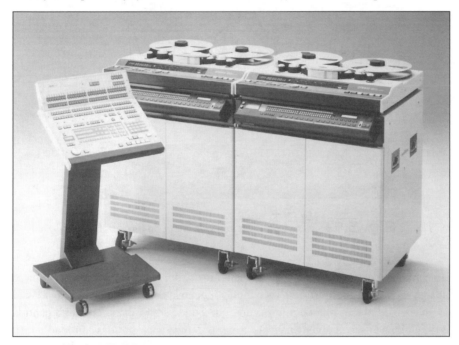

Foto 5.11 DTR900 de Otari de formato Pro Digi de 32 pistas.

La PD no cuenta con una pista de control como la DASH. Esta pista brinda información para el control de la grabación y la velocidad de la cinta. La PD integra esta información en cada pista principal de información, no son compatibles con las DASH, en ellas también se puede editar o cortar la cinta, pero sólo en la velocidad más alta. Finalmente las DASH trabajan con una resolución de 16 bits, las PD pueden usar 20 bits opcionalmente.

En conclusión, es difícil que llegue a ser una grabadora para el usuario no-profesional, ya que es enorme, compleja, delicada y muy cara y no es muy eficiente con el uso de la cinta. Es más usual encontrarlas en un estudio de grabación profesional.

Grabadoras de cabeza giratoria

En años recientes, estas grabadoras conocidas como R-DAT o simplemente DAT se han venido incorporando a la industria del audio profesional y semi-profesional. Este formato usa cintas para video en la mayoría de los casos porque son un excelente medio para grabar información digital por su ancho de banda y vienen protegidas en cartuchos o casetes —no como las de carrete abierto. Ejemplos de algunas de este formato son: la DAT D-10 de Fostex, la DAT PCM 2500 y Pro D-10 de Sony, las Adat de Alesis, Fostex y Panasonic y las DA-88 y PCM 800 de Tascam y Sony respectivamente.

En una grabadora de cabeza giratoria, se colocan dos o más cabezas (como en el caso de la Adat de Alesis) en el borde de un cilindro giratorio, el movimiento de la cinta contra las cabezas es mucho mayor que si estuvieran fijas (ver figura 5.12).

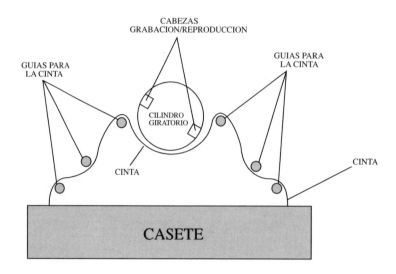

Fig. 5.12   Transporte de una grabadora de formato R-DAT.

Al insertar el cartucho o casete, la cinta es jalada lentamente del cartucho donde está cubierta y protegida y enrollada en el cilindro giratorio. Esto incrementa mucho la efectividad de la velocidad cinta-cabeza permitiendo una densidad más alta de información que puede ser grabada en cierta cantidad de cinta. Las cabezas giratorias se usan también en videocaseteras debido a las grandes cantidades de información que deben ser grabadas para almacenar y reproducir las señales de video. Una de las ventajas de usar este tipo de formato es que puede adquirir altas velocidades de relación cinta-cabeza de hasta 2,540 ips, aunque en realidad la cinta se mueve lentamente de esta manera el consumo de cinta no es enorme como en las de cabeza fija.

Las cabezas en el formato R-DAT son montadas en el cilindro giratorio en ángulo, esto crea una serie de pistas diagonales a lo largo de la cinta (esto es a lo que le conoce como *helical scans)* y permite que pueda grabarse una máxima densidad de información. En las especificaciones del tiempo de grabación, se dará cuenta, que en una DA-88 es de 108 minutos y de 40 a 60 minutos en la Adat, dependiendo de la longitud de la cinta usada. Frecuentemente, las cabezas son colocadas en lados opuestos del cilindro giratorio y en ángulo una con un azimuth de +20 grados y la otra a - 20 en direcciones opuestas para que la información que cada una grabe sea diferente y de esa manera minimizar los problemas de cruce de señales -crosstalk- y se "empaque apretadamente" en la cinta. No tiene pistas en forma longitudinal, sino diagonal. La pista de control que va a lo largo de la cinta está en las diagonales -*helical tracks*- y sirve para mantener en perfecta sincronización entre la cabeza y la cinta (figura 5.13).

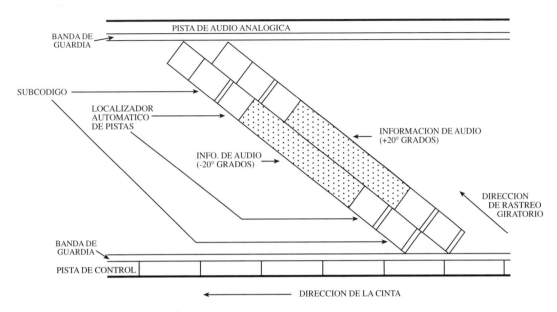

Fig. 5.13 Elementos de una cinta digital.

En este formato, es imposible editar o cortar físicamente la cinta debido a su colocación diagonal a lo largo de la cinta. Si llegase a necesitar editar en este formato, entonces le recomiendo usar un método electrónico, es decir, por medio de computadora usando sistemas de edición como ProTools o Sound Designer II de Digidesign, o bien, grabando la información de una grabadora a otra.

DAT

Como mencioné anteriormente, un DAT (Digital Audio Tape) cae en la categoría de la R-DAT. Sólo graba y reproduce dos pistas a la vez, el canal izquierdo y el derecho. El tamaño del cartucho o casete que protege a la cinta de 3.81 milimetros (1/7 de pulgada) de ancho, es compacto y mide 73 mm de largo, 54 mm de profundidad y 10.5 mm de grosor. Estas dimensiones vienen siendo casi la mitad de un casete de audio común. La cinta que se usa generalmente para grabar es de metal y es más cara que la de óxido de ferrito que se usa en los casetes de audio analógico comunes. En un casete de 60 metros de largo uno puede grabar hasta dos horas de música a 44.1 kHz de velocidad de sampleo y se puede "rebobinar" en 45 segundos. Siempre será una buena idea adelantar (FF) y rebobinar (Rew) la cinta antes de usarse cuando está nueva, esto es para que la cinta se afloje y evitar que ocurran errores al grabar, esto es muy importante, lo digo por experiencia. Si empieza a tener errores audibles en la cinta, entonces es tiempo de limpiar las cabezas con un casete limpia cabezas que pueden encontrar hasta en las tiendas de electrónica Radio Shack. Asimismo puede notar que una cinta de DAT no tiene un "lado 2" o "lado B", es decir que no se tiene que voltear el casete cuando se termina para continuar con el otro lado como en uno común, al insertarlo notará que algunos tienen una flecha dibujada que indica la dirección en que debe colocarlo en el compartimento. También notará que en la parte posterior tiene una "ventanita" que se abre y se cierra, es para proteger la cinta y que no se borre algo accidentalmente. En los últimos años, el DAT se ha convertido en el formato por excelencia usado en estudios como cinta maestra en la que la mezcla final se graba y se masteriza para producir así el CD. También es muy usado para hacer el respaldo -back up- de audio digital (foto 5.14).

Grabadoras Digitales Multipista

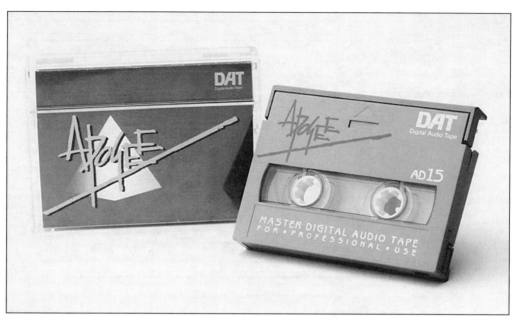

Foto 5.14 Una cinta DAT de Apogee.

Las diferentes funciones de una grabadora DAT

Es importante saber la función que tienen cada uno de los diferentes botones que comúnmente se encuentran en una DAT (ver foto 5.15). Por supuesto, estas funciones varian de una a otra, algunas son más sofisticadas que otras, algunas han sido diseñadas para uso casero y no profesional. Veamos algunas de estas funciones. Las funciones S-DI, Program No., Skip-ID, etc., se conocen como subcódigos y contienen información que se encuentra en una pista separada y que no afecta la información de audio. Los subcódigos nos especifican el número de cada grabación (canción, diálogo, etc.), cuando comienza ésta, etc. Los subcódigos se pueden grabar y borrar sin afectar la información de audio. Los diferentes tipos de subcódigos son los siguientes:

• **S-ID (Start ID)** Este subcódigo indica el principio de una canción y se usa para localizar otras selecciones.

• **Program Number (Pgn No.)** Es el número designado en el S-ID y se usa para especificar la grabación o canción y localizar su punto de inicio.

• **Skip ID** El subcódigo Skip ID hace que la cinta se detenga, en el caso de que esté reproduciendo una canción "x", si se oprime este botón, la canción parará y "saltará" a la siguiente selección. Este subcódigo sólo se puede programar manualmente y se puede activar y desactivar en cualquier momento.

• **End ID** Este subcódigo indica el fin de la selección o canción.

Los subcódigos se pueden grabar manual o automáticamente. Si se graba por ejemplo el S-ID manualmente, éste se puede colocar en cualquier lugar. En caso de hacerlo automáticamente cuando se está grabando, un nuevo S-ID se grabará cada vez que haya un silencio entre canciones de dos a tres segundos de duración. También se pueden borrar en cualquier instante sin afectar la grabación existente. Recuerde que para grabar y borrar subcódigos, debe cerciorarse de que el casete no tenga puesto el seguro contra borrones. Solamente fíjese en la "ventanita" de la parte de atrás del casete.

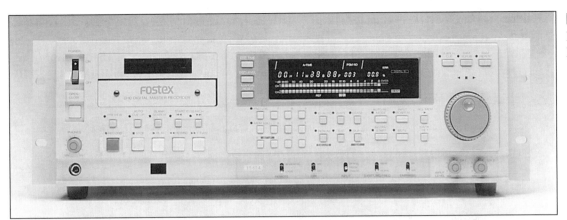

Cuando grabamos en una DAT, los números que se ven y que denotan la posición de la cinta en ese instante se le conoce como tiempo absoluto, ABS, y se muestra en horas:minutos:segundos:cuadros (hours:minutes:seconds:frames) (figura 5.16). Este tiempo en una multipista como la Adat o DA-88 es creado cuando la cinta se formatea, y se usa para localizar selecciones o canciones en la cinta. También notará que algunas cuentan con tiempo relativo -R-Time-, este tiempo muestra la posición relativa en que la cinta se encuentra desde el tiempo 00:00:00:00. En otras palabras, si usted deja pasar la cinta ocho minutos por ejemplo, si oprime el botón RESET para "resetear" el tiempo y prosigue tocando la cinta digamos por dos minutos y la detiene, entonces el tiempo relativo va a ser dos, pero el tiempo que la cinta se ha movido en realidad (tiempo ABSoluto) es diez, porque si suman los ocho primeros minutos que corrió la cinta desde el momento en que oprimió el botón PLAY y los dos que pasaron desde el momento que oprimió RESET, entonces la posición de la cinta se encuentra en el minuto diez en tiempo ABSoluto.

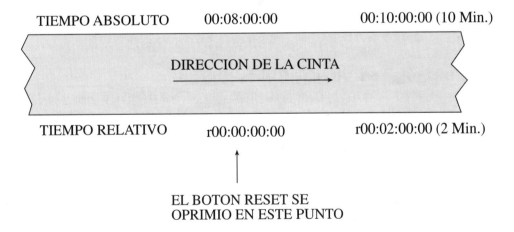

Fig. 5.16   Ejemplo del tiempo ABSoluto y relativo.

En fin, cada grabadora de DAT varía en sus características dependiendo qué tan profesional o qué tan comercial es, obviamente uno se da cuenta con el precio. Algunas de las cáracterísticas básicas son: entradas y salidas balanceadas (conectores tipo XLR) o no balanceadas (conectores tipo RCA), entradas y salidas digitales (AES/EBU, S/PDIF, Opticas), selección de velocidad de sampleo (48 kHz, 44.1 kHz, 32 kHz), generador/lector de código de tiempo SMPTE, fuente Phantom, énfasis, protección de copias SCMS, etc.

Por último, también hay DAT portátiles que se pueden usar en el campo de acción y grabar sonidos de ambientes externos para después colocarlos en un sampleador y usarlos como efectos en películas, en canciones, o en una transmisión de radiodifusión, o grabar el diálogo de una escena que se va hacer en exteriores, al aire libre, etc. Asimismo existen las que se colocan en un rack estándar de 19" (ver fotografías 5.17 y 5.18).

Foto 5.17 DAT portátil de Fostex modelo PD-4.

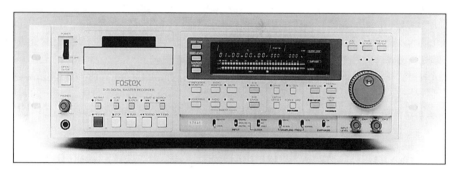

Foto 5.18 DAT para colocar en rack de Fostex modelo D-25.

Niveles analógicos vs. digitales

En varias ocasiones he notado que existe mucha confusión sobre cómo ajustar los niveles cuando los medidores de volumen en lugar de ser del tipo convencional, es decir, un VUmetro con aguja que marca el número de decibeles que entran o que salen del aparato, son del tipo de medidores con LED (Diodos Emisores de Luz) y que por lo general tienen tres diferentes colores que marcan los niveles de la señal que entra o que sale, los LED color verde indican que el nivel está en un rango seguro y no hay peligro de saturación o distorsión. Puede tener un rango entre -60 dB a -6 dB, los de color amarillo indican que ya está en una zona donde existe peligro de distorsión, donde la señal ya está a punto de saturarse, puede tener un rango entre -5 dB y 0 dB, los rojos definitivamente nos indican que ya hubo distorsión en la señal.

En equipo analógico, un nivel de 0 dB no indica que hay distorsión en la señal, dependiendo del tipo de aparato, como en una grabadora, si observa que el VUmetro después de la marca de 0 dB sigue una franja roja que no necesariamente indica saturación. Esa franja roja tiene un rango de 0 dB a +3 dB. Cuando la aguja se pega a la derecha, es decir, se encuentra sin movimiento en la marca de +3dB (zona roja) y dependiendo de la cinta que está utilizando y la calibración, no quiere decir que ya está teniendo distorsión a menos que la pueda escuchar. En otras palabras, cuando dije que dependiendo de la calibración y del tipo de cinta que esté utilizando (Ampex 499, Ampex 456, 3M 996, etc.) usted va a tener una toleracia dinámica -*headroom*- de varios decibeles. La tolerancia puede ser de 6, 10, 12 ó 14 dB.

Ahora, si hace el experimento de generar una señal ya sea un tono de una onda senoidal con una frecuencia de 1kHz y la envía primero a una consola donde pueda observar que tiene un nivel de 0 dB (ganacia unitaria) y después la envía a una DAT o a una Adat por ejemplo, notará que el nivel de 0 dB en la consola —que es un dispositivo analógico, va a mostrar -12 dB o -15 dB en los medidores de las grabadoras DAT o Adat respectivamente. Esto significa que usted todavía tiene 12 y 15 decibeles de toleracia dinámica, es decir, le puede subir todavía 12 ó 15 decibeles más para una grabación de mayor volumen (figura 5.19).

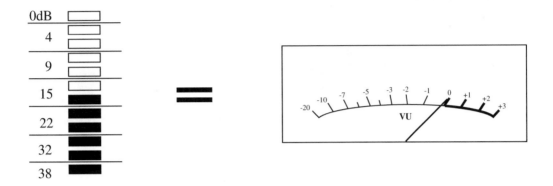

Fig 5.19 Ejemplo de un nivel de 0dB.

Capítulo 6

Grabadoras Digitales Modulares

Mi primer encuentro con las grabadoras digitales

Recuerdo que a mediados de los '80 tuve mi primer encuentro con una grabadora digital. En ese tiempo yo estaba trabajando en la empresa Fast Forward Designs desarrollando el diseño del sampleador estéreo de 16 bits para la compañía alemana Dynacord, el sampleador era el ADS (Advance Digital Sampler). También recuerdo que cuando terminamos ese proyecto y salió al mercado, meses después Akai lanzó el sampleador S1000, el cual tenía varias características similares a nuestro diseño. Bien, cuando era la hora de producir las muestras o samples para el ADS, mi tarea en esa etapa del proyecto era el de samplear sonidos con una grabadora digital. Para ese tiempo yo nunca había ni siquiera visto y menos usado una. Cierta mañana que llegué a trabajar, sobre mi escritorio encontré una caja rectangular compacta color plata y le pregunté a mi jefe qué era eso y me respondió, "es la grabadora digital PCM-F1 de Sony" (ver foto 6.1). En ella sólo se podían grabar dos pistas a la vez, tenía un selector para grabar con una resolución de 14 ó 16 bits. Junto a ella estaba una videocasetera con formato Beta, ¿recuerda ese formato? No tenía la menor idea de cómo conectarla y mucho menos cómo grabar. Después de algunos días de leer el manual y de usarla, comprendí lo que era; un procesador y convertidor de información analógi-

Fotografía: Oscar Elizondo.

Foto 6.1 La PCM F-1 de Sony.

ca a digital y de digital a analógica, y también comprendí el por qué se grababa en una cinta de video, como ya lo explicamos anteriormente. Para mí era otro mundo el concepto de grabar en una video-casetera, en fin, en los últimos cinco años, grabar en cinta de video ya no es novedad, ahora con la proliferación de grabadoras digitales modulares, ya es algo común.

A continuación estudiaremos las grabadoras digitales modulares más populares en el mercado. Haré una descripción breve de cada una y algunos de sus características más importantes.

La A-DAM de Akai

La grabadora digital modular de Akai, A-DAM (Akai Digital Audio Multitrack) salió al mercado a mediados del '89 y su precio inicial era alrededor de los $35,000. US Dls., era una grabadora multipista de 12 pistas que usaba el formato de cinta de video de 8 mm. Grababa hasta 21 minutos y medio en una cinta de 90 a una velocidad de sampleo de 44.1 kHz, obviamente, a 48 kHz sería menor el tiempo de grabación. Así como la Adat y la DA-88, este sistema era modular y se podía ampliar a 24 y a 36 pistas, en otras palabras, era posible conectar tres A-DAM en serie.

Su peso y su tamaño la hacía impráctica y no se compara con las actuales grabadoras modulares. Entre otras características, la A-DAM tenía entradas y salidas balanceadas (+4 dBu) con conectores tipo XLR. En cuanto a las entradas y salidas para transmisiones digitales, la A-DAM tenía su propio formato de transferencia digital, similar a la Adat que cuenta con su propio formato para transferir hasta 8 pistas al mismo tiempo vía fibra óptica. El tipo de conector que usaba para su propio protocolo era de 37 conductores y era bidireccional. Para poder hacer una transmisión digital en el formato AES/EBU se necesitaba el interfase opcional DIF1200.

Las Adat

Se preguntará usted, ¿por qué las empresas Fostex y Panasonic producen grabadoras modulares digitales como las de Alesis? y ¿por qué Sony produce la misma grabadora (sólo con un par de diferencias) que Tascam?, bien, cuando se originó la idea de diseñar una grabadora digital modular de audio multipista conocida ahora como Adat (Alesis Digital Audio Tape) yo tuve la fortuna de ser una de las primeras personas en trabajar con ella. Cuando empezamos a probar el servomecanismo, honestamente yo tenía desconfianza de que este proyecto funcionara bien y que tuviera una larga vida. Yo como un ingeniero de grabación pensaba en términos analógicos, me preguntaba a mí mismo sobre cómo iba a ser posible editar en este formato de cinta, ya que la cinta de carrete se puede editar o cortar sin problema. También me preguntaba "¿cómo podrá sincronizarse con otras grabadoras más rápidas con ese servomecanismo tan lento?", etc. Durante el proceso del diseño las dudas que tenía sobre su funcionamiento se fueron desvaneciendo gradualmente hasta que hicimos la primera prueba de sincronización entre dieciséis grabadoras al mismo tiempo, brincamos de júbilo porque en ese momento acababa de nacer un nuevo e innovativo formato en la industria del audio profesional y eramos parte de la historia. El resto ustedes ya lo saben por lo que han leído en las publicaciones.

El éxito de este formato ha cambiado el modo de grabar audio de los profesionales, semi-profesionales y aficionados. Después de que Alesis vio el éxito de este formato, optó por conceder a Fostex y a Panasonic licencia para producirlo llegando a un acuerdo y haciendo que este formato se hiciera aún más popular. Por supuesto que existen algunas diferencias entre las Adat de las tres compañías por esa razón las estudiaremos a continuación. También veremos las diferencias entre la DA-88 y DA-38 de Tascam, y la PCM-800 de Sony que también son grabadoras modulares de ocho pistas pero usando el formato de cinta de video tipo Hi8-mm.

Antes de continuar, quiero aclarar que la descripción en detalle que estoy haciendo de la Adat "original", es para que usted conozca cómo funciona, las otras grabadoras son similares pero tal vez la forma de accionarlas sea diferente.

La Adat (original) de Alesis

La Adat original de Alesis (ya descontinuada y remplazada por la Adat XT), salió al mercado a principios del '92 (año de las Olimpiadas en Barcelona, ¿recuerda?). Esta es una grabadora digital de 8 pistas que a simple vista parece una grabadora de casete convencional, es decir, tiene los mismos controles de transporte y funciones con los que usted ya está familiarizado (ver foto 6.2). Se diseñó para colocarse en un rack y ocupa tres espacios en el mismo, mide 5 1/4" x 19" x 14". La Adat trabaja en un rango de corriente alterna "AC" de 90 a 250 volts y a 50 ó 60 HZs. En lo que respecta a su peso es liviana (15 libras), el medio que utiliza para guardar la información de audio digital (grabaciones) es una cinta magnética de 1/2" que usan las videocaseteras de formato VHS, pero Alesis recomienda utilizar la cinta para video S-VHS (Super Video Home System) para una mayor seguridad y calidad de sus producciones musicales.

Foto 6.2
La Adat original de la compañía Alesis.

La Adat es modular, se le llama así porque a cada grabadora se le considera como un módulo, cada módulo es equivalente a ocho pistas. Por ejemplo, si después de haber adquirido una Adat (8 pistas), tiene la necesidad de aumentar el número de pistas en su estudio a 16 ó a 24, lo único que tiene que hacer es romper su "cochinito", su alcancía, ir a la tienda de música, decirle al vendedor que quiere aumentar el número de pistas en su estudio de 8 a 24 pistas digitates y listo. El vendedor le ofrecerá dos Adats y dos cables tipo D-sub 9 (mayor información sobre los tipos de cable y sus aplicaciones en el capítulo 14) para sincronizar las tres grabadoras Adat. Estos cables se conectan en los enchufes llamados Sync In y Sync Out que se localizan en el panel posterior (ver figura 6.3). Esto evita sacrificar una pista de audio para la sincronización, como se hace comúnmente en el mundo analógico. Con esto ya está listo para grabar 24 pistas. ¡Ve que sencillo es!

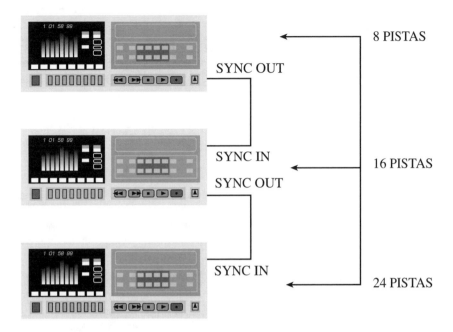

Fig. 6.3 Ejemplo de tres Adats sincronizadas, 24 pistas.

El Arte de Formatear

Como mencioné anteriormente, el tipo de cinta que utiliza la Adat es S-VHS y ésta se debe "formatear" antes de usar, por supuesto, deberá hacer esto si la cinta es nueva o si desea re-formatearla por cualquier otra razón. Es como cuando inserta un floppy en una computadora, ésta le dirá si el disco está o no formateado. En la Adat, si la cinta no está formateada, aparecerá en la pantalla -display- la leyenda "noFO" y el LED rojo del botón FORMAT empezará a encenderse y apagarse en forma intermitente. El proceso de formatear una cinta en cualquier Adat de Alesis, Fostex y Panasonic al igual que en la DA-88 y la PCM-800 es básicamente el mismo. Obviamente, este proceso va a variar de un aparato a otro ya que no todas tienen exactamente el mismo software y los mismos botones. Si se está preguntando "pero, ¿para qué sirve el "formateo"?, con calma que ahora le explico.

Así como una computadora necesita un disco floppy formateado para saber dónde colocar la información, en la Adat el formatear sirve para grabar un código de tiempo en la cinta que tiene una precisión de muestra a muestra -sample accurate- para que el audio tenga una referencia de tiempo precisa. Esto permite una sincronización entre las mismas Adat sin sacrificar ninguna pista de audio, para que la lectura de tiempo sea precisa y para poder autolocalizar secciones de canciones usando el controlador remoto BRC (Big Remote Control) de Alesis por ejemplo.

Cuando está formateando una cinta S-VHS desde el principio, notará en la pantalla de la Adat que primero mostrará 15 segundos de "LEAd" (principio de la cinta), después dos minutos de "dAtA" (información que tiene que ver con la velocidad de sampleo, dónde poner la información, etc.) y finalmente empieza a contar desde -00:05 segundos, desde este punto la Adat comienza a grabar tiempo en minutos y segundos en una pista de sincronización especial. Y así sigue hasta el final de la cinta donde observará que será entre los 40 y 44 minutos aproximadamente si está usando una cinta modelo ST-120 ó 61 minutos si está usando una cinta tipo ST-180 minutos. Para esto debe tener la versión del software de la Adat de 4.0 o mayor. Para revisar qué versión de software tiene su Adat, oprima y sostenga el botón SET LOCATE y después oprima el botón FAST FWD en el transporte, o si desea complicarse la vida, entonces puede remover la tapa de arriba y ver la versión en el EPROM, que es el chip donde se encuentra programado el software.

Cuidado: Reformatear una cinta ya grabada significa que la información que hay en ella se borrará en las ocho pistas, así que tenga cuidado cuando reformatee una cinta usada para no borrar accidentalmente algo que quería conservar.

Si va a formatear una cinta, le recomiendo que lo haga de principio a fin porque si no, puede haber descontinuidad en el código de tiempo y las máquinas se pueden desincronizar, es como cuando hay caídas de audio -dropouts-, en una cinta analógica que tiene grabado código de tiempo SMPTE. Cuando pasa esto, la sincronización falla por falta de continuidad del código de tiempo y es cuando las grabadoras esclavas que están siguiendo ese código de la grabadora maestra se confunden y se desincronizan. Por eso los errores "Error 7" y "Error 8" aparecen en la pantalla y se debe a que una cinta está mal formateada y que las cabezas están sucias y necesitan una cuidadosa limpieza y/o calibración. Alesis produjo un video donde explica cómo limpiar y dar mantenimiento a las cabezas. Debe hacerse por lo menos cada 800 a 1000 horas de uso, esto es lo que se recomienda, pero puede ser conforme usted vaya experimentando. Para saber cuántas horas de uso tiene su Adat, sólo con oprimir SET LOCATE y STOP simultáneamente, podrá leer en la pantalla el total de horas de uso de las cabezas.

Así, cada vez que vaya a formatear una cinta nueva, le recomiendo que antes la avance o la rebobine con los botones de los modos FAST FWD y REWIND en el transporte, respectivamente, esto es para que se afloje la cinta y desprenda el exceso de material de óxido y evitar que se afecte el formateo de la cinta y consecuentemente sus grabaciones. Asimismo, si tiene un sistema de 24 pistas (tres Adat), le recomiendo que no formatee las tres cintas a la vez usando la sincronía de la Adat maestra, es decir, no use sólo el botón FORMAT de ésta para empezar a formatear las otras dos porque le puede causar problemas. Lo que debe hacer es realizarlo ya sea individualmente, o empezar con la primera (maestra), luego inserte la cinta en la segunda y empiece el formateo y finalmente inserte la cinta en la tercera y haga lo mismo. Cuando la primera Adat se termina de formatear, se detendrá, haciendo lo mismo las otras. Esto es porque las Adat esclavas siguen conectadas por medio del cable de sincronía y deben obedecer a la grabadora maestra. Cuando esto suceda, sólo retroceda la cinta de la segunda y tercera 10 ó 15 segundos desde el punto donde cesó de formatear y prosiga hasta terminar. Finalmente, es posible que las cintas de las tres Adat también tengan problemas de formateo si lo hace usando el controlador BRC de Alesis. Si esto sucede, le aconsejo que lo apague y continue con el proceso con las cintas en cada una individualmente.

En caso de que tenga una sesión de emergencia y no tenga cintas S-VHS listas a la mano, es decir, formateadas, también se pueden formatear cuando se está grabando o cuando haya terminado de grabar y al siguiente día continuar formateando la cinta, esto se puede hacer con la función "Extended Format". Por supuesto para hacerlo debe seleccionar la velocidad de sampleo en que va a grabar, 44.1 kHz ó 48 kHz. Pero como mencioné anteriormente, es mejor tener siempre listas (formateadas) las cintas antes de grabar porque así corre menos riesgos de errores.

Los siguientes son los modelos de cintas S-VHS con su equivalente europeo que se pueden usar en la Adat (de acuerdo a Alesis):

Tipo	Equiv. en Europa	Tiempo de grabación
ST-60	no hay equivalente	22 minutos
ST-120	SE-180	40 minutos
ST-160	SE-240	54 minutos
ST-180	SE-260	62 minutos

El panel frontal:

En el panel frontal se encuentran las funciones básicas de cualquier grabadora multipista y son: RECORD, PLAY, STOP, FAST FWD, REWIND y EJECT. Los botones de transporte son bastante amplios. Tienen una buena acción de pulsación y no necesita usar mucha fuerza al oprimirlos para que responda la función, no como en otros aparatos. El botón EJECT es sensible, es decir, que al oprimirlo, inmediatamente el cartucho o casete es impulsado hacia la superficie del panel frontal. Cada botón tiene indicadores (LED) en la parte superior. Los indicadores le hacen saber qué función está activada en cualquier momento.

En el lado izquierdo de la parte superior de los botones de transporte, se encuentran los botones para monitorear la señal de entrada, o sea, antes de ser grabada; o monitorear la señal después de que se haya grabado. El botón AUTO INPUT MONITOR se utiliza en dos modos para una mayor flexibilidad en el monitoreo de la señal. Primero, cuando el indicador de este botón está encendido, significa que la señal que está siendo monitoreada, es la señal de entrada. Cuando el indicador está apagado, quiere decir que las pistas que están activadas y listas para ser grabadas (INPUT/RECORD) monitorean la señal de entrada y las pistas que no están activadas, van a monitorear la señal que va a salir de la cinta, suponiendo que ya haya grabado algo en esas pistas.

Ahora, como mencioné anteriormente, cuando el indicador del botón AUTO INPUT MONITOR está encendido, actúa en dos modos. En el Modo 1, que es el modo normal, las pistas que están activadas para ser grabadas, van a monitorear la señal de entrada en cualquiera de las funciones de transporte, excepto en la función PLAY, es decir, puede escuchar el instrumento que va a ser grabado, digamos en la pista número dos mientras que está avanzando o retrocediendo la cinta.

El Modo 2 de la función AUTO INPUT MONITOR únicamente monitorea la señal de entrada de las pistas que están activadas y listas para grabarse (función RECORD), en las otras funciones de transporte este modo no es válido. La razón por la cual estos dos modos existen, es para darle más flexibilidad al proceso de grabación. La función de AUTO INPUT MONITOR debe de estar desactivada cuando graba por primera vez en la cinta. Cuando llega el momento de hacer "overdubs" o de "ponchar" y hacer cambios o grabaciones adicionales, es cuando va a utilizar los dos modos del AUTO INPUT MONITOR.

Para activar y desactivar el Modo 2, tiene que oprimir y detener el botón llamado SET LOCATE y al mismo tiempo oprimir el botón AUTO INPUT MONITOR. En la pantalla va a observar que la palabra "tape" va a aparecer por unos segundos. Para volver al Modo 1, tiene que oprimir y detener el botón SET

LOCATE por segunda vez y oprimir el botón AUTO INPUT MONITOR. La pantalla entonces dirá "In" por breves segundos.

Abajo del botón AUTO INPUT MONITOR, está localizado el botón ALL INPUT MONITOR. Cuando se activa este botón, todas las pistas (8) van a monitorear la señal de entrada sin importar cual es el estado del botón AUTO INPUT MONITOR, es decir, que este botón tiene prioridad. Notará que los LED de las ocho pistas van a estar de manera intermitente significando que están listas para grabar.

A la derecha del botón AUTO INPUT LOCATE, se encuentra otro botón llamado FORMAT. La función de este botón es como su nombre lo describe, sirve para formatear la cinta. Formatear una cinta en la Adat como mencioné hace unos párrafos, es para estampar o grabar código de tiempo con una precisión increíble para poder saber exactamente el tiempo que la cinta ha viajado desde el principio en un tiempo determinado. Así es como se puede sincronizar dos o más Adats juntas sin tener que usar una pista de audio para el código de tiempo SMPTE.

El botón DIGITAL IN que se localiza a un lado del botón ALL INPUT MONITOR, sirve para activar el recibimiento de información digital vía el conector llamado DIGITAL INPUT en la parte posterior de la Adat. Las entradas analógicas se desactivan automáticamente cuando la Adat está recibiendo información digital en sus ocho pistas. Debe de tener cuidado al utilizar este botón porque si no existe nada conectado en el enchufe de la entrada digital, y oprime el botón DIGITAL IN, puede ocasionar que la Adat varíe su velocidad.

Los dos botones PITCH sirven para subir y bajar el tono de lo que tiene grabado en la cinta en ese instante. La cantidad máxima de variación de tono que puede obtener cuando utiliza el PITCH UP, es de +100 cent (un "cent" es equivalente a una centésima de semitono) con referencia al tono original, y el mínimo es de -300 cent. Para regresar al tono original con un sólo movimiento se oprimen los dos botones PITCH UP/DOWN al mismo tiempo. El cambio va a ser gradual. Cuando uno graba en la Adat, la velocidad de frecuencia predesignada es de 48 kHz, esto quiere decir que si desea reproducir esa cinta en otra Adat como la de Fostex RD-8 por ejemplo, debe asignarse a que su velocidad de sampleo sea también de 48 kHz y no de 44.1 kHz, de otra manera el tono reproducido no será el original. Pero si desea grabar a 44.1 kHz, entonces deberá oprimir el botón PITCH DOWN hasta que la pantalla lea -147 cent. Como puede observar, el tono tiene relación con la velocidad de sampleo. Si baja el tono a -300 cents su equivalente en velocidad de sampleo es de 40.4 kHz y a +100 es equivalente a 50.8 kHz. En otras palabras, la Adat puede grabar en un rango de velocidad de sampleo de 40.4 Khz a 50.8 kHz.

Al lado derecho de la pantalla se encuentran los botones para controlar la auto localización de la cinta y estos son: LOCATE 1, LOCATE 2, AUTO 2>1, SET LOCATE, LOCATE 0 Y AUTOPLAY. Como puede observar, existen tres memorias en la Adat para salvar "equis" posición de la cinta para más tarde poder localizarla con sólo oprimir un botón (Locate 0, Locate 1, Locate 2).

Para grabar en una posición determinada de la cinta en cualquier momento, tiene que oprimir y detener el botón SET LOCATE oprimiendo al mismo tiempo uno de los tres botones LOCATE sea este 0, 1 ó 2. Si por ejemplo, oprime LOCATE 1 que se encuentra en el minuto 3 con 23 segundos, y si en ese preciso momento la cinta está localizada en 5 minutos 4 segundos, entonces notará en la pantalla que la cinta retrocederá hacia la posición donde se encuentra LOCATE 1. Al llegar la cinta a esta posición, la Adat se detendrá, es decir, estará en la función STOP. A menos que AUTOPLAY esté activada, la Adat empezará a tocar desde esa posición, automáticamente se pondrá en la función PLAY.

La función del botón AUTO 2>1 es la de crear un ciclo "loop" entre dos posiciones de la cinta, para cuando tenga que hacer "overdubs" o "punch in/out" no tenga que molestarse en buscar la posición de la frase musical en la cual esté trabajando.

En la parte izquierda del panel frontal, se encuentran los botones de activación\desactivación del modo de grabación RECORD INPUT. Cada pista tiene un LED rojo que titila cuando la pista está lista para grabar. Cuando empieza a grabar el indicador LED se iluminará de una manera sólida, es decir, dejará de titilar. En esa misma hilera de botones se encuentra el botón de encendido para darle energía a la Adat.

Los medidores de volumen o "VUmeter" consisten en 15 LED, los tres últimos son de diferente color para indicar al usuario que existe peligro de distorsión. Cuando los indicadores llegan al punto marcado 0 dB, significa la presencia de distorsión en la pista afectada. No es como en las grabadoras analógicas que al llegar a 0 dB, no presentan una distorsión notoria a ese punto. Lo que se escucha es ruido. En un sistema digital cuando la señal sobrepasa el techo dinámico -headroom- y llega a 0 dB, la distorsión es muy notoria. Para un mejor resultado en la respuesta dinámica de la Adat es mejor dejar un techo dinámico de 15 dB para evitar distorsión.

El panel posterior:

El panel posterior consiste en (de izquierda a derecha): los conectores de entradas y salidas analógicas no balanceadas (conectores tipo 1/4") y balanceadas (conector tipo ELCO de 56 conductores), los conectores para la entrada del controlador remoto LRC/Play/Locate y la entrada para "ponchar" -punch in\out- por medio de un interruptor de pie, la entrada y salida para la sincronía entre dos o más Adat, la entrada para el medidor de volumen externo (RMB), la entrada y la salida digital (conectores tipo fibra óptica) y el conector para la fuente de alimentación.

Las entradas analógicas están diseñadas de una forma muy especial, a propósito, puede usar las entradas no balanceadas (-10 dBV) y balanceadas (+4 dBu) simultáneamente sin problema. Como mencionaba anteriormente, las entradas no balanceadas están conectadas en forma "normalizadas", es decir que cuando aplica una señal en la entrada de la pista número 1, la misma señal también aparecerá en las pistas 3, 5 y 7. Asimismo, si desea grabar en la 2, también esa señal estará en las pistas 4, 6 y 8. Se preguntará ¿para qué quiero la misma señal en todas esas pistas? Bueno, la razón es que por ejemplo en el caso de que tenga un mezclador que contenga únicamente dos "buses" de salida, y los tiene conectados en las entradas 1 y 2 de la Adat, y supongamos que quiere grabar la guitarra en estéreo en las pistas 5 y 6, sólo con activar las pistas 5 y 6 con los botones para seleccionarlas -record enable- que se encuentran en el panel frontal, asignará automáticamente la guitarra en estéreo en las pistas 5 y 6 sin tener que mover ningún cable. También se preguntará ¿bueno, qué tal si quiero grabar el piano en estéreo en las pistas 7 y 8, pero la guitarra también está presente en esas pistas, cómo le hago? Entonces tiene que conectar las salidas directas de su mezclador a las entradas 7 y 8 de la Adat, de esa manera se romperá la "normalización" o conexión entre las 7 y 8 mencionadas y el resto de las pistas. Esta técnica es para evitar conectar y desconectar los cables de audio; es como tener una bahía de parcheo -patch bay.

Para las entradas y salidas balanceadas, es necesario utilizar una manguera -snake- que tenga en un extremo los conectores machos (salidas) y hembras (entradas) tipo XLR o TRS de 1/4" y en el otro extremo el conector de 56 conductores tipo ELCO (ver figura 6.4). Debe poner mucha atención para saber si las entradas se encuentran en la parte superior del conector ELCO o en el lado inferior. Esto es en el caso de que desee diseñar su propio snake. El conector ELCO sólo se conecta de una manera, así que tenga cuidado, equivocarse al invertir las salidas con las entradas puede costarle mucho tiempo y dinero y causarle una gran frustración. En seguida se muestra cómo están organizadas las entradas y salidas en el conector ELCO en caso de que desee hacer sus propios cables.

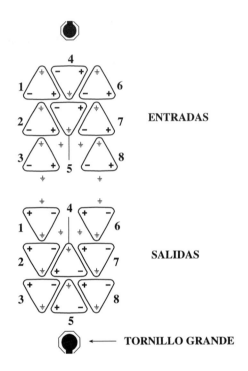

Fig. 6.4 Dibujo del conector ELCO de 56 "pines" para la Adat.

En el lado inferior de los conectores para las entradas y las salidas no balanceadas, se encuentran los de la entrada del controlador remoto LRC (Little Remote Control), y las funciones Play/Locate, al igual que el conector para "ponchar" (punch in/out). Excepto al control remoto LRC, las otras funciones se controlan por medio de un interruptor o pedal de pie. No importa si su pedal de pie sea del tipo "normalmente abierto" o "normalmente cerrado", la Adat trabaja con cualesquiera de los dos. Lo que sí debe hacer es conectar el interruptor de pie antes de encender la Adat, de esa manera, ella sabrá, por medio del software, de que tipo es y se calibrará automáticamente para funcionar con ese interruptor.

El LRC (se incluye cuando compra una Adat) con medidas de aproximadamente 19mm x 145mm x 85mm es muy práctico y sencillo de usar, con él puede controlar todas las funciones de transporte, REWIND, FFWD, STOP, PLAY Y RECORD, así como todas las funciones de autolocalización que se encuentran en el panel frontal de la Adat y las funciones de monitoreo, AUTO INPUT MONITOR y ALL INPUT MONITOR. Si tiene más de una Adat y las interconecta (vía los conectores Sync In/Out), un LRC es suficiente para poder controlar todas las grabadoras.

Al lado derecho de los interruptores de pie se localizan los conectores para sincronizar dos o más Adat. Estos conectores son de tipo D-Sub 9 (9 conductores) y transmiten información entre Adats bidireccionalmente de MIDI Machine Control, comandos de Sistema Exclusivo de MIDI propiedad de Alesis, la dirección (address) de las muestras y la entrada y salida del 'reloj de palabra' word clock. Este tipo de conectores los puede adquirir en una tienda donde vendan accesorios para computadoras, yo compré los míos en Radio Shack. Al conectar dos Adat por medio de los conectores Sync In y Sync Out, la que tiene conectada únicamente el cable en el enchufe Sync Out, automáticamente se convierte en la grabadora maestra, obviamente, el resto (en el caso de que esté usando más de dos) serán las esclavas y responderán a las funciones que lleve a cabo la maestra. Debo mencionar que al tener conectadas las Adat por medio de los cables de sincronía, cuando enciende una por una notará que cada una se asigna automáticamente a un número de identificación o "Id#", por ejemplo, la primera mostrará en la pantalla después de encenderse "Id1", la segunda "Id2" y la tercera "Id3". En otros aparatos como el DA-88 usted tiene que asignar manualmente el número de identificación, así como se asignan los discos duros en un sistema de grabación directo a disco duro con múltiples discos.

La más reciente versión de la Adat es la 4.03. Es muy importante que verifique qué versión de software tiene su grabadora, de esta manera si es que tiene algún problema, antes de llevar su grabadora a un taller de reparación y que le cobren "un ojo de la cara", es mejor llamar a Alesis y preguntar cuál es la última versión de software, ya que eso puede ser la causa del problema, especialmente si acaba de agregar un dispositivo nuevo en su sistema, es decir, un BRC (foto 6.5), un AI-1, un AI-2, etc.

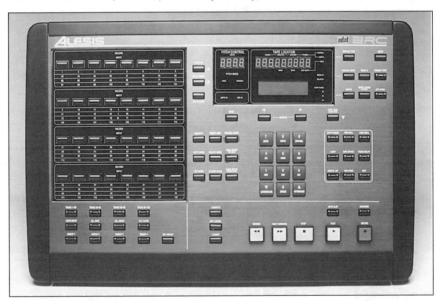

Foto 6.5 Controlador remoto BRC para la Adat de Alesis.

La Adat XT de Alesis

La Adat XT es una versión nueva de la original (ver foto 6.6) con una serie de características que la hace más atractiva para seguir conquistando la popularidad de este formato entre los usuarios. Cuando salió al mercado la XT, su precio de lista fue de $3,495. US Dls., aproximadamente $500. menos que cuando salió la original hace cuatro años. A propósito, la más reciente versión del software es 1.03 y trabaja con el controlador remoto BRC que cuenta con la versión del software 2.04. Esta versión es la única con que funciona bien la XT. La velocidad de transporte de ésta es aproximadamente cuatro veces más rápida que la Adat original, es decir, si tardaba 4:13 minutos para rebobinar una cinta modelo T-120, la XT tarda 1:03. El tipo de cinta S-VHS que debe usar en la XT definitivamente debe ser de muy buena calidad para que soporte el nuevo y mejorado diseño del transporte.

Foto 6.6 La Adat XT de Alesis.

Entre las nuevas características de la XT además de ser un poco más pesada (20 libras) que la original y tener medidas 5 1/4" x 19" x 11" se encuentran: una edición digital avanzada integrada para poder copiar pistas internamente, auto grabación -punch in/out-, retardo de pistas, compensación -offset- de cinta, un modo de "ensayo" -rehearse-, diez puntos de autolocalización en lugar de tres como en la original. Con esta nueva característica, el uso de un BRC ya no es tan importante a menos que tenga por ahí unos $1,500. US Dls. que le estén quemando sus bolsillos. El medidor externo opcional RBM ya no se puede usar con la XT.

La compatibilidad entre la Adat original y la XT es perfecta, es decir, si usted graba una canción usando 12 pistas en dos Adat XT en un estudio y al día siguiente se va a otro estudio donde sólo tienen las Adat originales, la canción en las dos cintas (12 pistas usan dos cintas) se escucharán bien y estarán perfectamente en sicronización. Tal vez usted pueda notar una ligera diferencia sonora en la reproducción de la canción cuando la toque en la Adat original, ya que la XT usa convertidores de digital a analógico (DAC) de 20 bits lineales con 8 veces de sobresampleo y la Adat original sólo usa 18 bits. Si desea reproducir una cinta en la Adat original que fue grabada con una velocidad de sampleo de 44.1 kHz en la XT, asegúrese de bajar la velocidad de sampleo de la Adat original a 44.1 kHz ya que por predesignación, ésta opera a una velocidad de sampleo de 48 kHz. Para bajar la velocidad de sampleo de la original, sólo oprima el botón PITCH DOWN en el panel frontal hasta que la pantalla lea -147 cent. Otra cosa, si desea seleccionar la velocidad de sampleo en la XT desde el BRC, no lo podrá hacer, se lo digo para que no se frustre buscando la respuesta en el manual porque no la encontrará. Seleccionar la velocidad de sampleo en la XT, debe hacerse en la misma XT. Espero que esto cambie en las nuevas versiones del software.

El panel frontal

Una de las principales diferencias entre la Adat original y la XT en el panel frontal es la pantalla flourescente. Esta es mucho más descriptiva que en la original. Por ejemplo, en la pantalla se puede saber instantáneamente a qué velocidad de sampleo está asignada la XT; a 48 kHz ó a 44.1kHz. El tiempo ABSoluto se muestra en horas:minutos:segundos y centésimas de segundo. Ya que el BRC muestra el tiempo en horas:minutos:segundos y cuadros, puede causar confusión cuando esté sincronizando varias XT usando el BRC, sin embargo, es posible hacer que la XT muestre el tiempo en cuadros (30 fps) en lugar de centésimas de segundo. Esto se lleva a cabo oprimiendo y deteniendo el botón SET LOCATE y a la vez oprimiendo el RECORD ENABLE [4]. Para hacerlo cambiar de nuevo a centésimas de segundo, repita los pasos anteriores. Además de mostrar el tiempo en la pantalla, también se puede observar el estado de las funciones de la XT en ese momento. Muy diferente a la original que sólo muestra el tiempo.

Además de las funciones básicas de transporte como la original, la XT cuenta con 22 botones en el lado derecho del panel frontal, abajo de la puerta donde se inserta el casete de la cinta, estos botones son para funciones como autolocalización (diez), el tono (PITCH UP/DOWN), para formatear la cinta, para ensayar un "punch in/out", para una auto grabación y auto reproducción, para compensación *(offset)*, para retardo de pistas, selección de velocidad de sampleo, etc. La original sólo cuenta con 12 botones.

La función AUTO RETURN le permite crear un ciclo -loop- entre dos posiciones de la cinta (una frase musical), entre las memorias LOCATE 1 y LOCATE 4. Usted puede asignar digamos la posición de la cinta en 2 min. 45 seg. en la memoria LOCATE 1 y el tiempo 4 min. 30 seg. en la memoria LOCATE 4. Al activar la función AUTO RETURN y AUTO PLAY, la XT tocará la cinta desde LOCATE 1 hasta LOCATE 4 y se regresará y tocará de nuevo automáticamente hasta que la función AUTO PLAY se desactive. Esto es similar a la función AUTO 2>1 de la Adat original.

La función REHEARSE sirve para escuchar y ensayar una porción de la canción donde se desea "ponchar" -punch in/out- antes de que se grabe. De esta manera si se equivoca usando esta funcion no se tiene que preocupar porque no se grabó el error, sólo hasta que la desactive podrá grabar.

El AUTO RECORD le permite grabar automáticamente entre el tiempo de las memorias LOCATE 2 y LOCATE 3, es decir, punch in/out.

Al activar el botón AUTO PLAY cada vez que use la función AUTO RETURN o LOCATE, en cuanto la XT llega a la posición de la cinta deseada, la cinta empezará a correr (PLAY) automáticamente, esto es muy útil cuando está ecualizando la porción de una canción.

El botón OFFSET se usa cuando está sincronizando varias XT, esta función le permite mover el tiempo de inicio de las XT esclavas con referencia a la XT maestra. La razón principal para esto es llevar a cabo ediciones estilo cortar/pegar -cut/paste. En otras palabras, es para hacer copias digitales (usando el bus digital interno) de secciones de una canción a otro lado de la cinta sin tener que regrabarla. Esto es básicamente una simulación de edición digital como lo que se hace con un sistema de grabación aleatorio como en el Pro Tools de Digidesign, donde una sección de la canción se puede usar varias veces sin tener que volver a grabar.

TRACK DELAY, este botón le permite retardar pistas individuales hasta 170 ms para crear diferentes efectos tales como 'hacer más gordo' un sonido, por ejemplo el de la tarola, o simplemente para alinear una pista con otra en caso de que estén desfasadas o cambiar el 'feel' de un ritmo. Los retardos se pueden hacer como dije antes, por pistas individuales o por grupos de pistas, según la situación.

El botón EDIT VALUE abajo del botón SET LOCATE sirve para "teclear" por medio de los botones LOCATE 0 al LOCATE 9 en la sección LOCATE, la posición de la cinta en una memoria LOCATE. En otras palabras si desea seleccionar el tiempo 00:03:32:00, sólo debe oprimir y detener el botón EDIT VALUE y oprimir los botones LOCATE 3 dos veces, luego LOCATE 2 y por último LOCATE 0 dos veces.

El botón CLOCK SELECT sirve para elegir la velocidad de sampleo a 48 kHz INT(erno) ó 44.1 kHz INT(erno) ó 48 kHz DIG ó 44.1 kHz DIG (Externo). Si usted formateó una cinta en la Adat original, la velocidad de sampleo no estará grabada en ella, ya que esta función es nueva en la XT. Si usted coloca esa cinta en la XT, automáticamente seleccionará 48 kHz, ya que es la velocidad designada previamente en la original. Si trata de cambiar la velocidad a 44.1 kHz en la XT, el icono de 44.1 kHz empezará a titilar mostrándole que es la velocidad de sampleo equivocada.

Las funciones de los botones en el lado izquierdo de la XT son muy semejantes a las ya descritas en la sección de la Adat original.

EL panel posterior

El panel posterior de la XT es parecido al de la original con la excepción de que en lugar de usar conectores de 1/4" para las entradas y salidas no balanceadas (-10 dB), usa conectores tipo RCA. El conector tipo ELCO de 56 conductores para las entradas y salidas balanceadas está alambrado igual que la original. La XT también cuenta con los conectores SYNC IN/OUT tipo D-sub 9 para sincronizar dos o más XT u originales; los conectores de fibra óptica se usan para la transeferencia digital (8 pistas) entre Adats de Alesis, Fostex y Panasonic. También cuenta con los conectores de 1/4" para el control remoto LRC y para la función "Punch in/out". El único conector que no se incluye en la XT es el conector para el medidor externo RMB.

Tip: En caso de cualquier problema raro que tenga, especialmente durante una sesión de grabación, lo primero que debe hacer es volver a inicializar la Adat XT apagándola y oprimiendo los botones PLAY y RECORD simultáneamente mientras que la enciende. La pantalla debe mostrarle la abreviación INIT para confirmar que ya ha sido inicializada.

La Adat RD-8 de Fostex

La Adat RD-8 de Fostex (ver foto 6.7) fue lanzada al mercado después de que Alesis le dió el permiso a Fostex de producir una versión de la Adat original, esto fue a fines del '93. La RD-8 cuenta con un generador/lector de código de tiempo SMPTE integrado, que al mismo tiempo genera el código de tiempo de MIDI (MIDI Time Code, MTC). Eso, en mi opinión es muy valioso porque no se necesita el uso del controlador remoto BRC de Alesis ($1,500. US Dls.) para sincronizar las Adats con el mundo exterior, la RD-8 puede hacerlo por sí misma. Obviamente, la RD-8 en ese tiempo era más costosa ($4,795. US Dls) que la Adat original.

Además de las funciones típicas de las otras Adat, la RD-8 cuenta con cuatro cabezas como la Adat, 2 de lectura (reproducción) y 2 de escritura (grabación). Puede grabar 40 minutos en una cinta T-120 y tiene capacidad para 100 memorias, LOCATE, la original sólo tiene tres y la XT, diez. Puede grabar a una velocidad de sampleo de 44.1 kHz ó 48 kHz que se puede seleccionar desde el panel frontal y una resolución de 16 bits. La versión de software hasta la fecha es 2.03.

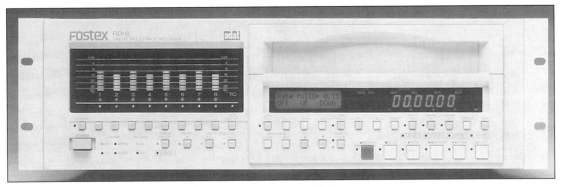

Foto 6.7 La Adat RD-8 de Fostex

En cuanto al sincronizador integrado, la RD-8 puede generar y leer SMPTE a 24 fps, 25 fps, 29.97 fps (df y ndf) y 30 fps (df y ndf). Tiene una compuerta para un interfase serial tipo RS-422 (Sony P2 9-Pin) para interconectar máquinas editoras de video, asimismo, cuenta con entrada de sincronización de video, entrada/salida word sync y la función pull up / pull down.

La RD-8 responde a mensajes de MIDI Machine Control (MMC) y como mencioné anteriormente, la RD-8 al mismo tiempo que genera SMPTE, también genera MIDI Time Code por el conector MIDI OUT en el panel posterior. Lo que más me gusta de la RD-8 es que cuando necesito grabar código de tiempo SMPTE en la cinta adentro de la RD-8, puedo estar generándolo por el conector TIME CODE OUTPUT.

La sincronización entre dos o más (hasta 16) RD-8 ó una combinación con las Adat de Alesis, se lleva a cabo con el mismo tipo de cables D-sub 9 (Sync in/out) usados para las de Alesis. La RD-8 no necesita una pista de audio para sincronizarse con otras máquinas que no sean Adat, utiliza una pista especial llamada TC track, en ella se graba internamente el SMPTE, en otras palabras, la RD-8 cuenta con 9 pistas a diferencia de la de Alesis que tiene ocho.

El BRC de Alesis es compatible con la RD-8, es algo que yo en lo personal no usaría porque tienen casi todo lo que incluye el BRC: el generador, lector y convertidor de códigos de tiempo SMPTE y MTC y el retardo de pistas -track delay-, entre otras funciones. Lo único que no se puede hacer es asignar las pistas que se van a grabar durante los "overdubs" a control remoto. Las funciones del transporte se pueden llevar a cabo con el controlador remoto 8312 (LRC en la Adat de Alesis) que se incluye cuando uno compra la RD-8. Ya que la RD-8 responde a mensajes de MIDI Machine Control, esta puede ser otra opción para no usar el BRC. Así que mejor invierta ese dinero en un AI-1 de Alesis para poder transferir digitalmente de la RD-8 a un DAT por ejemplo vía AES/EBU o S/PDIF, ya que la RD-8 no cuenta con este formato de transmisión, sólo con el formato de fibra óptica que Alesis patentó para la transferencia de 8 pistas simultáneamente.

El panel frontal

En el panel frontal de la RD-8 se puede observar que cuenta con 32 botones (excluyendo los del transporte) para el acceso de las funciones de la RD-8. Funciones como selección de velocidad de sampleo, auto grabación, memorias LOCATE para la autolocalización, para seleccionar que la RD-8 responda a código de tiempo externo, para leer el medidor en diferentes formas, por ejemplo, para ver el tiempo ABSoluto, el tiempo relativo, etc. También cuenta con una pantalla tipo LCD para poder observar las edi-

6

ciones de las funciones, es un poco pequeña pero facilita la edición.

Al lado izquierdo del panel frontal tiene el botón para formatear la cinta y los medidores de volumen, al igual que los LED que muestran el estado de grabación de las pistas y el estado de la RD-8, si está siendo controlada (esclava) o es la controladora (maestra) y si se está monitoreando la entrada o la cinta, etc.

El panel posterior

En el panel posterior de la RD-8 usted puede notar que los conectores de las entradas y salidas analógicas no balanceadas son del tipo RCA y que las balanceadas no son tipo ELCO de 56 conductores como las Adat de Alesis, sino conectores tipo DB-25 como los que se usan en la compuerta SCSI de las computadoras. También puede notar que la RD-8 cuenta con conectores para MIDI, de fibra óptica para transferencias digitales, entrada y salida para el código de tiempo SMPTE con conector XLR. Asimismo, cuenta con conectores tipo BNC para sincronizarse con código de tiempo VITC, Black Burst y el pulso Word Clock y tiene la salida para conectarse un medidor externo de Alesis RMB. El conector RS-422 sirve para poder controlar el transporte de la RD-8 por medio de un editor de video.

Si decide fabricar sus propios conectores para las entradas y salidas balanceadas, enseguida se muestra cómo está organizado el conector DB-25 (ver figura 6.8).

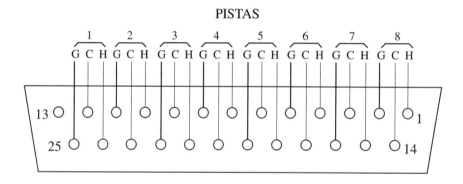

Fig. 6.8 Dibujo del conector DB-25 de la RD-8 de Fostex.

La CX-8 de Fostex

Si usted tiene una Adat RD-8 y quiere ampliar su sistema a 16 ó 24 pistas, la CX-8 es una buena opción (ver foto 6.9), ya que la RD-8 actuaría como la grabadora maestra por su misma capacidad de control y el BRC de Alesis sería innecesario; ahorrándose así algo de dinero y manteniendo la misma marca de equipo Fostex en caso de que sea fiel a la compañía. La CX-8 de ninguna manera está reemplazando la RD-8, es más, la CX-8 es básicamente la misma grabadora que la XT de Alesis. La única diferencia entre ellas es el tipo de conectores que usan para las entradas y salidas analógicas balanceadas. La XT de Alesis usa el conector tipo ELCO de 56 conductores y la CX-8 de Fostex usa el tipo DB-25. La versión más reciente del software es 1.0 y cuesta lo mismo que la XT.

Foto 6.9 La CX-8 de Fostex.

La MDA-1 de Panasonic

Panasonic también optó por unirse a la familia Adat introduciendo este año la Adat MDA-1 (ver foto 6.10). Como se puede observar en la foto, la MDA-1 es muy parecida a la XT de Alesis y la CX-8 de Fostex con algunos cambios menores. Una diferencia entre la MDA-1 y las otras dos Adat es el tipo de conectores para las entradas y salidas analógicas balanceadas. La MDA-1 usa conectores tipo XLR, pensándola bien, este tipo de conectores hace que se facilite el uso de la MDA-1 porque estos conectores son más fáciles de conseguir, menos costoso y son más rápidos. Al sacar la MDA-1 de la caja usted empezaría a trabajar en ella de inmediato. Su precio es como el de la XT y la CX-8.

Como usted puede observar, existe una gran variedad de grabadoras multipista modulares en la familia de la Adat usando cinta tipo S-VHS. Ahora le mencionaré tres opciones más de grabadoras modulares digitales, pero con un formato de cinta de video de Hi8-mm.

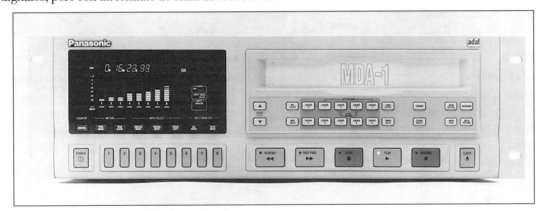

Foto 6.10 La Adat MDA-1 de Panasonic.

La DA-88 de Tascam

La DA-88 es una grabadora multipista digital modular de ocho pistas que ocupa cuatro espacios en un rack y que utiliza el formato de cinta de video Hi8 mm (ver foto 6.11). Puede grabar hasta una hora y cuarenta y ocho minutos, es decir, 108 minutos en una cinta P6-120 ó E6-120 en el formato NTSC. La DA-88 fue diseñada especialmente para grabación de música, audio para video, post-producción, grabación en vivo, para radiodifusión, etc.

Los convertidores de la DA-88 tienen una resolución de cuantización de 16 bits lineal a la velocidad de sampleo de 44.1 kHz ó 48 kHz. Esto quiere decir que tiene un rango dinámico mayor de 92 dB y tiene una respuesta de frecuencia de 20 Hz a 20 kHz. Esta grabadora usa un transporte con cuatro cabezas (dos de grabación y dos de reproducción) estilo "grabar-después-de-reproducir". Su sencillo control de transporte la hace fácil de usar, cuenta con las funciones básicas de una grabadora común, tales como: RECORD, PLAY, FF, REW Y STOP. En la DA-88 no viene incluido un controlador remoto como el LRC en las Adat, usted tiene que adquirir el RC-808 por separado para poder controlar las funciones básicas a distancia. Ahora, si desea controlar el transporte de hasta seis DA-88 y asignar las pistas que desea grabar a control remoto, entre otras funciones, usted puede "echarle un ojo" al controlador RC-848, también opcional de Tascam, (la versión del software hasta la fecha es 3.01). Cuenta con las funciones parecidas a las del BRC de Alesis, también, el RC-848 puede controlar máquinas o aparatos que cuentan con interfase de transmisión en paralelo como la MSR-16 de Tascam, la MTR-90 de Otari y otros dispositivos como grabadoras de video o VTR que no tienen el conector para el interfase RS-422 y se controla vía el conector EXT 1 (Accessory 1).

Foto 6.11 La DA-88 de Tascam.

Al igual que la Adat, se pueden conectar hasta diesiséis DA-88 obteniendo hasta 128 pistas. La DA-88, al igual que su rival, sólo necesita un cable tipo D-sub 9 para poder sincronizar dos o más, pero si desea sincronizarla con distintos aparatos o secuenciadores de software, sólo tiene que conectar la salida del código de tiempo SMPTE o MIDI a la entrada del dispositivo que desea controlar. Para esto, debe adquirir la tarjeta opcional SY-88 (la versión más reciente es la 3.19), hablaremos más adelante de la SY-88. Y por supuesto, la cinta de video Hi8-mm se debe formatear antes de grabarse ya sea a una frecuencia de sampleo de 44.1 kHz ó a 48 kHz. En la DA-88 se puede formatear la cinta mientras está grabando, también puede hacerlo en un sistema de dos o más. La versión del software más reciente es la versión 3.10. A propósito, si desea estar al tanto de lo que pasa con Tascam u obtener más información acerca de cualquier equipo, puede usar el sistema llamado "FaxBack" que Tascam tiene disponible para enviarle la información que desea automáticamente, para lo cual puede llamar al teléfono (800) 827-2268 y si no recuerda el número, sólo recuerde el nombre (800) TASCAM-8.

Cuando se disponga a grabar en la DA-88, use sólo cinta de alta calidad, no use la común de 8 mm para video. Ya que el problema más frecuente de una cinta es la de desprender partículas de óxido, Tascam recomienda usar, si es posible, sólo cintas de formula MP (Partículas de Metal) en lugar del tipo ME (Evaporación de Metal), aunque puede usar los dos tipos si no tiene otra alternativa. Las cintas MP son más gruesas y aguantan más el uso, a veces excesivo, de adelantarla y rebobinarla. También, Tascam recomienda limpiar las cabezas con la cinta limpiadora "HC-8 Dry Cleaning Tape" aproximadamente cada 50 horas de uso.

Las marcas y modelos de cinta Hi8-mm tipo MP o ME que Tascam recomienda son:

MP: SONY, TDK, FUJI, BASF, 3M, DENON y KONICA

ME: SONY, TDK, MAXELL y BASF

Por supuesto que Tascam no se responsabiliza si llegaran a existir inconsistencias en las cintas de los diferentes fabricantes. Si el indicador o LED "ERROR" se ilumina con frecuencia significa que hay caídas de información -dropouts- en la cinta. Si esto ocurriera, entonces deje de grabar y cambie de marca o tipo de cinta inmediatamente.

Nunca use cintas de más de 120 minutos en el formato NTSC (P6-120, E6-120) o más largas de 90 minutos en el formato PAL/SECAM (P5-90, E5-90). Además, nunca use cintas que hayan sido ya grabadas con video. La DA-88 tiene un sensor de grosor de la cinta, si intenta insertar cintas más largas que P6-150/E6-150 (NTCS) o P5-120/E5-120 (PAL/SECAM), automáticamente será rechazada.

La duración de las cintas Hi8-mm de acuerdo al modelo y formato son las siguientes:

Tiempo	P6/E6 (NTSC)	P5-E5(PAL/SECAM)
20	18	25
30	27	3
45	40	56
60	54	75
90	81	113
120	108	—

El panel frontal

Además de los botones del transporte en el panel frontal, la DA-88 cuenta con 27 botones más para seleccionar las diferentes funciones, entre otras funciones tenemos: selección de velocidad de sampleo de 44.1 kHz ó 48 kHz, para formatear la cinta, para las dos memorias llamadas MEMO 1 y MEMO 2, al igual que para encontrar las memorias con los botones LOC 1 y LOC 2 y así poder crear loops entre dos secciones de la canción. También cuenta con un botón giratorio llamado SHUTTLE que sirve para encontrar por ejemplo marcas o secciones específicas en una canción a más bajas velocidades. El resto de los botones tienen las funciones de monitoreo, display del medidor de tiempo, etc., en el lado derecho, abajo de los ocho medidores de volumen de 15 LED, uno para cada pista, se encuentran los botones para las funciones de grabación, generación y lectura de tiempo de código SMPTE o TC y para elegir su modo, esclava o controladora de otras máquinas de grabación de audio o video.

El panel posterior

Aquí la DA-88 cuenta con cinco secciones de conectores. La sección D/A tiene salidas tipo RCA para las salidas no balanceadas y tipo DB-25 para las salidas balanceadas (véase la organización de cable tipo

DB-25 de la RD-8 el cual es el mismo usado en la DA-88). En la sección A/D tenemos las entradas analógicas con conectores RCA para las entradas no balanceadas y el conector DB-25 para las balanceadas. Asimismo, en la sección SYNC va colocada la tarjeta opcional para la sincronización SY-88. Esta tarjeta con versión del software 3.19, incluye los siguientes conectores: los interruptores tipo DIP son para el MODO en que va a trabajar. Cada interruptor especifica cada función, cómo va a actuar; la compuerta serial RS-422 con conector D-sub 9 es para enchufar cualquier controlador o editor de video que trabaja con el protocolo P2 de Sony; el siguiente conector es donde se encuentra la entrada y salida de SMPTE para que la DA-88 controle y sea controlada con SMPTE; los conectores tipo BNC son para la entrada de señal de video y la salida; finalmente tenemos en esta sección los conectores de MIDI que es donde responde al código de tiempo MIDI (MTC), entre otros mensajes. En la sección de DSP va conectado el medidor de volumen opcional MU-8824 que cuenta con 24 hileras con 15 LED cada una para medir el volumen para tres DA-88, es decir, 24 pistas. En el conector DIGITAL I/O TDIF (Tascam Digital Interfase Format) va conectado el IF-88AE que es el interfase para hacer trasmisiones digitales entre la DA-88 y otros dispositivos en el formato AES/EBU y S/PDIF (¿recuerda lo que significan estas abreviaciones?). Y por último, la sección SYS incluye los conectores (tipo D-sub 9) de entrada para el controlador remoto RC-848 y para la entrada y salida de sincronización entre DA-88. Sólo conéctelas por medio del cable de sincronización. Tascam recomienda no usar cables D-sub 9 comunes para computadoras, sólo use los que Tascam le recomienda en el manual, de otra manera puede ser que dañe algunos componentes internos. Asímismo se incluyen en esta sección los conectores de entrada y salida del WORD SYNC, para la entrada del controlador remoto básico RC-808, para la función "punch in/out" y el selector de indentificación o ID # para cada DA-88 cuando se usan más de dos. Como sabemos cada grabadora se debe ajustar a un número de identificación diferente y de esa manera se asigna la grabadora maestra. En las Adat, el número de identificación se asigna automáticamente. Cuando asigne el número de identificación en las DA-88, deben estar apagadas para que al encenderla lea su ID#.

El SY-88

La tarjeta opcional SY-88 para la DA-88 sirve para "amarrar" o sincronizar uno o más dispositivos de audio, video y MIDI (ver foto 6.12). Esta tarjeta genera y lee los códigos de tiempo SMPTE en los diferentes formatos basados en pulsos de reloj internos o externos (video o word). También ofrece toda una implementación de control de grabadoras vía MIDI o MIDI Machine Control e interfase y emulación para VTR (grabadoras de video) usando el protocolo Sony 9 pin/RS-422. Con esta tarjeta la DA-88 se vuelve muy útil para aplicaciones de post-producción. En los estudios de post-producción que yo he trabajado y he visto, usan únicamente las DA-88. Esto es debido a su rápida respuesta de sincronización con el resto del equipo de audio y video.

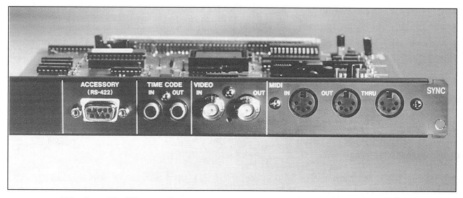

Foto 6.12 La tarjeta para sincronización SY-88 de la DA-88.

El MMC-88

El MMC-88 es un interfase de MIDI opcional para la DA-88 diseñado para conectarse directamente en el SYNC y en los conectores MIDI de su computadora o secuenciador independiente o físico y no de software. Este interfase ofrece una comunicación de dos sentidos para que la información de MMC se transmita en las DA-88 esclavas en un sistema de más de una (ver foto 6.13).

Foto 6.13 Interfase opcional MMC-88 para la DA-88.

La PCM-800 de Sony

La PCM-800 de Sony es la más cara de la familia de grabadoras que usan la cinta de video Hi8-mm (ver foto 6.14). La introducción de la PCM-800 hizo que fuera aún más popular este formato en los estudios de post-producción. Una de las diferencias entre la DA-88 y la PCM-800, es que la segunda no cuenta con entradas y salidas de -10 dBv (conectores RCA) o no balanceadas, sólo cuenta con conectores tipo XLR para entradas y salidas balanceadas o de +4 dBu, lo cual yo no lo veo tan grave porque si usted tiene un

Foto 6.14 La PCM-800 de Sony.

estudio profesional de audio o video, no creo que vaya a usar los conectores no balanceados. Otra diferencia es que Sony decidió no usar el conector para el formato digital de Tascam o TDIF-1, en su lugar colocó un conector tipo DB-25 para transmitir y recibir información digital AES/EBU con otros dispositivos que soportan estos formatos. Así que si desea hacer una transmisión digital directa entre la PCM-800 y la DA-88, no la va a poder hacer a menos de que tenga a la mano el interfase opcional de Tascam IF-88EA, lo cual lo hace perder puntos para la elección entre el formato de video S-VHS o Hi8.

La DA-38 de Tascam

Bien, Tascam también acaba de lanzar al mercado la DA-38, grabadora multipista modular de ocho pistas especialmente diseñada para el músico, para competir con la Adat, que usan la mayoría de los músicos en lugar de los estudios de post-producción (ver foto 6.15).

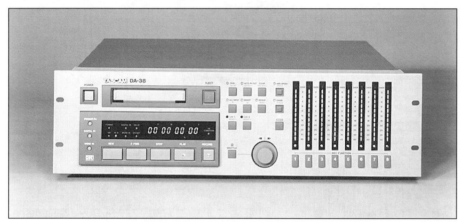

Foto 6.15 La DA-38 de Tascam.

La DA-38 también graba en el formato de cinta de video Hi8-mm, es un sistema de 16 bits con frecuencias de sampleo de 44.1 kHz y 48 kHz y un +/- 6% de variación de velocidad, puede grabar hasta 113 minutos. La cinta se puede formatear mientras graba, pero como mencioné anteriormente, recomiendo que se formatee antes de grabar. Y si no terminó de formatear la cinta hasta el final, lo puede hacer después con la función "Extended Format".

Los convertidores ADC usados en la DA-38 son de 18 bits con un sobresampleo de 64 veces del tipo Delta-Sigma y los convertidores DAC son de 20 bits con un sobre sampleo de 8 veces también Delta-Sigma. La DA-38 graba audio digital en 16 bits, pero puede recibir señales de hasta 24 bits en su entrada digital, por supuesto usando un interfase IF-88AE de Tascam. Algo que es muy interesante y que no cualquier grabadora digital modular tiene es la función de Dither, como los usados en los sistemas de grabación de audio digital directo a disco duro pero no tan sofisticado. Esta función se ha hecho muy popular últimamente, corrige errores de cuantización a bajos niveles cuando se graban secciones de música a nivel *pianísimo* como en la música clásica. Esta función por lo general se refiere al mundo analógico como "calidez" en el sonido.

El panel frontal

En el panel frontal, la DA-38 cuenta con 13 botones para las funciones básicas de operación aparte de los botones para el transporte y para la asignación de pistas para grabar, al igual que el botón giratorio "Shuttle".

El medidor de volumen es de 12 LED los cuales muestran la cantidad de señal que entra y que sale. También cuenta con un oscilador con frecuencia de 440 Hz y sirve como tono de referencia y afinación de instrumentos, muy útil para el músico. Todas las funciones básicas como los puntos de localización, las memorias, el pre/post roll, etc., han sido mejoradas. Asimismo, cuenta con una 'bahía de parcheo' interna, las configuraciones de conexiones internas que se hacen se pueden guardar para uso futuro. Por ejemplo, si tiene un cable conectado desde la consola en la entrada de la DA-38 número 6 y desea enviar esa señal a la pista #5 sin tener que desconectar y conectar de nuevo, lo puede hacer internamente.

El panel posterior

La DA-38 cuenta con conectores RCA en el panel posterior para las entradas y salidas analógicas no balanceadas y un conector tipo DB-25 para las líneas balanceadas. También cuenta con los conectores para el interfase digital TDIF I/O, para el Word Clock In y el Sync In y Out para sincronizar varias DA-38 sin necesidad de una pista de audio. Se pueden usar los controladores remotos RC-808 y RC-848 de Tascam, también cuenta con el MMC-38 que puede controlar dispositivos MIDI con código de tiempo MIDI generado del tiempo ABSoluto de la cinta, fíjese que estoy hablando de tiempo ASBsoluto y no SMPTE. Asimismo puede recibir comandos bidireccionales de MIDI Machine Control.

La DA-38 no tiene conector para el medidor de volumen externo y no se le puede incorporar la tarjeta SY-88 de sincronización de Tascam.

Capítulo 7

Grabadoras De Disco Duro

Las ventajas

Como mencioné en los dos capítulos previos, además de grabadoras digitales multipista donde la información se almacena en cinta magnética (S-VHS, Hi8-mm, DAT), existen también las que la almacenan en un disco duro. A este tipo de grabación se le llama "Grabación Directa a Disco Duro", en inglés Hard Disk Recording.

Usted habrá visto o leído que se puede elegir entre un sistema de grabación a disco duro que necesita una computadora para llevar a cabo ediciones de audio digital y las que son independientes o autónomas, es decir, que no necesitan de una Mac o IBM para poder editar.

Bien, la ventaja de elegir una grabadora digital a disco duro en lugar de una grabadora modular (Adat, DA-88), es la facilidad de poder editar la información digital en forma aleatoria. En otras palabras, el usuario (compositor, ingeniero de grabación, músico, etc.) puede grabar con facilidad el final de una canción primero, por ejemplo, después la introducción para editarla y colocarla en el orden necesario por medio del proceso de copiar y pegar, "pastear". El mismo usuario puede copiar y pegar la introducción o una sección de un coro cuantas veces desee sin tener que re-grabar el coro o la introducción de nuevo. Con este proceso no se corre el riesgo de degradar la señal, es decir, que los agudos se empiecen a perder al tocar la cinta una y otra vez, como pasa en el mundo analógico. Esta es la ventaja principal del audio digital comparado con el audio analógico.

Con estos sistemas el usuario no tiene que esperar a que la cinta se rebobine o avance tratando de buscar la marca o la frase musical de una canción, sino ubicarla en la pantalla de la computadora, colocarse en el lugar deseado, oprimir un solo botón en esa posición y listo, ya está almacenada en la memoria para que cuando necesite reproducir la canción desde ahí, sólo tiene que oprimir el botón indicado y la grabadora lo llevará a ese punto para empezar a reproducir o a grabar -*punch in/out*. Así de rápido. En las modulares también se puede hacer el proceso de copiar y de pegar secciones, pero es lento, no es instantáneo y necesita dos para llevarlo a cabo.

Grabadoras de Disco Duro Autónomas

De este tipo se encuentran: la DM-800 y la VS-880 de Roland, la DMT-8 y la D-80 de Fostex, la Darwin de E-mu y e Instant Replay de 360 Systems que se usa especialmente para radiodifusión *(broadcasting)* entre otras. Todas cuentan con 8 pistas las cuales pueden actuar como grabadoras maestras o esclavas. En algunas se puede aumentar a 16 ó 24 pistas solamente conectándolas a otra, igual que las modulares. Aun cuando la manera de editar sea más fácil en el monitor de una computadora que en la relativamente pequeña pantalla de éstas, es muy cómodo desconectar la grabadora autónoma empacarla e irse de viaje y trabajar en el hotel o simplemente llevársela del estudio para hacer ediciones que no se alcanzaron a terminar ya que su esposa le llamó porque la cena ya estaba servida. Unicamente conecta, se coloca sus audífonos y listo, a empezar a editar. De otra manera tiene que desconectar la computadora del estudio, empacarla, cargarla, con lo pesado que es el monitor y volverla a desempacar para empezar a trabajar. Me parece mucho más trabajo sin necesidad. Por supuesto que las de disco duro que necesitan de una computadora tienen más opciones de edición y son mejores para cuando quiere usarla para masterizar un disco, etc., pero al mismo tiempo son más caras y no son portátiles. Lo difícil de todo esto es saber cuál elegir para sus necesidades, de acuerdo a sus aplicaciones y a su presupuesto. Es cuestion de hacer una investigación y visitar las tiendas donde venden este tipo de equipo o simplemente leer los reportajes que salen en las revistas.

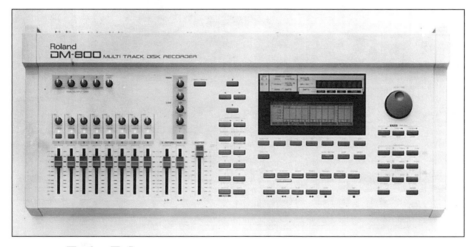

Foto 7.1 Grabadora digital de disco duro DM-800 de Roland.

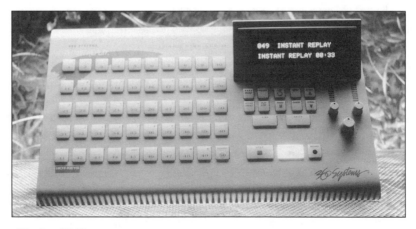

Foto 7.2 Grabadora Instant Reply para radiodifusión de 360 Systems.

Foto 7.3 Grabadora digital de disco duro Darwin de E-mu.

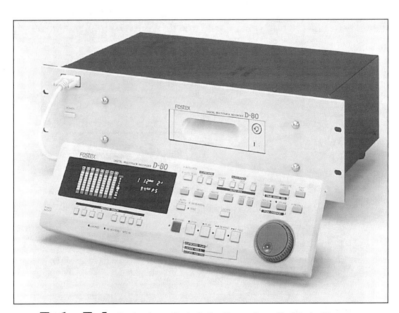

Foto 7.4 Grabadora digital de disco duro D-80 de Fostex.

Cuando usted graba en una máquina modular (Adat o DA-88) y termina una sesión, únicamente retira la cinta y ya tiene respaldada la información o la música, en cambio, en una grabadora de disco duro, al terminar la sesión, usted tiene que respaldar la información digital para poder hacer lugar en el disco duro y así poder grabar otra sesión. Bien, si necesita respaldar esa grabación que tanto le costó y tantos dolores de cabeza le causó, le recomiendo que le eche un vistazo a las unidades de discos duros removibles como el Zip Drive y el Jaz Drive, ambos de la marca Iomega o el EZ135-Drive de SyQuest. Estos dispositivos de almacenamiento se han hecho muy populares en este campo. Roland funciona con el formato del Jaz Drive que tiene capacidad de 1GigaByte de almacenamiento, el Iomega sólo tiene capacidad de 100 MegaBytes y el EZ153 Drive cuenta con 135 MegaBytes (ver fotos de la 7.5 a la 7.7). Todos estos trabajan con cartuchos de 3.5 pulgadas de tamaño que los hacen muy flexibles para manipular y guardar en sitio seguro. También existe otro tipo de disco duro removible que son un poco más grandes (5.25") y con capacidades de almacenamiento entre 44 y 270 MegaBytes (MB). Compañías como SyQuest, Bernoulli, Pinnacle, APS y Mirror entre otras. También, puede respaldar su información en un DAT, aunque es más lento, menos confiable y algunas veces más caro.

Foto 7.5 Unidad de disco duro removible EZ-Drive de Syquest.

Foto 7.6 El Jaz Drive de Iomega.

Foto 7.7 El Zip Drive de Iomega.

Dependiendo del modelo y marca de grabadora que vaya adquirir o ya lo haya hecho, la mayoría cuenta con algunas características comunes entre ellas, por ejemplo: mezcladora interna digital o analógica, faders tradicionales de una mezcladora analógica, botones para subir y bajar el nivel de las pistas individuales. Algunas cuentan con automatización de MIDI y de *crossfades*. Con respecto al número de entradas y salidas analógicas varían de una a otra, algunas cuentan con ocho entradas y salidas, otras con cuatro o con dos. La ventaja de un sistema de estos, es que uno puede mezclar las ocho pistas (si se está usando solamente una) en un par de salidas, es decir, en estéreo *(Left y Right)*. De esta manera la mezcla se puede grabar directamente a un DAT o simplemente a una común, de casete. La mayoría también cuenta con entradas y salidas digitales para una transmisión digital en el formato S/PDIF. Otras tienen la capacidad de incorporar un interfase para interconectarse ópticamente con una Adat y también en el formato AES/EBU (conectores XLR) como la DR8 de Akai y la Darwin de E-mu.

Este tipo de grabadoras de disco duro usan el modo de edición "no destruible", eso quiere decir que si usted hace una edición a la pista de la guitarra por ejemplo, usted no está alterando la grabación original, ni re-grabando esa edición en otro lugar del disco duro, acaparando más memoria, sino que con funciones del software, solamente se coloca en una memoria temporal (buffer) para después recuperarlo o leerlo y usarlo en la misma sesión o en otra oportunidad, o en otra canción. Esto le hace ahorrar mucha memoria y acelera las funciones de edición. Siempre recuerde almacenar (oprimiendo el botón SAVE) las ediciones que va haciendo a menos que no esté seguro de que la edición que acaba de hacer es la final. Estos sistemas al igual que los de una computadora, tienen una función llamada "UNDO" (que significa deshacer lo que se acaba de realizar). Lo que hace esta función, es colocar el cambio o edición en una memoria temporal y en caso de que no le haya gustado ese cambio, seleccionando "UNDO" éste se borrará y la grabación quedará intacta, como antes de hacer el cambio. Algunas grabadoras tienen diferentes niveles de UNDO, es decir, si hizo un cambio, luego hizo otro y otro, y no le gustó como quedó, usted puede "deshacer" esos cambios uno por uno hasta que obtenga la grabación original. Por ejemplo, la de Roland, la VS-880 ofrece 999 niveles de UNDO, la Darwin de E-mu, seis, la HDR-8 de Akai, sólo dos y la de Fostex, una. Como se puede dar cuenta, conocer este tipo de características en cada sistema, es lo que hace la diferencia para poder decidir cuál adquirir.

La mayoría de los sistemas autónomos mencionados, no ofrecen todavía una extensa integración de MIDI con audio, es decir, como un secuenciador de audio digital con MIDI como Cubase Audio de Steinberg, Digital Performer de Mark of the Unicorn, Logic Audio de Emagic, etc. A lo que sí responden es a los mensajes de MIDI Machine Control, sus comandos de MMC hacen que usted pueda controlar las funciones de transporte, localización de un compás, etc., de las grabadoras con el secuenciador de software que esté usando. Por supuesto, su secuenciador debe ser capaz de transmitir estos comandos y su grabadora capaz de recibirlos. Le sugiero consultar sus manuales de instrucciones. Su CPU actuará como un sofisticado controlador remoto.

Con respecto a la capacidad de sincronización con otras máquinas, la mayoría de las autónomas se pueden sincronizar con código de tiempo MIDI, algunas pueden aceptar directamente señales de video, *word clock* y código de tiempo SMPTE para no tener que convertir SMPTE a MTC.

Entre otras características que ofrecen estos sistemas están las frecuencias de sampleo con un rango de 32 kHz, 44.056 kHz, 44.1 kHz hasta 48 kHz. Algunos ofrecen procesadores de efectos o DSP, ecualizadores integrados, *crossfade*, la función *punch in/out*, un botón giratorio -*shuttle*- para facilitar la edición, interfases opcionales para conectar Adats y hacer respaldos de la información, etc. Por supuesto, todas cuentan con las funciones de transporte como la de una de casete común.

Como comenté anteriormente, tomar la decisión sobre qué equipo comprar depende de su presupuesto (éstas cuestan entre $2,000. y $8,000. US Dls.) y sus aplicaciones. Si su presupuesto no es una limitante, entonces le recomiendo que le éche un vistazo a la siguiente sección donde describo algunos sistemas de grabación digital de disco duro, pero que necesitan de una computadora para poder editar la información.

Grabadoras de disco duro con computadora externa

Lo mejor de este tipo de grabadoras digitales de disco duro que necesita una computadora, así como las grabadoras autónomas, es la capacidad de la función "acceso aleatorio" -Ramdom Access- que significa que cualquier porción de información o de la música puede reproducirse desde cualquier parte del disco duro, visible en la pantalla, cuando usted lo necesite. La información se puede almacenar en cualquier orden, en largos y continuos segmentos de audio o en segmentos cortos y distintos. También, la característica "no-lineal" de un sistema de grabación (las Adat son un ejemplo de grabación "lineal" porque la música se tiene que grabar continuamente en la cinta hasta que se acabe), hacen atractivo este tipo de sistemas por su fácil menera de poder editar la información digital.

Un sistema de grabación como el que acabo de mencionar, necesita de una Macintosh o IBM para correr el software, sistemas como Pro Tools de Digidesign, Sonic Solutions, Dyaxis II de Studer, entre otros (ver fotos 7.8 y 7.9). Ya que la inversión para un sistema de estos es alta, además de correr el software para edición de audio y MIDI, usted también puede usar su computadora como procesador de palabras y para diseño gráfico cuando no la esté usando para la edición de audio. La ventaja de un sistema de estos es la rapidez, así como la velocidad de acceso del disco duro ya sea interno o externo.

Foto 7.8 Sistema Pro Tools de 16 pistas de Digidesign.

Foto 7.9 Sistema de edición digital Dyaxis II de Studer.

En un sistema de estos, usted puede "decirle" al software que brinque al compás 21, por ejemplo y que empiece a tocar desde ese punto. También se pueden acomodar las secciones de audio en cualquier orden o secuencia necesarias, así como reproducir una sección musical al revés, acortarla en tiempo sin cambiar el tono, es decir, por ejemplo si está sincronizando un comercial y el video es de 15 segundos exactamente y su música es un poco más larga, digamos 16 segundos, entonces usted puede acortar la música un segundo dándole exactamente los 15 segundos que necesita y obtenerlo al tono original.

Para eliminar problemas de velocidad de edición, estos sistemas necesitan una memoria temporal, comúnmente llamada "buffer", que es la memoria RAM puede ser desde 8 hasta 256 MBytes dependiendo de los requisitos del sistema. El RAM debe tener un tiempo de acceso razonable entre 5 y 100 milisegundos. Esta memoria temporal también se necesita para que el audio siga tocando sin interrupción.

Otra de las ventajas importantes de un sistema de disco duro en computadora es grabar, digamos, un solo de guitarra, éste se asigna a un lugar específico en la memoria del disco duro y aparece como una lista de secciones de audio, de esa manera usted lo puede seleccionar y agregar cuantas veces necesite sin tener que grabarlo de nuevo ahorrando así memoria, es lo mismo que sucede cuando está usando un secuenciador o una caja de ritmos donde usted crea un patrón musical y éste se puede acomodar y usar cuantas veces desee. Asímismo, como ya mencioné, un sistema de edición de disco duro puede trabajar con MIDI al tiempo que graba audio, de esa manera se puede editar audio y MIDI al mismo instante conservando la sincronía entre los dos tipos de información digital. Entre los secuenciadores en software que pueden hacer este tipo de edición se encuentra el Cubase Audio de Steiberg, Digital Performer de Mark of the Unicorn, Logic Audio de Emagic, Studio Vision Pro de Opcode y Cakewalk audio (ver figuras 7.10 y 7.11).

Este tipo de sistemas, como en todo, tiene sus pros y sus contras, por ejemplo, uno de estos sistema puede usarse como una grabadora convencional, pero por lo general se usan más a menudo para hacer ediciones, es decir, para subirle el volumen a una pista que quedó muy baja, subirle el tono a una frase que salió desafinada, acelerarla en tiempo, etc. Se han hecho muy comunes para hacer a lo que se le llama "re-mixes" de una canción para tocarlas en discotecas y así tener una versión diferente a la música original, también se han hecho muy populares para el doblaje de películas, para poner efectos en comerciales y películas, etc. Todas estas ediciones se hacen por medio de las funciones copiar y pegar *-copy/paste-*

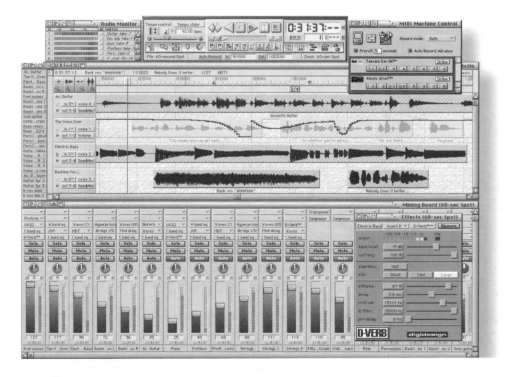

Fig. 7.10 Ventana del secuenciador Digital Performer de Mark Of The Unicorn.

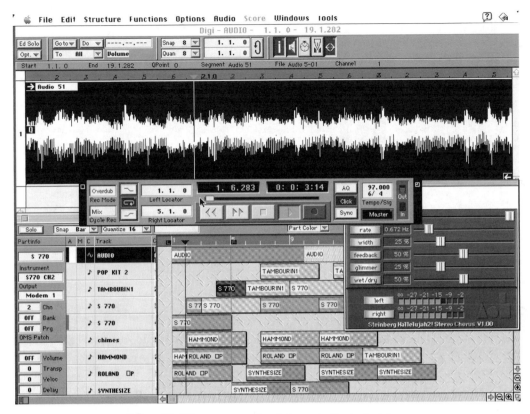

Fig. 7.11 Secuenciador Cubase Audio de Steinberg.

que mencioné al principio, por supuesto junto con otras herramientas y funciones que complementan estas ediciones.

El uso de estos sistemas en una producción musical como en el disco compacto que contiene varios temas musicales no es muy práctico, ya que existe un límite causado por la capacidad del disco duro que se está usando, la velocidad de sampleo y la longitud de la pieza que está grabando. Por ejemplo, si usted graba un minuto de duración en una pista (en mono) con una velocidad de sampleo de 44.1 kHz, se usarán 5 Mbytes de memoria, ahora si graba en estéreo, se usarán 10 Mbytes de memoria y así sucesivamente. Si hace cálculos para grabar un disco usando 24 pistas, imagínese qué caro sería esa producción, claro que si el presupuesto no es problema, mejor cómprese una digital de carrete abierto como mencionamos hace unos capítulos que cuesta hasta un cuarto de millón de dólares, ¡así hasta yo!

Los sistemas que existen en el mercado como los que mencionamos pueden sincronizarse con video por medio de un código de tiempo como SMPTE (LTC o VITC), MTC, etc. A estos se les pueden asignar diferentes velocidades de sampleo, pueden hacer tranferencias digitales usando el formato AES/EBU, S/PDIF u óptico, así como una variedad de funciones que poseen algunos sistemas para diferenciarse de otros. El sistema que hoy en día se está popularizando más es el de Digidesign llamado Pro Tools III (muy pronto ProTools 4.0), trabaja solamente con la computadora Macintosh. Me ha tocado ver que muchos ingenieros de grabación no han obtenido mucho trabajo porque no conocen este sistema, pero ya están actualizandose con cursos, ya que Pro Tools III se está convirtiendo en un estándar en el medio, igual que la Adat y la DA-88, le vamos a dedicar el siguiente capítulo para que sepa de qué se tratan estas "herramientas profesionales" para audio digital.

Capítulo 8

Pro Tools III

Me imagino que después de haber leído artículos, visto anuncios y escuchado a sus colegas en los estudios de grabación y post-producción acerca de Pro Tools de Digidesign, se preguntará: "¿Pero, qué es en realidad Pro Tools?, ¿qué clase de "herramientas profesionales" son?, (si es que lo traduce literalmente), ¿en qué consiste un sistema de Pro Tools?, ¿qué aparatos se requieren? y, ¿qué tipo de conocimiento se necesita para usarlo?".

Bien, ya que el sistema Pro Tools se está convirtiendo en un estándar en el campo del audio profesional, le voy a dedicar todo este capítulo, el cual le servirá a usted para comprender de lo que se trata este afamado sistema.

Pro Tools es un sistema de grabación digital directa a disco duro (Direct-to-Disk Recording) que necesita de una computadora Macintosh para funcionar. Si usted está familiarizado en todo lo que hay en un estudio profesional de grabación, es decir, las grabadoras, los procesadores de efectos, las mezcladoras, el equipo MIDI, las computadoras, etc. Bueno, Pro Tools consiste en todo esto, en otras palabras, es un estudio de grabación integrado dentro de una computadora donde usted puede grabar ya sea música, diálogo, efectos de sonido, MIDI y hasta puede masterizar un disco compacto con el software apropiado. También puede mezclar, agregar efectos como reverberación, delay, compresión; puede sincronizar el audio, los eventos MIDI y el video con los sincronizadores adecuados y editar digitalmente todo lo que ha grabado, es decir, si desea mover la primera estrofa de una canción al final de esta, o si desea agregarle más compases en la introducción de una canción, lo puede hacer fácilmente.

Como un ejemplo práctico, déje preguntarle "¿cuánto tiempo cree usted que pueda tardar en editar una cinta magnética de 1/4" si le pido que en una canción ponga los 5 últimos compases de la canción después de la primera estrofa y que la introducción sea el final de la canción?" Dirá usted, "¡pero qué clase de edición es esa!", bien, tal vez no tenga sentido musical lo que le he pedido, pero lo único que me interesa saber es ¿cuánto tiempo piensa usted que tardaría en encontrar, marcar, cortar y pegar correctamente las secciones que le pedí? Piénselo. Yo le puedo decir que en Pro Tools yo me tardo tal vez de tres a cinco minutos para hacer esa edición correctamente.

A lo que quiero llegar es explicar con esto, que con un sistema de edición digital como el de Pro Tools usted se ahorra mucho tiempo y dinero ("El tiempo es dinero".), especialmente si está pagando una fortuna por hora en un estudio. Yo sé que un sistema de estos es costoso, pero si usted puede justificar la inversión, es decir, si tiene mucho trabajo de edición, entonces vale la pena poner atención para saber de qué se trata este sistema. Aún cuando por ahora usted sea asistente de ingeniero en un estudio o un operador; tiene que aprender a usar un sistema como el de Pro Tools porque conozco mucha gente, tanto latinos como anglosajones y de otros grupos étnicos que no les dan trabajo porque no saben usar Pro Tools. Como le mencioné anteriormente, Pro Tools se está convirtiendo en el estándar del audio profesional. ¡No se quede atrás!

Y ahora, un poco de historia

En los últimos diez años ha habido un cambio radical en la manera de grabar y editar música y sonido. Para poder grabar un disco con una buena calidad sonora, uno tenía que ir a grabar a un estudio profesional donde tenían lo último en tecnología para producir un buen sonido, pero era muy costoso, no cualquiera lo podía hacer. Después que el protocolo MIDI se estableció en 1983, éste brindó a los músicos y compositores el poder de controlar varios sintetizadores y cajas de ritmo con un solo teclado maestro o una computadora personal creando "demos" de buena calidad en su propia casa. Con el mejoramiento de sonido y técnicas en los sintetizadores, el músico y/o compositor tuvo la oportunidad de producir e imitar instrumentos musicales para poderlos secuenciar y crear piezas musicales, pero no existía la posibilidad de integrar instrumentos acústicos y/o voces humanas en las secuencias que eran controladas por la computadora. Fue hasta 1989 que Digidesign lanzó su primer sistema de grabación directo a disco duro llamado Sound Tools que era un sistema de grabación de dos pistas (estéreo) con la calidad sonora de un disco compacto (ver foto 8.1).

Foto 8.1 Sistema Sound Tools de Digidesign.

Con el Sound Tools, el profesional podía secuenciar pasajes musicales vía MIDI y grabar cualquier tipo de audio en la Macintosh por separado, estos no se podían combinar fácilmente como un sólo sistema. Los usuarios necesitaban de un sistema donde pudieran reproducir sus secuencias vía MIDI y al mismo tiempo grabar audio sicronizadamente. No fue posible resolver el problema de integración de MIDI con audio hasta que Digidesign lanzó el sistema que ahora conocemos como Pro Tools. Después de varias modificaciones y actualizaciones en el sistema se creó lo que ahora conocemos como Pro Tools III (ver figura 8.2), muy pronto Pro Tools 4.0, que es una actualización del software y no del hardware.

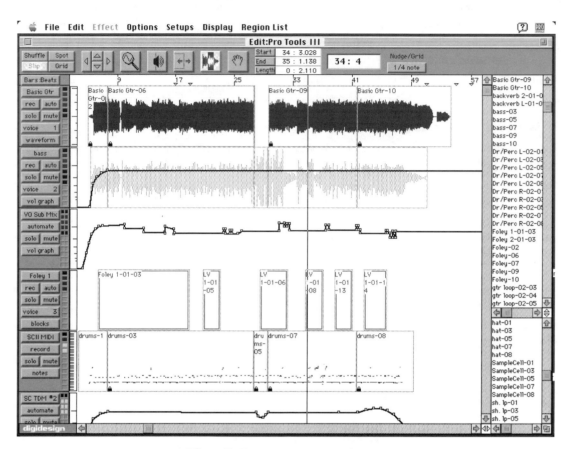

Fig. 8.2 Ventana de Pro Tools III.

Características principales de Pro Tools III

• Pro Tools III puede grabar y reproducir de 16 a 48 pistas directo al disco duro.

• Es posible conectar de 8 a 64 canales (entradas y salidas de audio físicas).

• Cuenta con una mezcladora digital con la que usted puede procesar digitalmente las señales por medio de programas conocidos como "Plug-Ins", también puede automatizar, asignar entradas y salidas con el patch bay interno, etc. Todo esto por medio del software TDM Bus™ (Time Division Multiplexing).

¿Qué incluye un sistema básico de Pro Tools III?

Cuando usted adquiere un sistema básico de Pro Tools III (Core System) éste incluye:

1) Una tarjeta llamada "Disk I/O que es la tarjeta o "plaqueta" que le ofrece 16 pistas de grabación directa a disco duro, procesamiento de señales (DSP) y actua como controlador de SCSI (ver foto 8.3). Esta tarjeta puede ser con interfase tipo NuBus o PCI (Personal Computer Interface) para las nuevas Macintosh modelo Power Macs, se conecta en una de las ranuras libres que se encuentra dentro de la computadora.

Foto 8.3 Tarjetas Disk I/O de Pro Tools.

2) Una tarjeta llamada "DSP Farm" que incluye cuatro chips para poder usar la mezcladora y los procesadores de efectos conocidos como "Plug-ins". Efectos como reverberadores, delay, chorus, ecualizadores, masterización, etc.

3) El software de aplicación para grabar mezclar y editar, que incluye la representación gráfica de la "ventana" de edición, del transporte y de la mezcladora (ver la figura 8.4).

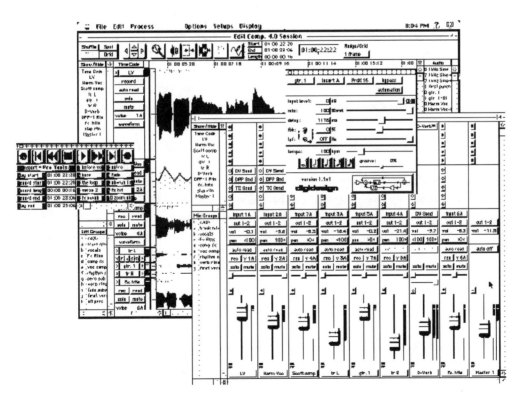

Fig. 8.4 Ventana de Pro Tools incluyendo ventana de edición, mezcla, plug-in y el transporte.

4) El software de TDM que contiene la mezcladora y la capacidad de usar los efectos o DSP (Plug-ins).

Además de las tarjetas y del software, se necesita adquirir un interfase de audio, ya sea el 888 I/O o el 882 I/O *Audio Interface* para poder conectar las entradas y salidas de audio para poder grabar y escuchar las grabaciones y ediciones que usted lleve a cabo (ver fotos 8.5 y 8.6).

Foto 8.5 Interfase de audio modelo 888 de Digidesign.

Foto 8.6 Interfase de audio modelo 882 de Digidesign.

Los interfases como el 888 I/O tienen los convertidores ADC (analógico a digital) que son de 16 bits de salida con un sobresampleo de 128 veces tipo 1-bit Delta-Sigma, y el DAC (digital a analógico) es de 18 bits con sobresampleo de 64 veces. Además de los convertidores, se incluyen los conectores para las entradas y salidas analógicas y digitales, indicadores y medidores con LED para mostrar el modo en que está el sistema y demás conectores para interconectar el sistema con la computadora, con los dispositivos MIDI y con otros periféricos como los sincronizadores SMPTE Slave Driver y el Video Slave Driver, al igual que el interfase para sincronizar y transferir audio digitalmente entre ProTools y las Adat.

Las diferencias principales entre el interfase de audio 888 I/O y el 882 I/O, además del precio, es que el 888 tiene conectores balaceados tipo XLR y el 882 tiene conectores balanceados de 1/4" tipo TRS. El 888 cuenta con 8 entradas y salidas digitales para el formato AES/EBU (conectores tipo XLR) y entrada y salida para el formato S/PDIF (conectores RCA). El 882 sólo tiene conectores tipo RCA para la transferencia digital en el formato S/PDIF. Asimismo, el 888 tiene medidores en el panel frontal al igual que indicadores del modo en que está, como la velocidad de sampleo y también tiene potenciómetros para calibrar los niveles de entradas y salidas del sistema, no así el 882 (ver figuras 8.7 y 8.8).

Fig. 8.7 Panel posterior del interfase de audio 882 I/O.

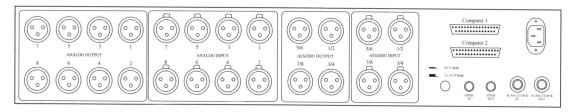

Fig. 8.8 Panel posterior del interfase de audio 888 I/O.

Los requerimientos del sistema son:

• Una computadora Macintosh que tenga un microprocesador modelo 68040, por ejemplo, la Centris o Quadra 650, la Quadra 900 y 950 o un modelo más reciente como la Power Macinctosh 7100 u 8100. Estas computadoras utilizan el interfase conocido como NuBus. Todas, con excepción de la Quadra 950 y 900 tienen tres ranuras NuBus, la Quadra 950 por ejemplo tiene cinco. Pero si desea usar una Macintosh aún más reciente como la Power Macintosh 7200/120 MHz, la 7600/120 MHz, la 8200/120 MHz, 8500/150 MHz y la 9500/150 MHz, entonces tiene que cerciorarse de que el Pro Tools que debe pedir deberá ser con interfase PCI y no NuBus.

• El sistema operativo para la Macintosh debe ser versión 7.1 ó mayor, como la versión 7.5.

• Un monitor para la computadora, de colores o blanco y negro de 14" como mínimo o más grande como de 17".

• Un mínimo de memoria RAM de 16 MBytes. Necesitará memoria RAM adicional si requiere trabajar con varios programas o aplicaciones 'abiertos' como de secuenciadores o editores de sonido para trabajar con MIDI simultáneamente.

• También, va a necesitar un disco duro externo de por lo menos 1 GigaByte (GB) de capacidad o más grande como de 2.4 GB ó 9 GB. Sólo recuerde lo que ya establecimos, que al grabar 1 minuto de audio en mono a una frecuencia de 44.1 kHz va a usar 5 MB de memoria. Ahora si graba algo en estéreo, le tomará 10 MB (el doble). Y si graba un minuto de audio con las 16 pistas simultáneamente va a usar 80 MB. Así que haga sus cálculos para ver qué tan grande va a ser el disco duro que necesita según sus aplicaciones.

Cuidado: No cualquier disco duro es compatible con Pro Tools III. Para asegurarse, llame a Digidesign al sistema de fax con servicio las 24 horas del día, sólo marque el (800) 333-2137 para que automáticamente le manden un fax con la lista más reciente de los discos duros que puede usar, especialmente con la versión de Pro Tools con interfase PCI.

• Además de lo mencionado arriba, usted va a necesitar una mezcladora sencilla para reproducir el audio proveniente del interfase de audio 888 I/O o del 882 I/O (depende de cual haya adquirido). La salida de la mezcladora va conectada a la entrada del amplificador de potencia y por consecuencia conectada a los parlantes para poder escuchar; o simplemente conecte sus audífonos a su mezcladora o amplificador Hi-Fi. Recuerde que el interfase de audio 888 y el 882 pueden usarse con un nivel de -10 dBv ó +4 dBu para conexiones no balanceadas o balanceadas, respectivamente. Esto lo menciono para que se asegure de que su mezcladora sea de -10 dBv o +4 dBu, de otra manera tendrá problemas en la eficiencia de ganancia y ruido.

• Finalmente, si va a usar MIDI, entonces necesita un interfase MIDI ya sea el Studio 5 de OpCode o el MIDI Time Piece II o el A/V (nuevo de Mark of The Unicorn) o si no quiere gastar mucho, entonces puede conseguir el MINI MACMAN de la compañía midiman o el POCKET MAC de ANATEK (fotos 8.9 y 8.10).

Foto 8.9 Interfase MIDI modelo MINI MACMAN de midiman.

Foto 8.10 Interfase MIDI modelo Pocket Mac de Anatek.

Instalación del harware de un sistema básico

Si usted decide instalar su propio sistema, le recomiendo que lo medite bien, ya que si no está totalmente seguro, es mejor que pague a una persona con experiencia en ésto para que lo realice ya que la inversión es bastante fuerte y un error que provoque algún daño a las tarjetas, sería dramático. A continuación le mostraré los pasos a seguir, y adelante, si usted está seguro de ser capaz de llevar a cabo la instalación.

Al instalar el hardware, se debe tomar en consideración el orden en que van colocadas las tarjetas NuBus o PCI, porque es muy importante para que el sistema funcione con precisión. En una computadora de tres ranuras como la Centris o Quadra 650, la Power Macintosh 7100 u 8100, cada ranura tiene un número u orden de identificación, por ejemplo la primera ranura puede ser "A", la segunda "B" y así sucesivamente. Si no sabe cuál es el orden de las ranuras en su computadora, y si no quiere llamar a Digidesign o a su distribuidor más cercano para preguntar, únicamente inserte el disco floppy DigiTest Versión 2.1 ó más reciente, que viene con el resto de los floppys del software de Pro Tool III. Después que inserte el disco, seleccione DigiTest y haga un doble "click" en el icono y aparecerá un dibujo con el orden de ranuras en su computadora como se muestra en la figura siguiente (ver figura 8.11):

Observe también que el dibujo le muestra el modelo de su computadora. Este software se considera del tipo "utilities" y por lo general se encuentra en el archivo del mismo nombre, cuando instala el software completo de Pro Tools.

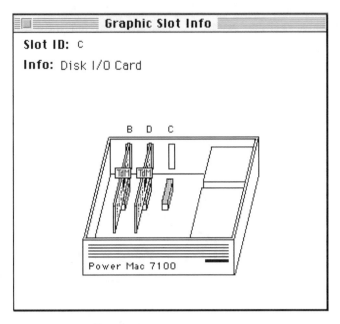

Fig 8.11 Ventana del DigiTest.

Bien, ahora que ya sabe cómo identificar las ranuras en su computadora, hagamos el ejemplo en una Quadra 650, donde la ranura que está al extremo opuesto de la unidad de discos, CD-ROM y fuente de alimentación, es la ranura "C", entonces es ahí donde se coloca la tarjeta Disk I/O. En otras palabras, la tarjeta Disk I/O siempre va en la ranura que tenga el número o letra de identificación más bajo, en este caso la letra "C" de acuerdo al abecedario, va primero que la letra "D". Entonces, la siguiente tarjeta sería la DSP Farm, ranura "D" y en la última ranura iría un SampleCell II o un NuVerb de Lexicon si las tiene. O si hubiera adquirido dos interfases de audio 888 por ejemplo, para usar las 16 salidas de Pro Tools simultáneamente y conectarlas en una mezcladora externa, entonces usted va a necesitar una tarjeta extra llamada Bridge I/O que va colocada en la ranura "D" y la DSP Farm tendrá que ser movida a la ranura "E". Si se fija, ya no va a poder poner su tarjeta de SampleCell o NuVerb en su computadora porque ya no tiene ranuras NuBus. Para solucionar este problema, debe conseguirse una Quadra 950 que tiene cinco ranuras NuBus o una caja opcional con 12 ranuras de NuBus y que fabrica Digidesign llamada *Expansion Chasis*, si usa esta alternativa, entonces la única tarjeta que tiene que colocar en su computadora es la llamada *Expansion Chasis Interface Card* y todas las tarjetas como la Disk I/O, DSP Farm, SampleCell II, etc., van colocadas en las ranuras de la mencionada *Expansion Chasis*.

En resumen, el orden de las tarjetas en la Quadra 650 debe ser:

C= Tarjeta Disk I/O

D= Tarjeta DSP Farm

E= Tarjeta SampleCell II con TDM

O si usa dos interfases 888 I/O o 882 I/O, entonces el orden sería:

C= Tarjeta Disk I/O

D= Tarjeta Bridge I/O

E= Tarjeta DSP Farm

Cuando desempaque el sistema de Pro Tools III, encontrará dos tarjetas, un cable largo negro con un conector de 50 pins en un extremo y un conector SCSI en el otro que conecta la tarjeta Disk I/O y el disco duro externo, también va a encontrar otro cable negro largo también con un conector de 50 pins pero que va conectado de la tarjeta Disk I/O al interfase de audio (digamos que estamos usando el 888 I/O en nuestra instalación). También encontrará un cable ancho y plano azul llamado cable *Ribbon* que conecta las tarjetas. Este es el que conecta el TDM (ver figura 8.12).

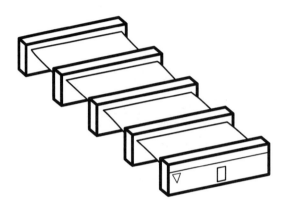

Fig. 8.12 El cable Ribbon.

Empiece la instalación del harware destapando la computadora. Cada una se abre de diferente manera. Consulte el manual. Cuando la destape, cerciórese de tocar con las manos el chasis, es decir, en la caja de metal que cubre la fuente de alimentación. Esto es para que descargue toda la estática o electricidad que pueda tener su cuerpo o su ropa en ese momento, de esta manera no dañará ningún componente al tocar las tarjetas con las manos (ver figura 8.13).

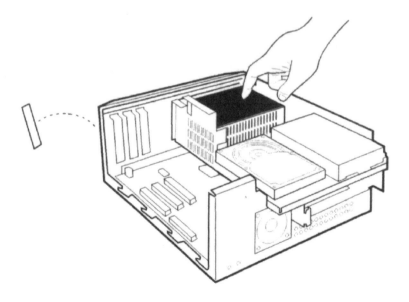

Fig. 8.13 Descargue toda la estática de su cuerpo.

Pase primero el cable negro que tiene el conector para el disco duro por la "ventanita" donde va ir colocada la tarjeta Disk I/O y conéctelo en la tarjeta antes de colocarla (ver figura 8.14 y 8.15).

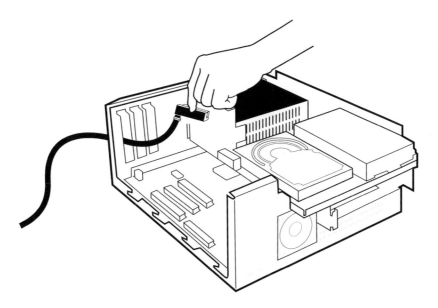

Fig 8.14 Introduciendo el cable SCSI en la computadora.

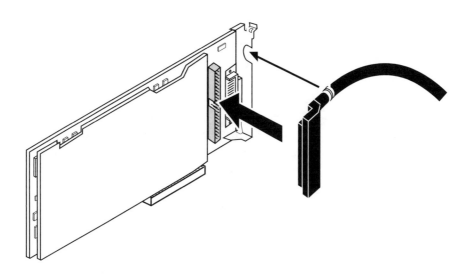

Fig. 8.15 Conectando el cable SCSI en el disco duro a la tarjeta Disk I/O.

Ya que conectó el cable para el disco duro externo, trate de colocar la tarjeta tomándola como se muestra
en el dibujo y fijándola firmemente en el conector NuBus que se encuentra adentro de la computadora
(ver figura 8.16).

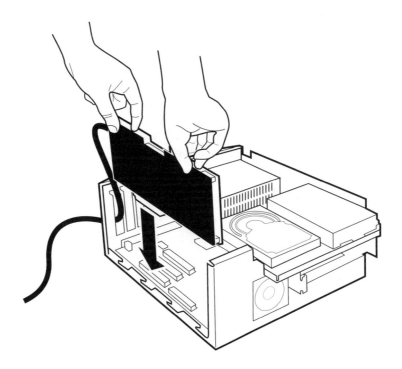

Fig. 8.16 Insertando la tarjeta Disk I/O en una ranura de la Macintosh.

Después de haber colocado la tarjeta Disk I/O, entonces prosiga con la tarjeta DSP Farm en la ranura que está a un lado de la Disk I/O. Prosiga así hasta que haya terminado de colocar todas las tarjetas que tiene para que finalmente conecte todas las tarjetas por la parte superior con el cable azul (cable ribbon). Esto significa que está conectando el TDM. Si nota que cada tarjeta es de dos "pisos", eso quiere decir que una es la Disk I/O o DSP Farm y la otra es para el TDM.

En caso de que ésté actualizando equipo y que anteriormente hubiera tenido un sistema de Pro Tools versión 2.5 con la tarjeta SampleCell II; vendiendo el 2.5 y comprando Pro Tools III, entonces va a tener que pedir la tarjeta TDM para el SampleCell II, de otra manera no va a poder usar el SampleCell II con Pro Tools III.

Cuando termine de colocar las tarjetas en las ranuras, entonces ponga de nuevo la tapa de la computadora. Obviamente, cuando esté instalando las tarjetas, la computadora debe estar apagada así como el resto del equipo.

Para conectar su interfase de Audio con Pro Tools III

Las conexiones entre la computadora, el interfase de audio (888 I/O ó 882 I/O) y el disco duro es muy sencillo. Los pasos son los siguientes:

1) Conecte el cable de la tarjeta Disk I/O que tiene el conector tipo SCSI en el disco duro externo. Este debe tener conectado en el otro conector SCSI una terminación (ver figura 8.17), a menos que vaya a usar dos discos duros o más, entonces el último disco en la cadena debe tener la terminación. Asimismo, cada disco duro debe tener un número de identifiación, ID #, diferente y eso se asigna con el botón en la parte posterior del disco.

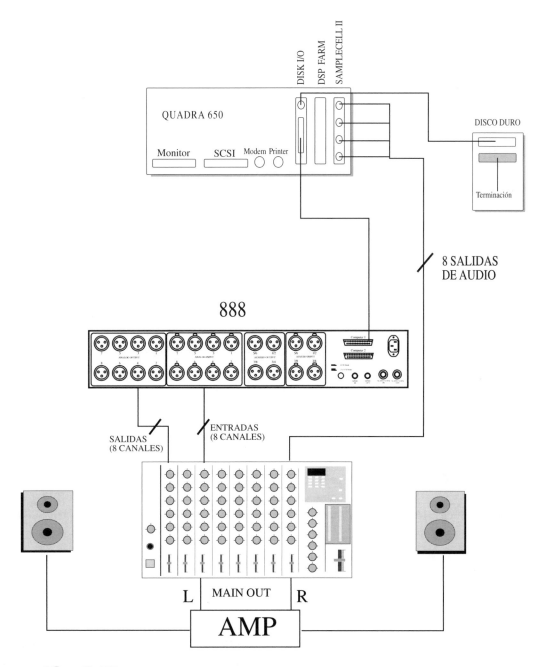

Fig. 8.17 Conexión entre la computadora, el interfase de audio 888 y un disco duro.

2) Conecte el cable de 50 pins al conector que está también en la tarjeta Disk I/O y al llamado "Computer 1" en el interfase de audio (el 888 o el 882). Tenga mucho cuidado porque los pins son muy frágiles y los puede doblar.

3) Si va a usar dos interfases 888 I/O no se olvide de conectar los cables con conectores tipo BNC las salida CLK OUT del primer 888 al CLOCK IN del segundo 888, asimismo, conecte el cable de 50 pins desde la tarjeta Bridge I/O al "Computer 1" del segundo 888 I/O.

Instalación del software de Pro Tools III

La instalación del software de Pro Tools III es muy sencilla. Al adquirir el sistema básico de Pro Tools (versión 3.2 hasta la fecha), encontrará 10 discos floppy en un paquete. Los discos que se incluyen son: "Install 1" al "Install 5" (ahí van ya cinco discos), otro disco que se llama "Demo Install 1" y "Demo Install 2", y otros tres que se llaman "DAE Installer" versión 2.95, DigiTest" versión 2.1 y el "OMF TOOL" versión 1.0. Hago notar que estas versiones no van a ser las mismas para el tiempo que compre su sistema de Pro Tools. Tal vez para ese tiempo ya haya salido la versión de Pro Tools 4.0. La versión de 3.21 es únicamente para sistemas con interfase PCI.

Si ya está listo(a) para instalar el software en su computadora, sólo inserte el primer floppy "Intaller 1" y oprima con el "ratón" -mouse- dos veces (doble click) en el icono llamado "Install Pro Tools" y aparecerá en la pantalla una ventana donde dice en la parte superior "Easy Install", si oprime el botón "Install" que está debajo de "Quit", el software empezará a instalarse y se colocará en un archivo o folder que se creará en el disco interno de su computadora con el nombre "Digidesign". Ahí es donde van a residir todas las intalaciones que haga de Digidesign.

Por otro lado, si no decide seleccionar "Easy Install", entonces al oprimir en ese botón, aparecerán otras selecciones como "Custom Install" y "Remove Install". Si selecciona "Custom Install" notará que aparecerá una lista de todo lo que está incluido en el disco, es decir, todas las opciones. Así que en lugar de instalar todas las opciones, usted puede elegir sólo lo que necesite, como el software para que pueda trabajar con los secuenciadores como el Cubase Audio o el Studio Vision Pro, por ejemplo. Este software se llama "For OMS Users". El otro software que necesita instalar, si es que va usar el periférico llamado Digidesign Adat Interface (que sirve para sincronizar la Adat con Pro Tools, así como hacer transferencias vía fibra óptica entre Pro Tools y la Adat), se llama "For Adat Users".

Durante la instalación, el mismo software de instalación le va a pedir el disco que debe insertar enseguida. Una vez que haya terminado, tendrá que restablecer la computadora con el botón RESTART que se encuentra en el menu SPECIAL de la ventana principal -desktop-, así de sencillo es la instalación del software.

Una nota de precaución, si por alguna razón usted tiene que reformatear o reinicializar su disco duro interno, antes de hacerlo, tiene que "Desautorizar" el software en su disco duro. La aurorización y desautorización del software es para que usted pueda usar el software desde su disco duro y no desde el floppy. Digidesign incluye sólo dos autorizaciones, así que tenga cuidado. Algo que no había mencionado es que cuando empiece a trabajar con Pro Tools III abriendo una "Sesión" nueva, usted sólo puede guardar esa sesión en el disco duro externo y no en el interno. El software sólo se instala en el interno y las sesiones de grabación en el externo. Por esa razón no se le olvide comprar un disco externo para poder trabajar con Pro Tools III.

Al trabajar con computadoras como la Centris o Quadra 650 ó la Quadra 900 y 950, su sistema tiene que ajustarse y cumplir con lo siguiente:

a) El sistema operativo debe ser 7.1 ó más alto.

b) Activar el modo "32 bit Addressing" que se encuentra dentro del archivo llamado Memory que a la vez está dentro del archivo Control Panel que se encuentra en el archivo System Folder.

c) Desactivar Virtual Memory que se encuentra en el mismo achivo Memory.

d) Reestablecer (RESTART) la computadora después de ajustar todo lo mencionado.

Si está usando una computadora Quadra 900 ó 950 entonces deberá hacer:

a) Lo mismo de arriba.

b) La función "Serial Switch" dentro del Control Panel que está dentro del archivo System Folder debe estar puesto en "Compatible" y no en "Faster".

c) El "Apple Talk" en el archivo "Chooser" que está dentro del archivo "Apple Menu Items" y que está en el System Folder, debe estar desactivado.

Ya que haya instalado el software y hardware con éxito puede empezar a trabajar en Pro Tools, pero para esto debe seguir un orden de encendido para evitar problemas y daños en el sistema. Este orden es:

1) Primero encienda el Disco Duro Externo.

2) Después de unos cinco segundos, encienda el 888 I/O ó el 882 I/O.

3) En tercer lugar encienda la computadora (si estaba ya encendida, entonces reestablézcala usando el botón RESTART en el menú SPECIAL).

4) El icono de "Pro Tools Drive" aparecerá en la esquina inferior izquierda de la pantalla.

Le sugiero leer los documentos llamados "READ ME" antes de instalar un software o alguna actualización para ver puntos de importancia y las novedades que se hayan incluido en la nueva versión.

Terminología

Session (Sesión): Es el documento -file- que Pro Tools III crea cuando comienza un proyecto nuevo. Cuando abra una sesión nueva, el software primeramente le preguntará dónde desea colocar esa sesión, es decir, en cuál disco duro. Al seleccionar usted el disco duro donde esa sesión será almacenada, notará que automáticamente se creó un archivo - folder- nuevo con el nombre que le dio a su sesión. Este archivo contiene otros dos archivos, uno llamado Audio Files y otro llamado Fade Files, al igual que un icono con figura de un carrete de cinta de grabación. Ahora, si por alguna razón va a seguir trabajando en la misma sesión pero en otro estudio con otro sistema, usted debe llevarse en un disco floppy (si es pequeña la sesión) o en un cartucho como uno de 1GB usado en el Jaz Drive de la compañía Iomega, toda su sesión que incluye los dos archivos, el de audio y el de *fades* al igual que el icono del carrete de cinta. Esto es porque en la sesión o icono de cinta, lo único que está contenido ahí es un mapa de todos los elementos de edición como: el audio, MIDI, la automatización, etc., que está unida con la sesión, es decir, todos los ajustes que se ven en la ventana de edición.

Region (Región): Es una porción de información de audio o MIDI. Una región puede ser un verso de una canción, un efecto de sonido o un pedazo de diálogo. En Pro Tools III las regiones se pueden "capturar" de una sección de audio o MIDI para crear un loop y repetirlo en una región o crear una lista de regiones.

Playlist (Lista de Regiones): Es una lista de regiones "pegadas" en un orden específico. Por ejemplo cuando ordena las canciones de un proyecto para mandarlo a masterizar y crear el disco compacto.

Tracks (Pistas): Es donde se colocan las regiones de audio o MIDI en un orden especifico para ser reproducidas en ese orden. Una pista puede consistir de una sola región o de varias.

Importante: Usted puede tener o crear hasta 53 pistas "virtuales" por cada tarjeta Disk I/O en una sesión de Pro Tools, pero sólo 16 "voces" o pistas de audio digital pueden reproducirse al mismo tiempo.

Voices (Pistas audibles): Se refiere al número de eventos o pistas que se pueden reproducir al mismo tiempo. Con dos tarjetas Disk I/O y dos DSP Farm el sistema va a reproducir 32 "voces", es decir, 32 pistas que se pueden escuchar simultáneamente (cuatro interfases 888 ú 882). Sólo se pueden tocar al mismo tiempo (3 tarjetas) un máximo de 48 "voces". Las pistas "virtuales" sirven para seleccionar una toma de varias que había hecho de un solo de guitarra, reproduciendo una a la vez (si se asignan al mismo número o color de "voz") en caso de que ya tuviera las 16 pistas ocupadas en un sistema de una tarjeta Disk I/O.

Channel (Canal): Se refiere a las entradas y salidas fisícas del 888 I/O ú 882 I/O. Si agrega tarjetas Disk I/O y Bridge I/O extras para conectarlas en los interfases de audio, el máximo número de canales será de 64.

Virtual Track (Pistas Virtuales): Son pistas que se pueden grabar, editar, automatizar, pero que no se pueden escuchar al mismo tiempo. Son llamadas "virtuales" porque ofrecen virtualmente toda la funcionalidad de una pista. Puede crear hasta un máximo de 53 pistas "virtuales" por sesión.

La ventaja de una "pista virtual" es que puede seleccionar la que más le agrade como el ejemplo que mencioné de las diferentes tomas del mismo solo de guitarra o el que tenga mejor EQ, etc. Nunca debe borrar ninguna toma hasta que no esté seguro, a menos que ya no tenga sufiente espacio en el disco duro.

Las "Pistas Virtuales": Son dinámicamente asignadas *(dynamically allocated),* es decir, cuando un "hueco" se abre en una pista, su "voice" o voz queda disponible para que se pueda colocar otra pista en esa posición y empezar a reproducir su contenido.

OMS (Open MIDI System): Fue diseñado por la compañía Opcode Systems. Este programa facilita la comunicación entre la computadora, los dispositivos MIDI y Pro Tools.

TDM (Time Division Multiplexing): El TDM es una mezcladora con capacidad de 256 canales y 16 buses internos con calidad de 24 bits y actúa como una "carretera de información para el audio digital". Otras compañías pueden conectar sus productos (tarjetas NuBus o PCI) por medio de un cable tipo "ribbon" para asignar la señal de audio digital entre ellos.

Al usar TDM usted puede crear una mezcladora virtual con:
• Cinco puntos de inserción de ganancia unitaria por canal

• Cinco envíos auxiliares por canal (cambiables Pre/Post fader)

• 16 buses de mezcla internos

• Volumen y panorama automatizable con edición gráfica

• Retornos y entradas auxiliares mono o estéreo automatizables

• Integración de fuentes digitales/analógicas externas usando las entradas y salidas disponibles del interfase de audio. Es decir, usted puede conectar un procesador de efectos externo como el M5000 de t. c. electronic y poder así controlarlo con los controles de la mezcladora interna y automatizar el efecto como el de un 'reverb' usando las entradas auxiliares como retornos que se pueden crear en Pro Tools III.

Usted puede tener acceso a todas estas funciones a través de la pantalla de la computadora y de los menúes. Esto significa que va a consumir menos tiempo en el "parcheo" de dispositivos externos al igual que la integridad completa del audio con mezcla interna, asignación digital y automatización de niveles y panorama.

La tarjeta DSP Farm

El DSP Farm es uno de los elementos más cruciales de Pro Tools III. Puede pensar en él como si fuera una potente máquina para el proceso de señales. Un DSP Farm tiene 4 chips modelo 56000 de Motorola que proveen la potencia para sus mezclas y programas DSP o "Plug-Ins". Son totalmente asignables o "configurables dinámicamente", esto significa que puede asignar los efectos como desee. Pero existe un límite del número de efectos y funciones, que puede usar al mismo tiempo con una sola tarjeta DSP Farm. En el mundo del TDM se dice que ciertas funciones de mezcla y proceso de señales usan "un DSP o dos DSP chips". Ya que una tarjeta DSP Farm sólo tiene 4 chips, dos se usan automáticamente para las funciones básicas de mezcla, es decir, al aparecer una mezcladora en la pantalla. Así que si tiene una sola tarjeta DSP Farm y crea una mezcladora grande con TDM o usa muchos envíos o efectos ("Plug-Ins"), rápidamente se usarán los cuatro chips de DSP y llegará hasta el límite para mezclar y procesar, a menos que instale una segunda tarjeta de DSP Farm. En caso de alguna duda sobre cuántas tarjetas deberá adquirir, primero vea qué tipo de aplicaciones le va a dar a Pro Tools III, es decir, post-producción, producción musical, etc. Yo le recomiendo que adquiera dos tarjetas DSP Farm si su bolsillo se lo permite, pero si no, use los efectos externos en lugar de los efectos internos o "Plug-Ins".

Lo que debe tomar en cuenta para usar el DSP es:

1) Cuántos módulos de entrada necesita para la mezcla.

2) Cuántos Plug-Ins o efectos desea usar.

3) Cuántos envíos y buses desea usar.

Por ejemplo, usted puede asignar toda la potencia del DSP Farm para crear una mezcladora con docenas de canales, pero no podrá usar ningún bus, envíos o "Plug-Ins". Al mismo tiempo usted podría crear una simple mezcladora de 16x2 con envíos y retornos auxiliares, un submaster y un DSP Plug-In en varias pistas. También puede empezar usando uno de los modelos de mezcladoras proporcionados cuando instala el software como punto de partida o crear su propia mezcladora desde el principio.

Usted puede seguir las siguientes reglas básicas al usar DSP en su sesión:

1) Por lo menos 2 chips en un sistema de Pro Tools III se dedican automáticamente a la mezcladora.

2) Cada conexión de un bus o envío requiere DSP para mezclar señales. Esto significa que cada envío, retorno o entrada auxiliar que use, utilizará un chip DSP disponible.

3) Cada categoría o familia de efectos o Plug-Ins (EQ, Dinámicos, Mod Delay, Dither o Procrastinator) requiere su propio DSP individual. Esto siginifica que si usa un compresor solamente y un EQ ya habrá usado 2 chips DSP completos, ya que el EQ y el compresor son diferentes tipos de Plug-Ins. Sin embargo, usted puede usar hasta 8 diferentes Plug-Ins dinámicos en mono (compresor, expansor, gate, etc.) y usar sólo un chip DSP ya que todos están en la misma categoría o familia de efectos.

4) Los Master Faders no requieren de ningún chip DSP. Uselos libremente para controlar los niveles de la submezcla, el nivel maestro del envío y los niveles maestros de la salida.

También puede ver en el monitor cuántos chips DSP está usando por medio del programa llamado "Allocator" que está en el archivo "Utilities" dentro del archivo Digidesign en el disco duro interno de la computadora. Usted podrá observar cuántos chips DSP le quedan disponibles en su tarjeta DSP Farm en la sesión en que está trabajando . A propósito, cuando abra la sesión en que había trabajado la noche anterior, los elementos de ésta son cargados automáticamente en la sesión, es decir, todos los movimientos de faders, regiones creadas, efectos usados, etc.

DAE (Digidesign Audio Engine)

Es el sistema operativo de tiempo real para sistemas de grabación digital de Digidesign. Sin el DAE, Pro Tools no puede funcionar. Es una aplicación en ella misma y es capaz de funcionar con cualquier software como: Studio Vision, Logic Audio, Cubase Audio, Digital Performer, etc., utilizan las tarjetas DSP de Digidesign para grabar y reproducir audio digital. Deberá tener en cuenta que nunca tiene que correr o "cuitear" el DAE por sí mismo. Cuando usted abre el programa de Pro Tools III, el DAE se abrirá automáticamente. Cuando termina de trabajar y "Quit(ear)" Pro Tools, el DAE se cerrará ("cuiteará") también, automáticamente. Cuando usted instala el software de Pro Tools III, el DAE se instala en el archivo Systema Folder. Un buen consejo, siempre asegúrese de tener el DAE más reciente, si no lo hace, puede tener problemas cuando "corra" otros programas de música.

Descripción de las "ventanas" de Pro Tools III

Cuando usted abre una sesión nueva en Pro Tools III para grabar, mezclar y editar, encontrará que existen tres "ventanas" o pantallas diferentes que son: la "ventana" de edición, la "ventana" de la mezcladora y la "ventana" del transporte.

La "ventana" del transporte

Esta "ventana" (ver figura 8.18) consiste en los botones para controlar las funciones de grabación y de reproducción de Pro Tools. Es parecido a los transportes encontrados en todas las grabadoras, sean estas profesionales, de casete, Adat, etc., también se pueden activar con el teclado, por ejemplo, en lugar de hacer un "click" en la "ventana" del transporte para activar la función PLAY, puede oprimir la barra espaciadora, al oprimirlo una segunda vez, la función STOP se activará. En la compra del sistema de Pro Tools, el paquete incluye una tarjeta que explica todas estas funciones.

Fig 8.18 Ventana del transporte de Pro Tools.

Además de las funciones de grabación en la "ventana" del transporte también se pueden asignar hasta 100 memorias de localización, es decir, si está editando algo en una sección de una canción y desea brincarse a otra sin perder la posición en que estaba, con grabar solamente esa posición en una memoria, la seguirá teniendo hasta que la borre. Es conveniente titular las memorias con un nombre que signifique algo para usted. Asimismo, en esta "ventana" puede asignar los tiempos de entrada y salida de grabación cuando esté usando la función de "ponchado" -punch in/out.

Las funciones de izquierda a derecha son :

On-Line: Al oprimir este botón, una luz intermitente azul se encenderá significando que está esperando un código de tiempo como SMPTE para empezar a tocar o a grabar en sincronización, digamos con una señal de video.

Return to Zero: Coloca el cursor al principio de una sesión.

Rewind: Rebobina el cursor (así como se rebobina una cinta) pasando por toda la sesión comenzando desde la posición donde se encontraba el cursor en el instante en que oprimió este botón.

Stop: Con esta función usted puede detener la grabación o reproducción al instante. También puede oprimir la barra espaciadora del teclado.

Play: Al oprimir este botón, la sesión empezará a reproducirse y empezará a escuchar lo grabado.

Fast Forward: Esta función es parecida al rebobinado pero en lugar de rebobinarse, éste se adelanta pasando por la sesión.

Go To End: Si oprime este botón, mandará el cursor hasta el final de la sesión.

Record: Activa Pro Tools para grabar. Primero debe oprimir este botón y notará que una luz roja empezará a encederse y apagarse significando que está listo para grabar. Para empezar a grabar, tiene que oprimir PLAY al mismo tiempo que la luz está titilando.

La "ventana" de edición

La "ventana" de edición es la que más utilizará para efectuar sus ediciones y grabaciones (figura 8.19).

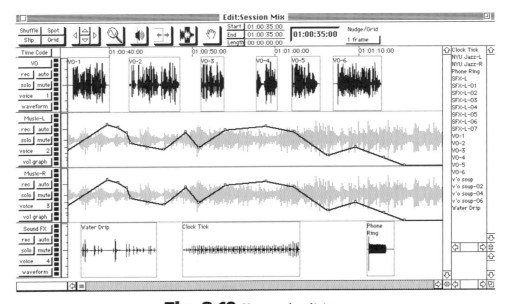

Fig. 8.19 Ventana de edición.

Como puede observar en la gráfica, en el lado superior izquierdo se encuentran cuatros modos de operación que le permiten controlar como las regiones de audio y MIDI pueden moverse con la función de la "manita" -*Grabber*- y como los comandos de edición como *Cut, Paste, Duplicate* afectan el movimiento de la región en una pista. Los cuatro modos son: Shuffle, Slip, Spot y Grid.

Al lado derecho de los modos encontramos una serie de "herramientas". Con ellas usted puede cortar, mover, seleccionar, escuchar, etc. una o varias regiones simultáneamente al estar editando. A continuación voy a dar una breve descripción de lo que hace cada herramienta:

Display Scale Arrows: Esta "herramienta" le permite ver más en detalle la forma de onda de una región, cuando se necesita seleccionar un punto de la región exactamente en un tiempo específico para colocar algún efecto de sonido o cortar una pequeña sección. En otras palabras, usted puede controlar el tamaño de la región con más precisión.

Zoomer: Esta "herramienta" hace básicamente lo mismo que las flechas, es decir, sirve para mirar en más detalle una región, sólo que con la lupa, usted selecciona un área general que la puede ajustar con las flechas. Si por alguna razón, usted selecciona un área de la región y no sabe ya en qué parte de la región está, con sólo hacer "click" dos veces consecutivas en la lupa, la región volverá a su tamaño original.

Scrubber: Esta "herramienta" hace lo mismo que cuando uno está editando una cinta magnética para escuchar a baja velocidad donde se desea hacer el corte de la cinta.

Trimmer: Con el Trimmer usted puede acortar o alargar una región rápidamente a la longitud deseada.

Selector: Con esta "herramienta" usted puede seleccionar una porción de una región. Si la función Loop en el menú Options de Pro Tools está activada, entonces la selección que hizo de la región tocará repetitiva e indefinidamente hasta que ya sea que deseleccione esa región, oprima STOP o desactive la función Loop.

Grabber: El Grabber o "manita" le permite mover las regiones y posicionarlas en el orden deseado. Los cuatro modos de operación Shuffle, Slip, Spot y Grid van afectar el modo en que pueden moverse las regiones.

Al lado derecho de las "herramientas" se encuentra la sección donde uno puede seleccionar el principio, el fin y la duración de la grabación y/o reproducción de una región (ver figura 8.20), y a un lado está el indicador de la posición de grabación y reproducción de una región, es como el contador en una grabadora convencional. Se puede ajustar a que indique el tiempo en minutos y segundos, en compases (para cuando esté usando MIDI), en horas:minutos:segundos:cuadros, es decir, en código de tiempo SMPTE. Y si trabaja en películas o algún filme, puede seleccionar y que el medidor se muestre en pies y cuadros (feet and frames). El selector Nudge/Grid se usa principalmente cuando está utilizando el modo de operación Grid. Por ejemplo, si desea mover una región digamos en incrementos de segundo en segundo o milisegundo en milisegundo, etc., usted lo puede hacer. En otras palabras, dependiendo de la escala que usted tenga en el Nudge/Grid, será la manera en que se moverá la región.

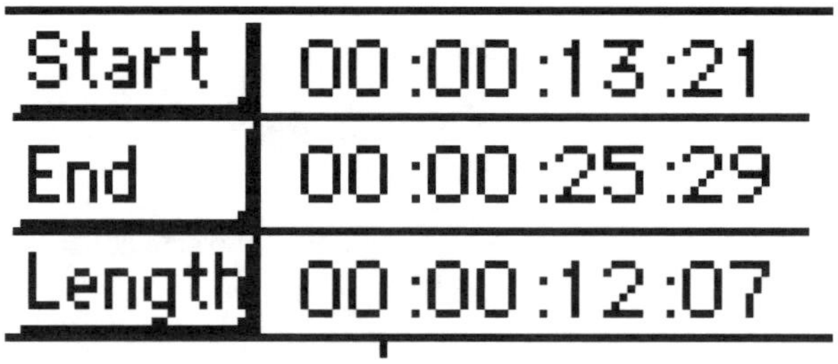

Start	00:00:13:21
End	00:00:25:29
Length	00:00:12:07

Fig 8.20 Sección de principio, fin y duración de la grabación.

Al extremo derecho de la "ventana" de edición tenemos a lo que llamamos la lista de regiones de audio y la lista de regiones de MIDI (que está abajo de la de audio). Cuando usted graba digamos la música de un comercial en estéreo, al oprimir el botón STOP, automáticamente lo que se grabó se mostrará en esa lista. Si fue MIDI lo que grabó, entonces se mostrará en la lista de abajo. Lo que está viendo en esa lista son las regiones que graba y las regiones de las ediciones que haya hecho en esa sesión.

De esa lista es de donde usted podrá "jalar" las regiones que necesite para su edición. Por ejemplo, si grabó tres canciones diferentes, las tres aparecerán en la lista, pero si desea que la última que grabó sea la primera en tocar y la segunda que grabó sea la última, entonces lo podrá hacer sólo con seleccionar la "manita" en la sección de herramientas y ponerla en las regiones que desea poner en la pista. Por esa razón a Pro Tools se le considera un sistema "no-destructivo", porque usted puede borrar de la pista las regiones y volverlas a colocar en la pista si así lo desea cuantas veces quiera y sin tener que re-grabar esas regiones.

Finalmente, en el extremo izquierdo de la "ventana" de edición, tenemos varias funciones básicas y comunes en cualquier mezcladora analógica y que también se encuetran en la "ventana" de la mezcladora como la función de SOLO, MUTE, REC (grabación) y AUTO (automatización). Además de las funciones mencionadas, tenemos un botón abajo de los modos de operación en el cual podemos seleccionar la escala de medición en el indicador de tiempo, es decir, minutos y segundos, SMPTE o Time Code, pies y cuadros y compases (ver figura 8.21). Al hacer un "click" doble en ese botón. Abajo del botón del indicador de tiempo, tenemos la sección de la pista. Como mencioné anteriormente, cada pista cuenta con las funciones de SOLO, MUTE, AUTO y REC. Asimismo, usted puede darle un nombre a la pista haciendo un doble "click" a ese botón (Audio 2). Eso también lo puede hacer en la "ventana" de la mezcladora. La selección de la "voz" -voice- que por cierto son 16, se puede seleccionar por medio de ese botón y la forma en que desee ver la región, ya sea como forma de onda, en bloques, como nivel de volumen o como panorama, PAN.

Fig. 8.21 Funciones de solo, mute, rec., auto. de una pista.

La "ventana" de la mezcladora

Esta "ventana" incluye los módulos de la consola con casi todas las funciones que encontraría en una mezcladora o consola convencional (ver figura 8.22).

Empezando de arriba hacia abajo, podemos ver los cinco puntos de inserción -inserts- que Pro Tools nos ofrece. En una consola Mackie de 32 x 8 por ejemplo, sólo tiene un punto de inserción. Enseguida vemos los 5 envíos donde podemos asignar uno de los 16 buses internos o salidas físicas para enviar una señal a un procesador externo por ejemplo. Abajo de los envíos está el patch bay donde podemos elegir una de las ocho o más (dependiendo de cuantos interfases de audio tiene conectados) entradas -inputs- y salidas

-outputs- físicas. También tenemos el indicador de volumen y del panorama que muestra la cantidad de volumen de la región y su panorama, es decir, si está 'paneado' a la izquierda o hacia la derecha. Estos dos indicadores trabajan con los deslizadores de volumen -fader- y de panorama -panning. En otras palabras, al mover el fader hacia arriba o hacia abajo, los números en el indicador de volumen también cambiarán. Y como mencioné anteriormente también se encuentran las funciones ya descritas en la "ventana" de edición, es decir, las funciones SOLO, MUTE, AUTO y REC, la asignación de una de las 16 "voces" o pistas y su nombre.

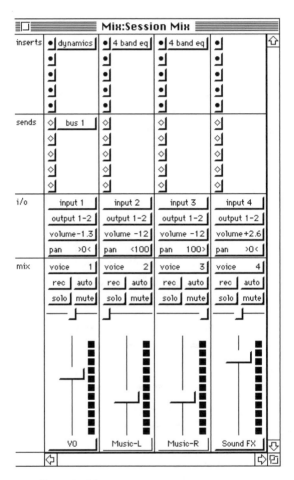

Fig. 8.22 La ventana de la mezcladora.

¿Qué es un Plug-In?

Un Plug-in es un programa de procesamiento digital de señales de audio (DSP) que trabaja con el sistema de Pro Tools original si cuenta con la tarjeta y el software para el "TDM Bus", en el sistema Pro Tools III, en el secuenciador Cubase Audio XT y otros que también trabajan con audio digital. El TDM, como mencioné anteriormente, es una consola mezcladora digital de 256 canales y 24 bits con buses de audio internos para hacer mezclas digitales en la computadora y grabarlas directamente a DAT con una excelente calidad sonora, así como para procesar digitalmente las señales de audio. Cuando usted adquiere un plug-in, éste viene de fábrica en un disco floppy para poderlo instalar en su computadora y hacerlo funcionar por medio de uno de los cuatro chips de la tarjeta DSP Farm que está incluida cuando se compra un sistema básico de Pro Tools III/TDM.

Un buen número de compañías se han dedicado al diseño de plug-ins para el procesamiento de las señales de audio y se han unido a Digidesign para crear todo un "ambiente" digital en la computadora. Cuando adquiere un sistema de Pro Tools III por ejemplo, éste incluye algunos procesadores de audio (plug-ins) como EQ, compresores, gates, Dither, delays. Si aún está confundido en entender qué es un plug-in, sólo piense en que son procesadores de efectos como los que seguramente usted ya tiene en su estudio, pero en lugar de ser físicamente una caja de metal con partes electrónicas, estos son programas para computadora que cuando activa uno de ellos aparece en la pantalla el panel frontal de un procesador con sus respectivos controles. En el caso de que sea un reverberador como el D-Verb de Digidesign o el TC Tools de t.c. electronic por ejemplo (ver figura 8.23 y 8.24), entonces aparecerán controles como delay time, input, mix, feedback, etc.

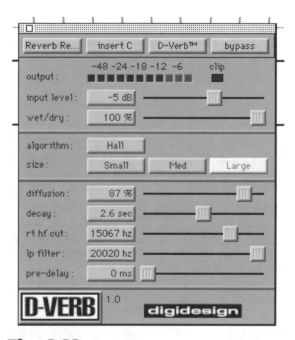

Fig. 8.23 Ventana del plug-in D-Verb de Digidesign.

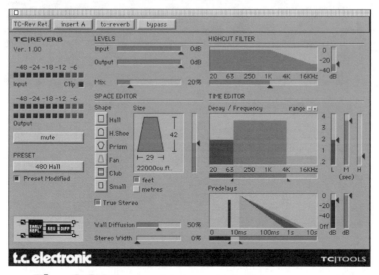

Fig. 8.24 Ventana del plug-in TC/Tools de t.c. electronic.

Como mencioné algunas compañías están lanzando al mercado varios tipos de procesadores de audio, como para quitar "clicks" o ruido de discos como el "Decliker" de Steiberg ver figura 8.25), también Digidesign tiene un plug-in para remover ruido de hiss y zumbidos creados por problemas de tierra (ground loops), este se llama DINR. Asimismo hay procesadores de tono como el DPP-1 de Digidesign que sirve como un armonizador en el cual le puede cambiar el tono a una voz para hacerla más gruesa, para crear efectos de sonido, etc. Asimismo la compañía Arboretum Systems tiene en el mercado el plug-in llamado Hyperprism-TDM que cuenta con una variedad de efectos como vibrato, flanging, el efecto doppler, ring modulator, chorus, filtros, etc (ver figura 8.28). Dos de estos efectos se pueden usar ocupando un sólo chip de DSP en la tarjeta DSP Farm, por lo general la mayoría de los plug-ins necesitan de un chip de DSP entero. Finalmente la compañía Waves, lanzó al mercado entre otros plug-ins, el popular L-1 Ultramaximizer que es un procesador que tiene la función de dither y noise shaping, este plug-in es usado para masterizar discos compactos (ver figura 8.26), también la empresa Apogee Electronics Corporation tiene en el mercado un plug-in para masterizar discos compactos llamado Master Tools y la compañía Focusrite, un ecualizador (ver figura 8.27).

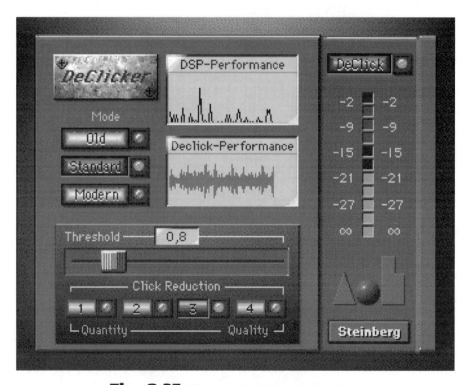

Fig. 8.25 El plug-in DeClicker de Steinberg.

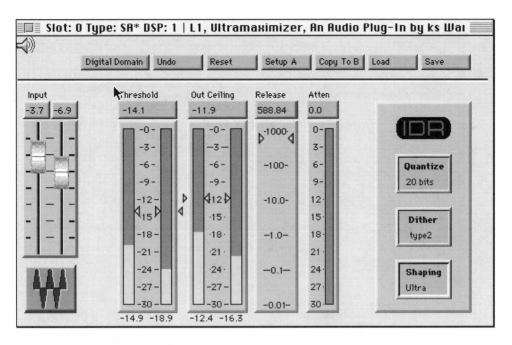

Fig. 8.26 El plug-in L1 Ultramaximizer de Waves.

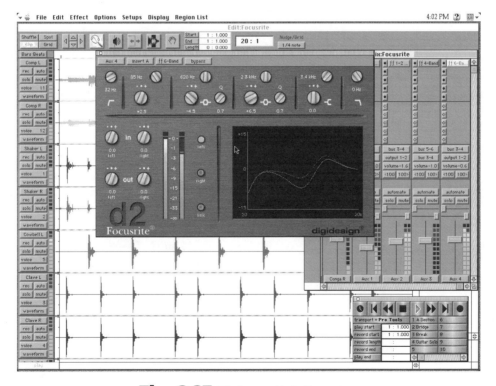

Fig. 8.27 El plug-in d2 de Focusrite.

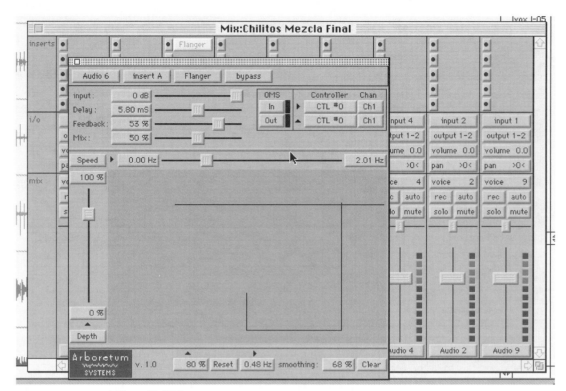

Fig. 8.28 El plug-in del efecto flanging de Arboretum Systems.

Como usted se habrá dado cuenta, para poder mencionar todos los plug-ins en existencia necesitamos todo un libro para describir a todos incluyendo sus funciones. Tal vez suceda en un futuro muy cercano.

Asimismo para describir en detalle todo lo que puede hacer con el sistema de Pro Tools III también se necesitaría un libro, como de 500 páginas, así como el manual de Pro Tools III. Espero que esta breve descripción de las vastas funciones que tiene Pro Tools III le ayude para comprender de qué se trata este afamado sistema. Si necesita entrenamiento en Pro Tools, o para mayor información, puede comunicarse a:

AudioGraph International/ProShool
2103 Main Street
Santa Monica, CA 90405
Tel: (310) 396-5004 • Fax: (310) 396-5882 • E-mail: chilitos@audiographintl.com

Capítulo 9

Consolas Digitales y Automatización

Importancia de la consola en un estudio

La consola, mezcladora, mixer, mezclador, mesa de mezclar, de cualquier manera que le llame usted, es una de las partes vitales en un estudio de grabación. Recuerdo que la primera vez que vi una consola en un estudio de grabación en Tijuana, México (Estudios Laser) hace como unos veinte años, pensé que era uno de los aparatos más complejos en el estudio. Al estar en contacto más a menudo con la consola, me empecé a dar cuenta para qué servían todos esos botones (cientos de botones en algunas) y qué indicaban los medidores y las luces que se prendían y apagaban como arbolito de Navidad. Básicamente, sólo era cosa de aprender lo que hacía una hilera de botones y luces, porque el resto de los botones y luces llevaban a cabo las mismas funciones haciendo más fácil el aprendizaje de su uso. La idea es aprender el concepto, porque ya sea analógica o digital, todas trabajan igual.

Foto 9.1 Consola STATUS de Otari.

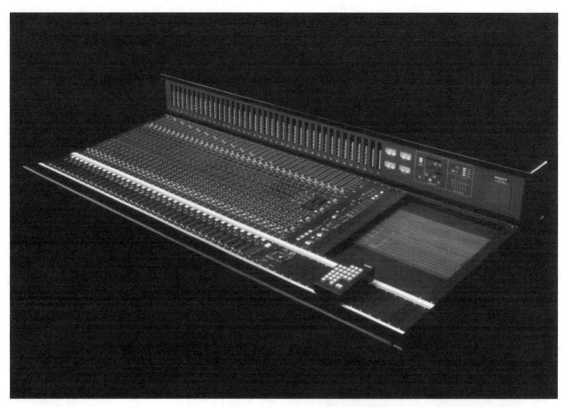

Foto 9.3 Consola D940 de Studer.

Existen varios tipos de consolas o mezcladoras para diferentes aplicaciones. Hay consolas para grabación musical, para sonorización en vivo, para radiodifusión y para post-producción entre otras aplicaciones (fotos 9.1 a 9.3).

¿Para qué se usan las consolas mezcladoras?

• Para tener control de volumen, control de frecuencias y posicionamiento en la imagen estereofónica de las señales de audio aplicadas en las entradas de éstas.

• Para asignar señales de audio a un sistema de monitoreo, enviarlas a la grabadora y después mezclarlas y escucharlas.

No todas cuentan con las mismas funciones, esto depende del precio y del tipo de aplicación de la consola. Entre otras funciones opcionales se incluye: Una ecualización extensa, control dinámico (compresores, expansores, limitadores, compuertas -gates) por cada canal, automatización, etc.

En una consola usted podrá observar que los botones están organizados en hileras llamadas módulos. Dependiendo del equipo que tenga, es decir, profesional o semiprofesional, estos módulos se pueden sacar del armazón de la mesa individualmente en caso de que necesite reparar alguno. En otras, de menor precio como la Mackie 32 x 8 ó la 1622 de Alesis por ejemplo, tiene que destaparse toda para tener acceso a las partes electrónicas de cada módulo (fotos 9.4 y 9.5).

Foto 9.4 Consola SL8056 de Solid State Logic.

Consolas Digitales y Automatización

Foto 9.5 Consola Mackie 32x8.

Secciones principales en una consola

Todas las consolas por lo general cuentan con cuatro secciones principales que son (ver figura 9.6):

1) La sección de Entrada y Salida (I/O)

2) La sección Maestra

3) La sección de Monitoreo

4) La sección de Comunicación

Un módulo de entrada y salida (en el caso de una tipo "En-Línea") tiene el selector de nivel de entrada de micrófono (-55 dBm) y de línea (+4 dBm o -10 dBm), la sección del preamplificador con el control de ganancia y el botón para la fuente "phantom" (es opcional), la sección de ecualización y filtros pasa bajos y pasa altos, los controles para los envíos auxiliares (pre/post), el control para el monitor individual, efectos dinámicos (opcional), las funciones de Solo y Mute, control del panorama o paneo, la sección de asignación para la salida, es decir, los buses que envían la señal hacia la grabadora multipista o DAT por ejemplo, el *fader* o control de volumen total del módulo y el botón para el cambio de fase.

El módulo maestro es en el que el ingeniero puede controlar los niveles totales de las salidas del bus maestro (canal izquierdo y derecho), del bus monofónico y de los envíos y retornos maestros, entre otros. El módulo para monitoreo es el que controla todas las señales enviadas desde la consola a los amplificadores del estudio y del cuarto de control. Entre otros controles se incluyen los niveles y las funciones de desvanecimiento gradual del cuarto de control (donde se encuentra el ingeniero) y de los controles de nivel y función Mute para el estudio (que es donde se colocan los músicos), al igual que el botón para la inversión de fase para cuando haya problemas de fase.

El módulo de comunicación, es el que facilita la comunicación entre el ingeniero que está en el cuarto de control y el músico que se encuentra en la sala del estudio. Este módulo tiene un micrófono que trabaja con diferentes botones que sirven para seleccionar la comunicación con los músicos por medio de audífonos o por los parlantes en el estudio, con el director musical por una línea privada, para poder marcar la cinta con el número de la toma, es decir, con el "slate".

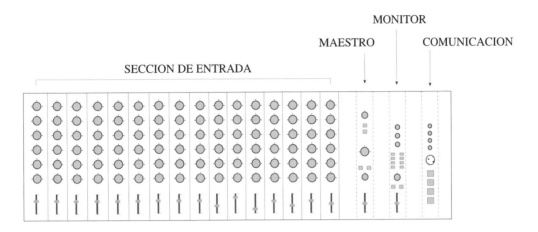

Fig. 9.6 Secciones de una consola.

Medidores de niveles

Como ya vimos, algunas consolas cuentan con medidores o VUmetros de aguja o de LED que indican la cantidad de señal que está pasando por diferentes puntos de la consola, cuando la amplitud de la señal aumenta. En un medidor con aguja, si ésta se mueve hacia la derecha significa que el volumen ha aumentado. Si su consola tiene medidores con luces tipo LED, al aumentar la amplitud de la señal, se encenderán más luces (figura 9.7). Si por alguna razón, la señal presente está muy alta al punto de distorsionar, usted notará que la aguja se "pegará" en el lado derecho del medidor (zona roja) y si la aguja se queda pegada por un periodo largo, se puede dañar. Así que tenga cuidado con sus niveles. En una con medidores de aguja, lo que mide no son los cambios instantáneos de amplitud, sino el promedio de estos, debido a que la aguja es un poco lenta para responder a los transientes por la masa del mecanismo. Los medidores de LED responden más rápido a los cambios bruscos de amplitud de la señal, es decir, a las transientes.

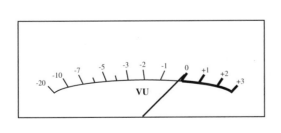

Fig. 9.7 Medidores de aguja y de LED.

Consolas Digitales y Automatización

Especificación de una consola

Por lo general se definen por el número de entradas y salidas que tienen. Por ejemplo, una 16 x 2, significa que tiene 16 entradas y 2 salidas, también se definen con tres parámetrros, por ejemplo, 32 x 8 x 2, que significa que tiene 32 entradas, 8 submasters en los cuales se les puede asignar un grupo de entradas para controlarlas al mismo tiempo con un solo fader. Por ejemplo, usted puede agrupar todos los toms de una batería en dos *submasters* o *faders* para poder controlar los tres o los cuatro *faders* de los toms. Y el 2 significa que la consola tiene dos salidas maestras (bus maestro) (ver figura 9.8).

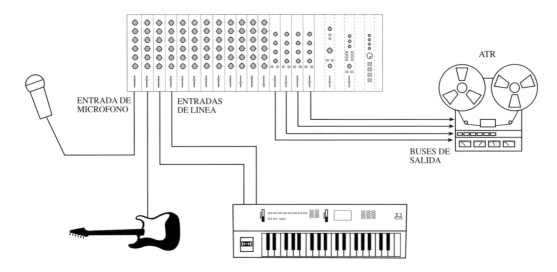

Fig. 9.8 Conexión de una consola.

Bahía de parcheo (Patch Bay)

Otra de las opciones que una consola puede tener, es la bahía de parcheo. El propósito de un *patch bay* es evitar conectar y desconectar físicamente las entradas y salidas, puede enviar digamos la salida del módulo de entrada número 5 (por medio del punto de inserción o channel send) a la entrada de un procesador de efectos, la salida del procesador se conecta nuevamente a la entrada del mismo canal 5 por medio del punto de inserción (ver figura 9.9). Estas conexiones se hacen con un cable de "parcheo" -patch cable. Piense en el tiempo que le tomaría cada vez que tuviera que hacer este tipo de conexiones, eso sin contar el nudo de cables que le pueden causar ruido en su señal. Como puede observar, vale la pena conseguir uno, no importa de qué tamaño o que tan complicada sea su consola.

En las profesionales, los *patch bays* son opcionales, si no quiere pagar el precio de esa opción, usted puede diseñar el suyo conforme al equipo que posea. También se venden con conectores de 1/4", tipo RCA. Los tipos de conectores que se usan para los patch bays profesionales son llamados TTY o Bantam que por cierto son bastante caros, así que cuídelos mucho (fotos 9.10 y 9.11).

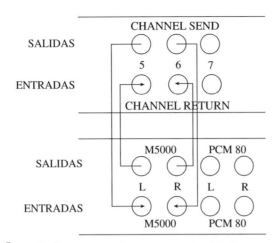

Fig. 9.9 Conexión de un procesador de efectos usando el *Patch Bay*.

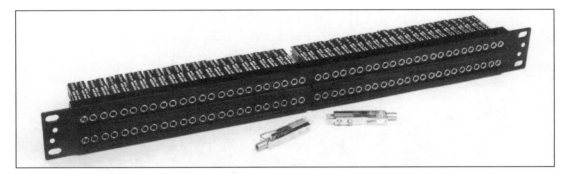

Foto 9.10 *Patch Bay* analógico con conectores tipo Bantam o TTY.

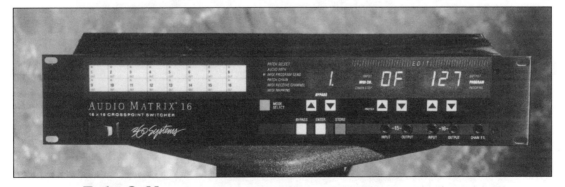

Foto 9.11 *Patch Bay* digital de 360 Systems. (*Fotografía: Oscar Elizondo*)

Consolas Digitales

Hasta ahora hemos hablado de lo que es una consola o mezcladora, sea esta analógica o digital, como mencioné anteriormente, algunas varían en sus funciones dependiendo de qué tan sofisticadas sean, pero todas funcionan bajo el mismo concepto. Veamos ahora las digitales (fotos 9.12 y 9.13).

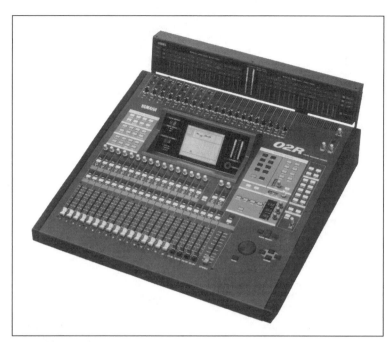

Foto 9.12 Consola digital de Yamaha modelo 02R. *Foto proporcionada y usada con el permiso de Yamaha Corporation of America.*

Foto 9.13 Consola digital Capricorn de Neve.

Trabajan con el concepto conocido como "asignación", es decir, que en lugar que cada módulo de entrada tenga su propio juego de funciones, sólo un módulo de control se usa para llevar a cabo el procesamiento de la señal como ecualización, reverberación, asignación de los buses, etc. En otras palabras, un *fader* o un grupo de botones puede controlar una o varias funciones cuando está asignada en un modo y además controlar otra función al cambiar de modo. Estas "asignaciones" se pueden almacenar o guardar en la memoria interna para poder volverlas a llamar "re-llamarlas" -recall- en el momento deseado y consecuentemente guardarse en un disco externo. Se puede pensar que las consolas digitales no tienen módulos de entradas y de salidas de una manera convencional como en las tradicionales.

Ya que el ingeniero de grabación puede manipular sólo algunos botones a la vez en una consola "normal" profesional que cuenta con cientos de botones y que ocupa mucho espacio por el gran número de módulos individuales de entradas y salidas como en una de la marca Solid State Logic modelo (SSL) 8056, las digitales como la Euphonix CS 2000 ó la Pro Mix 01 ó la 02R de Yamaha, se están haciendo populares hoy en día en estudios caseros y en estudios profesionales de producción musical y post-producción por ser compactas y funcionales. Aún cuando al principio el ingeniero se tiene que acostumbrar a su uso por su complejidad a primera vista, una vez que la entiende y aprende usarla, se sorprenderá de lo rápido y fácil que trabajan. La mayoría de las digitales tienen integrados procesadores de señales como: dinámicos (compresores, limitadores, gates, etc.) reverberadores, delay, efectos de flanging y chorus, entre otros. En algunas estos efectos son opcionales. Las consolas digitales cuentan con algún tipo de sistema de automatización parcial (volumen, panorama, mutes) o total como el sistema llamado "Total Recall" en las SSL, que 'recuerda' la posición de los *faders* y otras funciones.

Algunas de las ventajas de las consolas digitales "asignables" comparadas con las convencionales grandes son:

• Las señales se pueden manipular más rápida y fácilmente por la manera en que se pueden agrupar las funciones permitiendo menos controles y así necesitan menos operaciones para ejecutarse.

• El ingeniero puede permanecer en su posición de monitoreo al centro de la consola sin tener que salirse de esa posición, ya que los controles se pueden manipular en un panel maestro que está colocado en la parte central.

• Ya que el número de controles es reducido, se reduce también la posibilidad de errores y hace que la consola sea más fácil de visualizar.

Existen diferentes configuraciones en las digitales que usan el concepto de "asignación", por ejemplo, tenemos la que en realidad es analógica pero se controla digitalmente. En otras palabras, todas las señales que entran y salen en la consola son del tipo analógico, pero el control del volumen, panorama, mutes, etc., son controlados digitalmente, es decir, por medio de ceros y unos y no por medio de voltajes. Otro tipo de configuraciones son aquellas que aceptan señales analógicas y que son codificadas o convertidas a la entrada de la misma.

Existe también el tipo de consola digital donde las señales que entran ya están en este campo y entran como ceros y unos por medio de una transferencia digital también como AES/EBU, S/PDIF o MADI. Si no recuerda lo que es una transferencia de este tipo véa el capítulo 13. La señal que sale de éstas se convierte en señal analógica o digital dependiendo del destino de la señal.

Consolas Digitales y Automatización

Existe el tipo de consolas "virtuales", estas están integradas en un software de computadora, como el software de Pro Tools, Digital Performer, Vision Pro y/o Cubase Audio usados en las Macintosh o IBM (figura 9.14). Se les da el nombre de "virtuales" porque virtualmente llevan a cabo las mismas funciones de una convencional, es decir, tienen un fader, los botones de solo y mute, etc. Las ventajas de usar de este tipo es que hay más flexibilidad para manipular la señal, es decir, procesarla y asignarla a cualquier entrada o salida por medio del patch bay interno; se puede almacenar más información porque está usando un disco duro, interno o externo; el ruido es mínimo especialmente si se trabaja sólo digitalmente.

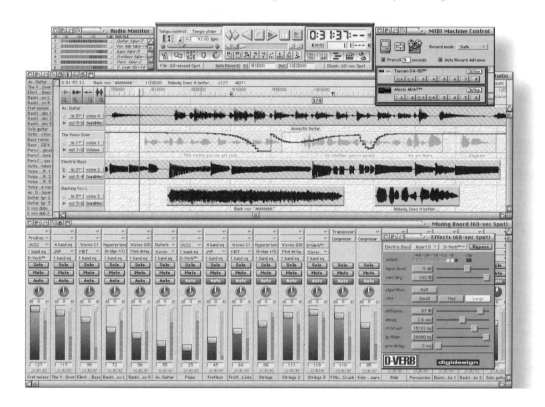

Fig. 9.14 Consola "virtual" del secuenciador Digital Performer de Mark Of The Unicorn.

Automatización

Si alguna vez ha estado presente en la sesión de una mezcla final -mixdown- de algún proyecto, habrá notado que el mismo tema se tiene que repetir una infinidad de veces para poder llegar a la mezcla que sea del agrado del productor o del artista. Para esto, es probable que cada vez que se toca el tema tenga que mover el fader de los violines, por ejemplo, para subir o bajar su volumen rápidamente y dejarlo exactamente en la marca donde estaba anteriormente para que quedara balanceada con el resto de los instrumentos en "x" sección del tema; y al mismo tiempo tiene que subirle al canal del bombo para que sobresalga en la misma sección. Bien, a menos de que usted sea "Superman" o el "Chapulin Colorado" no podrá hacer estos cambios al mismo tiempo usted mismo, especialmente si está trabajando en una de 64 a 96 módulos de entrada con sus respectivos faders. Es en situaciones como éstas en las que usted necesita la automatización (foto 9.15).

Foto 9.15 Consola digital SL 4072 G Plus de Solid State Logic.

La automatización de faders o volumen puede ser por medio de amplificadores controlados por tensión o voltaje, también llamados VCA que verifican el nivel de una señal de audio, la ganancia es regulada por la cantidad de voltaje externo que entra en el amplificador. Existen algunas consolas en las que los faders se mueven como el sistema "Flying Faders", uno puede ver cómo se mueven, como si hubiera un hombre invisible controlándolos. Algunos cuentan con las dos formas de automatización, es decir, con VCA, los faders no se mueven, únicamente se escucha el cambio de niveles y los faders motorizados -*moving faders*- (foto 9.16) como en el sistema Ultimation de la compañía Solid State Logic.

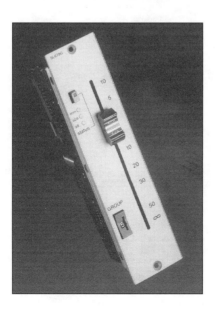

Foto 9.16
Fader movible de
una consola Solid
State Logic.

Consolas Digitales y Automatización

Cada sistema de automatización varía en su versatilidad, y obviamente en su precio, pero todas tienen tres modos principales de operación: el modo Write (grabación), el modo Read (reproducción), y el modo Update (actualización). Estos nombres cambian de un sistema a otro, es decir, de una compañía a otra.

El modo WRITE como se ha de imaginar, es el modo donde se crea la mezcla que va a automatizar por primera vez. Cada movimiento actual de los *faders* se graban y se convierten en información digital que se guarda en un disco o cinta.

En el modo READ la información que se grabó se reproduce, es decir, es donde puede escuchar o "ver" (si está usando faders motorizados) el resultado de la mezcla que hizo. En este modo los faders no funcionan, toman la información del disco o cinta donde grabó la mezcla. En algunas como en la CS2000 de Euphonix, uno puede grabar hasta 99 diferentes mezclas de una canción y "rellamarlas" al instante durante la reproducción del tema, y escoger en tiempo real ya sea una sección de la mezcla digamos número 10 y otra sección de la mezcla 3 de esta menera también uno puede comparar cómo se escucha el sonido de la guitarra, con efecto o "seca".

En el modo UPDATE usted puede actualizar o hacer cambios en la mezcla que tenía grabada con sólo mover los faders donde va a hacer los cambios. Los nuevos movimientos de éstos se graban creando así una mezcla nueva.

Existen otros modos como el Null que es como la función de "ponchado" automático, en el que el cambio del movimiento del fader sólo se llevará a cabo si pasa del nivel Null, es como un umbral -*threshold*- en un compresor. Como mencioné anteriormente cada sistema es diferente y es posible que el suyo tenga aún más modos de operación de los que acabo de mencionar.

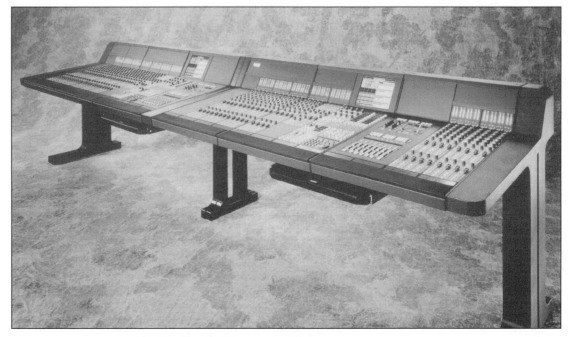

Foto 9.17 Consola CS2000 de Euphonix

La mayoría de las digitales tienen un cierto grado de automatización, algunas únicamente automatizan los faders (el volumen) como acabamos de ver, el panorama -pan- y la función de *mutes*. Otras además de los faders, el "paneo" y los mutes, los efectos, incluyendo la ecualización y los precesadores dinámicos (compresores, gates, expansores), aun eventos MIDI (cambios de programa) como la CS2000 de Euphonix (ver foto 9.17). Todo esto se puede re-llamar en fracciones de segundo. Esto es increíble, todavía recuerdo que hace varios años uno tenía que tomarle fotografías tipo *polaroid* a la consola o mezcla para que cuando uno regresara a remezclar al siguiente día o días después, teníamos que ver las fotos para restablecer o "resetear" y seguir con la mezcla, ahora no, ahora con sólo oprimir un botón y ¡voilà y ahí aparece.

Otras como la Libra de la comapñía AMS/Neve cuenta con automatización dinámica total o "Total Dynamic Automation" y "Total Reset" (foto 9.18).

Foto 9.18 Consola Libra de AMS Neve.

Usted estará diciendo, "¡pero para tener un sistema de estos uno debe ser millonario!". No necesariamente, porque existen sistemas o softwares que pueden automatizarla sin tener que pagar demasiado. Por ejemplo, el sistema Ultramix de Mackie que es de automatización universal, puede automatizar la que usted posee, no tiene que ser una Mackie (ver foto 9.19). Pero antes de que compre un sistema de estos, debe adquirir una computadora ya sea Macintosh o IBM para correr el software y un interfase MIDI para hacerlo funcionar. En él usted puede automatizar movimientos de *fader*, grabar su movimiento y copiarlo a otro, también puede automatizar la función de los *mutes*.

Foto 9.19 La automatización Ultramix de Mackie.

La compañía JL Cooper también cuenta con varios sistemas que pueden automatizar el movimiento de los faders, los mutes, los procesadores de efectos externos, etc. Algunos de los sistemas que le ofrece esta misma compañía son: el V/DESK (foto 9.20), el MAGI II en versión universal o para controlar la consola X-2 de Alesis, el SOFTMIX para controlar la Spirit Auto de Soundcraft, la PRO3700 para la M-3700 de Tascam y la MS-3000 para la MPX-3000 de Sony. Cualesquiera de estos sistemas requieren el uso de una computadora Macintosh, así que no se olvide comprar la Mac si va a utilizar alguno.

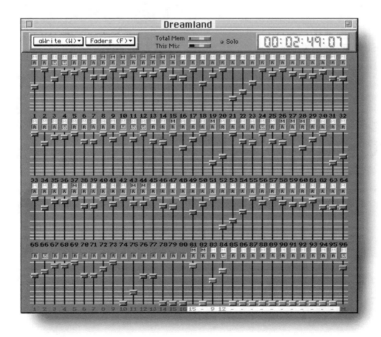

Fig. 9.20 La automatización V-Desk de JLCooper.

Asimismo, existen otros tipos de automatización como el integrado en el sistema de Pro Tools de Digidesign, así como la que incluyen los secuenciadores de software como el Performer de Mark of the Unicorn y el Cubase de Steinberg.

Pero como todo, estos sistemas tienen sus ventajas y sus desventajas. Una de las ventajas es la rapidez y flexibilidad en que uno puede hacer una mezcla compleja, por otro lado la desventaja es que si su computadora se "congela" (crash), y no había guardado todas esas horas de trabajo en las que se pasó haciendo la mejor mezcla de su vida, esa rapidez y flexibilidad le será contraproducente. Así que siempre esté preparado para lo peor.

Capítulo 10

Procesadores de Señales Digitales

Diversos tipos de procesadores

Cuando hablamos de procesadores de señales de audio sean analógicos o digitales (DSP = Digital Signal Processor), nos referimos a dispositivos que pueden alterar la señal de audio o sonido (figura 10.1). Con alterar me refiero a que al sonido se le puede agregar espacio y profundidad (reverberación), se puede retardar (delay), se le puede agregar armonía, o cambiar de tono (armonizador), o que la señal sólo se escuche al pasar un límite (gate), etc.

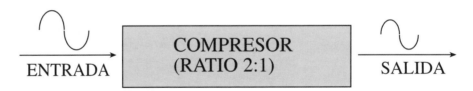

Fig. 10.1 Ejemplo de una señal pasando por un compresor.

Hoy en día, los procesadores de señales digitales o DSP son bastante sofisticados, en ellos se pueden encontrar efectos de reverberación, de retardo -*delay*- "dinámicos" (compresor, compuerta o gate, expansor), ecualización, etc. A estos tipos de procesadores de efectos se les conoce como procesador multi efectos porque contienen diferentes tipos de efectos en una sola "caja" o aparato. Por otro lado, también tenemos los efectos que producen un solo efecto, como un ecualizador gráfico o un compresor. Generalmente, los procesadores multi-efectos cuentan con programas o efectos ya predefinidos -presets- para que el usuario sólo seleccione el que necesite. Si el efecto no es exactamente lo que andaba buscando, entonces lo puede modificar para obtener exactamente lo deseado. Cuando un efecto se modifica, se puede guardar en la memoria interna del procesador (lo mismo que se hace en un sintetizador), para después almacenarlos en una memoria externa, un disco floppy o en una tarjeta RAM, como en el caso del procesador multi-efectos PCM-80 de Lexicon, el M5000 y el M2000 de t.c. electronic (ver fotos 10.2 a 10.4). También puede comprar tarjetas de RAM con nuevos efectos para cargarlos en la memoria de su procesador para modificarlos y guardarlos como un efecto nuevo y así aumentar su "librería" de efectos.

Foto 10.2 El procesador multi-efectos PCM-80 de la compañía Lexicon.

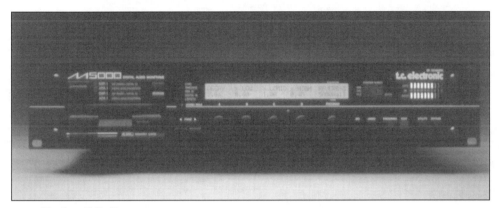

Foto 10.3 El procesador multi-efectos M5000 de la compañía t.c. electronic.

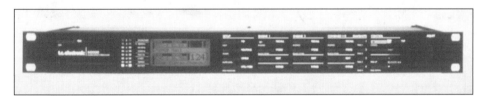

Foto 10.4 El procesador multi-efectos M2000 de la compañía t.c. electronic.

Este tipo de procesadores multi-efectos cuentan con una variedad de características y conectores. Por ejemplo, el M5000 de t. c. electronic tiene en el panel frontal una unidad de discos para cargar y guardar sus efectos programados en un disco floppy, también se usa para cuando la compañía hace una actualización del sistema operativo del procesador, ésta se envía a un floppy y usted lo puede cargar cuando lo desee. El M5000 cuenta también con ranura para insertar una tarjeta de RAM y cambiar de efectos. En el panel posterior, este procesador cuenta con varios tipos de conectores como: XLR para las entradas y salidas de audio analógico y audio digital (AES/EBU), conectores RCA y fibra óptica para entradas y salidas digitales del formato de transferencia digital S/PDIF (véase capítulo 13), y cuenta con conectores MIDI para transmitir y recibir mensajes como el de cambio de programa y conectores de 1/4" para el código de tiempo SMPTE, para el controlador remoto y para un pedal (foto 10.5).

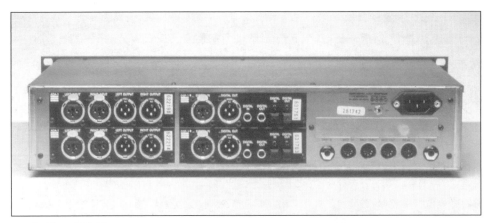

Foto 10.5 Parte posterior del procesador multi-efectos M5000 de t.c. electronic.

Estos tipos de procesadores multi-efectos son caros, pero su calidad sonora y su flexibilidad los hacen atractivos especialmente en estudios profesionales de grabación. Por supuesto que también existen procesadores más económicos en el mercado, como el Quadraverb Q2 y el MIDIVerb 4 de Alesis y el Studio Quad de DigiTech, entre otros (fotos de la 10.6 a 10.8). Estos tipos de procesadores por lo general le ofrecen 100 presets y de 100 a 200 programas para el usuario, esto significa que usted puede modificarlos y guardarlos en otro número de programa (para el usuario) en un disco externo para un futuro uso y así crear su propio archivo de efectos .

Foto 10.6 El procesador multi-efectos Quadraverb 2 de la compañía Alesis.

Foto 10.7 El procesador multi-efectos Midiverb 4 de la compañía Alesis.

Foto 10.8 El Studio Quad de la compañía Digitech.

Por lo general usan convertidores de 18 bits de resolución, pero con procesamiento interno de 20 ó 24 bits que no está mal para ser un procesador económico. Los efectos con los que cuentan son: ecualización, efecto de trémolo, chorus, dealy, overdrive, flanging, reverberación de diferentes tipos, efecto Doppler, etc. Algunos tienen salida óptica para pasar la señal completamente en el "dominio digital", es decir, no utilizar cables comunes que puedan producir zumbidos y otra clase de interferencias. Otros pueden producir hasta cuatro efectos por separado en el mismo procesador, es decir, tiene cuatro entradas y cuatro salidas individuales como el Studio Quad de DigiTech. Por supuesto, todos cuentan con conectores de 1/4" para integrarlos a su sistema.

Por otro lado, no sólo existen procesadores de efectos externos como los ya mencionados, sino también se pueden encontrar internamente en amplificadores de guitarras como el AxSys 212 de la compañía Line 6 (foto 10.9), en sintetizadores como el Trinity de Korg (foto 10.10), o en consolas digitales como la ProMix 01 de Yamaha (foto 10.11).

Foto 10.9 El amplificador para guitarra AxSys de Line 6.

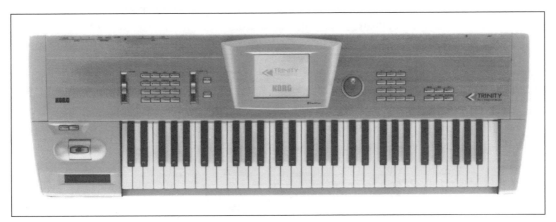

Foto 10.10 Sintetizador Trinity de Korg.

Foto 10.11 Consola Promix 1 de Yamaha. *Foto proporcionada y usada con el permiso de Yamaha Corporation.*

En estos instrumentos o consolas, usted tiene la opción de activar y desactivar el procesador o procesadores de efectos interno. Si tiene la necesidad de un estudio portátil y económico para escribir sus composiciones y si su presupuesto no le permite comprar el equipo por separado, es decir, la consola, el secuenciador, los procesadores de efectos, etc., entonces le recomiendo que adquiera un sintetizador que contenga todo, porque estos suenan bien, son portátiles, no ocupan mucho espacio y además puede usarlos con o sin amplificador ya que por lo general cuentan con una salida de audífonos y así no molesta a nadie, especialmente si le llega la inspiración para una melodía o mezcla a las tres de la mañana.

Tipos de procesadores

En esta sección voy a describir brevemente la función de algunos de los diferentes tipos de procesadores de señales sin importar si son analógicos o digitales, todos trabajan bajo el mismo concepto.

Procesadores dinámicos

Los procesadores dinámicos son procesadores que controlan el volumen (amplitud) de una señal de audio, se consideran procesadores en serie, es decir, se conectan en serie por donde va a pasar la señal (ver figura 10.12). La señal entra "seca" (dry) y sale "mojada" (wet), en otras palabras, entra sin efecto y sale con efecto, a menos que sobre pase el efecto con el botón Bypass.

ENTRADA   ECUALIZADOR   SALIDA

Fig. 10.12 Conexión de un procesador en serie.

Los tipos de procesadores que entran en esta categoría son:

a) Compresores (Compressors)

b) Limitadores (Limiters)

c) Compuertas (Gates o Noise Gates)

d) Expansores (Expanders)

e) Reductores de Ruido (Noise Reduction - dBx y Dolby)

f) Ecualizadores (EQ)

El compresor (Compressor)

El compresor es un dispositivo que reduce el rango dinámico de una señal de audio, es decir, reduce las partes de la señal que son más fuertes y aumenta el nivel a las partes más bajas de nivel (ver fotos 10.13 a 10.15). Los compresores se diseñaron originalmente para propósitos de corrección, es decir, si una voz varía mucho de volumen, al conectar un compresor en serie con el canal de la voz se mantendrá a un nivel continuo y no con tantas altas y bajas de amplitud. A través de los años se han estado utilizando más como una herramienta creativa. También ayuda a producir un sonido "lleno" y percusivo.

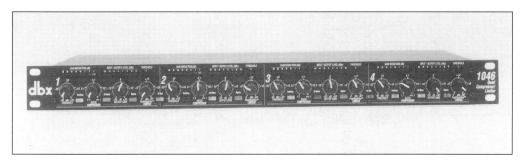

Foto 10.13 Compresor modelo 1046 Dual/Comp/Lim de la compañía dbx

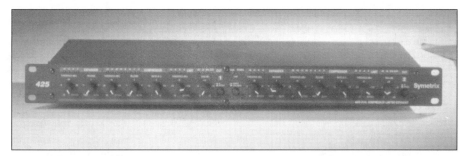

Foto 10.14 El compresor modelo 425 Dual/ Comp/Lim/Exp de Symetrix.

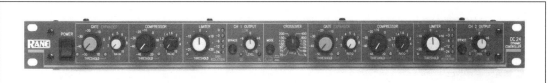

Foto 10.15 El controlador dinámico de Rane.

Algunas de las aplicaciones de los procesadores son: a) en las voces, como cuando el cantante varía de nivel constantemente; b) en los bajos eléctricos para producir niveles parejos y suaves; c) en guitarras eléctricas para no saturar la señal en caso de que se esté tocando a niveles altos.

Un compresor trabaja a base de un umbral o límite el cual al sobrepasar la señal del límite asignado por el usuario llevará a cabo la compresión reduciendo el nivel a la cantidad programada, es decir, una relación 2:1, 4:1, etc (ver figura 10.16). Por ejemplo si enviamos a la entrada del compresor una señal de 10 dB y tenemos una relación de 2:1, esto quiere decir que tendremos 5 dB de salida.

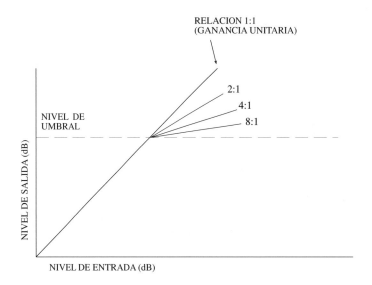

Fig. 10.16 Gráfica del proceso del compresión.

Los parámetros:

Relación (Ratio)

Es la relación entre el nivel de entrada y el nivel de salida de un compresor. Una relación normal sería de 1:1 (ganacia unitaria), el sonido no será afectado. El primer número del "ratio" significa el número de decibeles que están entrando al compresor, y el segundo número, la cantidad de decibeles que salen. Si la entrada es de 6 dB y la salida es de 2 dB, entonces decimos que tenemos una relación de 3:1.

Umbral (Threshold)

Es el nivel asignado donde las señales empezarán a comprimirse o a limitarse. Entre más bajo sea el umbral, la señal estará comprimida más tiempo.

Salida (Output)

Este parámetro le agrega ganacia a la señal para compensar el nivel bajo producido por el compresor.

Ataque (Attack)

Este no se refiere al ataque del sonido, sino al tiempo de reacción para controlar la ganancia del compresor, es decir, determina el tiempo en que el compresor tarda en responder a la señal cuando sobrepasa el umbral. Si el ataque es muy rápido, la ganancia de la señal será reducida abruptamente, hasta se sentirá como si hubiera ocurrido una caída de señal, "drop out". Si el ataque es muy lento, entonces la señal se distorsionará porque el compresor no tiene tiempo para reducir la ganancia.

Relajamiento (Release)

Es el tiempo que el compresor tarda en restaurar la ganacia a su estado normal una vez que la señal se haya caído debajo del umbral. Si el relajamiento -release- es muy corto, la ganacia se restaurará a su estado normal rápidamente creando un desbalance de niveles. Por otro lado, si es muy largo, el compresor seguirá aplicando la compresión o reducción de ganacia cuando aparezca la siguiente señal y si es un sonido bajo de volumen será suprimido y se perderá la característica del compresor.

Soft knee

Al pasar la señal por un compresor se le asigna un umbral, y se realiza un cambio abrupto, dependiendo del ataque y del relajamiento. Para solucionar el cambio repentino de la señal, entonces se usa el parámetro "Soft knee" en el que el nivel del umbral es retardado. En otras palabras, el Soft knee produce un control de nivel más progresivo porque la relación de compresión se incrementa gradualmente al valor ajustado en lugar de aplicarlo abruptamente. No todos los compresores cuentan con esta función.

Hard Knee

Los compresores con este parámetro es mejor usarlos cuando la aplicación demande un control más firme para hacer modificaciones más pronunciadas a sonidos percusivos o instrumentos con ataque rápido. El problema al usar un compresor, es que con cada decibel de compresión aplicada, el "ruido de fondo" será de 1 dB. Por eso algunos tienen compuertas o expansores, para eliminar el exceso de ruido.

El limitador (Limiter)

El Limitador es básicamente un compresor ajustado con una relación de 10:1 o mayor.

El De-esser

Cuando una voz se graba a alto nivel y con el micrófono colocado muy próximo a la boca, tiene la tendencia de acentuar las "S" o el sonido "Sh" o "Ch" y esto causa un aumento en el rango de frecuencias entre 3 kHz y 4 kHz. A este fenómeno se le llama "sibilancia" y se soluciona usando un tipo especial de compresor llamado De-esser. Frecuentemente se usa en la radiodifusión donde el locutor utiliza el micrófono muy próximo a él. Este tipo de compresor sólo trabaja en frecuencias agudas de alta energía. El De-esser no reduce las señales de frecuencias agudas y de bajo nivel y siempre se usa sólo en aplicaciones musicales donde hay voces (ver foto 10.17).

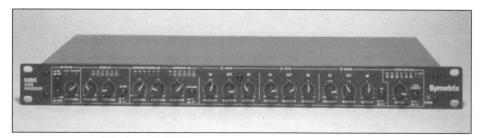

Foto 10.17 528E Voice Processor de Symetrix.

Procesadores de Señales Digitales

Compuertas (Gate)

La compuerta es un dispositivo cuyo propósito es el de apagar la señal cuando está casi debajo del umbral asignado (ver foto 10.18). Normalmente éste se coloca un poco arriba del ruido de piso -*noise floor*- o ambiental. Algunas compuertas cuentan con: *Attack, Release y Hold Time* (ver figura 10.19).

Foto 10.18 Expander/Gate 622 de Aphex

Los Parámetros

Ataque (Attack)

Los ataques rápidos se usan para permitir que los sonidos percusivos pasen limpiamente, es decir, sin interferencia. Una aplicación común es en la batería, ya que a cada tambor se le asigna una compuerta que se abre sólo cuando el sonido del tambor deseado pasa el umbral asignado. Un ataque lento permite abrir la compuerta más suavemente cuando las señales procesadas tienen tiempos de ataque más largos como el violín.

Relajamiento (Release)

Una compuerta con un relajamiento variable es vital porque permite que la compuerta se cierre gradualmente cuando se procesan los sonidos con un decaimiento lento, por ejemplo en sonidos que tienen una reverberación larga.

Tiempo de Detención (Hold Time)

Se usa para sostener la compuerta abierta durante un tiempo antes de que el relajamiento comience a surtir efecto.

Filtros Variables

En algunas compuertas encontrará por lo general dos filtros en serie tipo shelving (hi-lo), se usan para abrir y cerrar la compuerta con una determinada banda de frecuencias.

Key

Este parámetro puede tener una función interna o externa y permite que una señal sea controlada por la compuerta misma o por una señal externa.

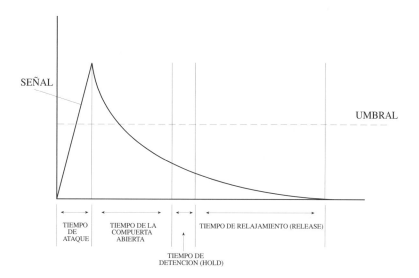

Fig. 10.19 Gráfica de los parámetros de la compuerta.

Reducción de ruido (Noise Reduction)

Todo equipo electrónico agrega ruido a la señal, pero se requiere una medida para saber cuánto ruido se agrega, a esta medida se le llama S/N o "Signal to Noise Ratio", es la cantidad de ruido en relación a la señal. Cuando se usa un sistema de reducción de ruido sea dBx o Dolby durante el proceso de grabación, siempre se conecta de la siguiente manera, ver figura 10.20:

Fig. 10.20 Conexión del sistema de reducción de ruido para grabar y reproducir.

Para que la señal se reproduzca normalmente es muy importante usar el mismo tipo de reducción de ruido que se usó para grabar, de otra menera al reproducir la música grabada se escuchará muy opaca.

Eso pasa muy a menudo cuando el usuario graba su música favorita de un disco compacto a un casete para poder escucharlo en su auto. El error se comete cuando la persona oprime el botón "NR" o "Dolby" o "dBx" al grabar en el casete. Cuando esa persona utiliza el casete en su auto, que no cuenta con el botón de reducción de ruido, la música se escucha muy opaca.

Existen diferentes sistemas para reducir el ruido. Los más populares son Dolby A, Dolby B, Dolby SR y dBx:

Procesadores de Señales Digitales

Dolby A: Usado a nivel profesional, se basa en dividir la señal en cuatro bandas diferentes de frecuencias. Dolby A brinda 10 dB de reducción en frecuencias abajo de 5 kHz. Este sistema reduce cualquier ruido que se hubiera filtrado en el sistema durante la grabación y la reproducción. Cada banda se comprime en diferentes "ratios" durante la grabación y se expande durante la reproducción.

Dolby B: Usado en equipo o aparatos comunes; funciona de manera similar al Dolby A. El ruido se atenúa a razón de 3dB en 600 Hz y esa atenuación aumenta gradualmente a 10 dB en 5 kHz. Dolby B no tiene ningún efecto en frecuencias graves como el "rumble", "hum" o "pops".

dBx: Es un compresor/expansor que comprime todas las señales uniformemente sobre el rango de frecuencias de 20 a 20 kHz. Este sistema reduce el ruido a una razón de 20 a 30 dB, el doble que el sistema Dolby. Las señales procesadas con dBx se comprimen con una relación de 2:1 cuando se graba y después se expande a una relación de 1:2 cuando se reproduce.

Ecualizadores

El ecualizador o EQ, es un dispositivo electrónico que altera la respuesta de frecuencia de una señal realzando o atenuando (boost/cut) porciones seleccionadas del espectro de audio.

La ecualización la podemos usar para:

a) Corregir problemas durante una grabación o en una sala para recitales (generalmente para restaurar el sonido a su tono natural).

b) Para corregir las discrepancias en la respuesta de frecuencia de un micrófono o en el sonido de un instrumento.

c) Para alterar un sonido por razones musicales o creativas.

d) Para permitir un contraste entre los sonidos desde varios micrófonos o pistas ya grabadas para que se mezclen mejor.

e) Para incrementar la separación entre pistas de audio buscando una reducción en esas frecuencias que causan interferencias con otras.

Recuerde que ecualizar una señal significa también agregar ruido en la señal porque como mencioné anteriormente, todo componente electrónico genera ruido. Por eso, si va a grabar un instrumento por ejemplo, en lugar de tratar de arreglarlo (ecualizarlo) en la "mezcla", es mejor usar y colocar el micrófono apropiado para el instrumento o la voz que está grabando.

Existen diferentes tipos de ecualizadores, los de frecuencia fija, los paramétricos, los gráficos. Varía el número de frecuencias que un ecualizador puede tener, pueden ser en intervalos de octavas completas, medias octavas y un tercio de octava. Entre más dividida sea la octava, es más costoso y más difícil usarlo correctamente.

La ecualización se hace realzando o cortando una frecuencia o rango de frecuencias -boost/cut o peak/dip; la segunda manera es por medio de un ecualizador tipo "shelving".

La ecualización con boost o cut incrementa o disminuye el nivel de una banda de frecuencias alrededor de la frecuencia central (fc) que es la frecuencia o punto donde se lleva cabo el realce máximo o corte. A este tipo de ecualización también se le llama "bell" por su forma (ver figura 10.21).

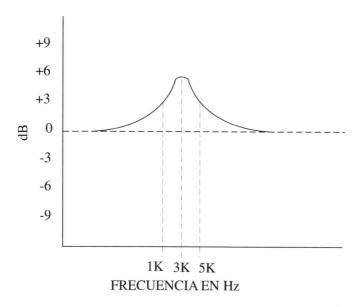

Fig. 10.21 Ecualizador tipo "Bell" con una frecuencia central de 3kHz.

El ecualizador tipo shelving también incrementa o disminuye la amplitud pero gradualmente se "aplana" al nivel máximo seleccionado cuando llega a la frecuencia "de cambio" -turnover- elegida. El nivel entonces se mantiene constante en todas las frecuencias desde ese punto. La frecuencia "de cambio", es en la que la ganancia es 3 dB arriba o abajo del nivel "shelving", en otras palabras, es donde el ecualizador comienza a aplanarse. A la frecuencia donde la ganancia deja de incrementar o decrementar se le llama "stop" (ver figura 10.22).

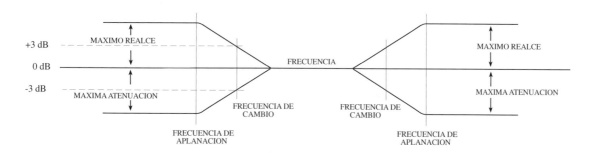

Fig. 10.22 Gráfica de un ecualizador tipo "shelving"

Ecualizadores de frecuencia fija

Los ecualizadores de frecuencia fija se llaman así porque operan en frecuencias ya prefijadas con un ancho de banda -bandwidth- o "Q" fijo que es el rango de frecuencias a los dos lados de la seleccionada para ecualizar (ver foto 10.23). Las frecuencias adyacentes se realzan también, pero a menor grado, dependiendo del ancho de banda. Para saber el ancho de banda de su ecualizador externo en la consola, se debe consultar las especificaciones en el manual de instrucciones del ecualizador o de la consola.

Foto 10.23 Ecualizador semi-paramétrico de speck electronics.

Por lo general, este tipo de ecualizadores cuentan con dos (Lo-Hi) o tres rangos de frecuencias (Lo-Mid-Hi) del espectro total. Cada grupo se controla por medio de un control separado, pero sólo puede seleccionarse una frecuencia por control. Cerca de o en el control de frecuencia se encuentra el de ganancia (boost o cut) para esa frecuencia o banda. En algunas consolas para ahorrar espacio se usan controles concéntricos, es decir, el botón de afuera controla la frecuencia y el de adentro la ganancia (figura 10.24).

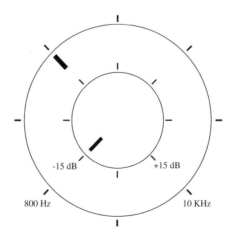

Fig. 10.24 Control de ganancia y frecuencia.

Ecualizadores paramétricos

El ecualizador paramétrico tiene un ancho de banda variable (ver foto 10.25), por eso es posible cambiar la curva haciéndola más ancha o más angosta, alterando de esa manera las frecuencias deseadas. Esto ofrece más flexibilidad y más precisión para controlar la ecualización.

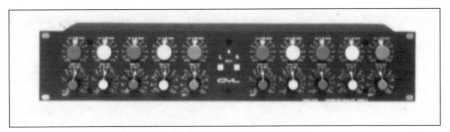

Foto 10.25 Ecualizador paramétrico de GML.

Ecualizadores gráficos

Es un tipo de ecualizador de frecuencia fija y consiste de deslizadores o faders en lugar de potenciómetros giratorios que realzan o atenúan las frecuencias seleccionadas (ver foto 10.26). Se llama ecualizador gráfico por que forma una figura gráfica (curva). El número de deslizadores en él varía dependiendo de la medida de la octava; una octava, media (1/2) o un tercio de octava (1/3).

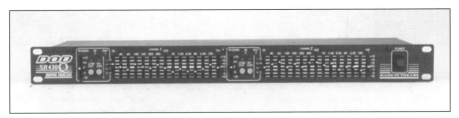

Foto 10.26 Ecualizador gráfico de Digitech.

Ecualizadores digitales

Los ecualizadores digitales pueden ser muy útiles porque cada movimiento que se hace en los faders, se puede almacenar en su memoria interna (ver foto 10.27).

Foto 10.27 Ecualizador digital Autograph 2 de Peavey.

Filtros

El filtro es un dispositivo que atenúa ciertas bandas de frecuencias. La diferencia entre un ecualizador y un filtro es que el primero afecta únicamente la frecuencia seleccionada y las que están a los lados, mientras que el filtro afecta todas las frecuencias arriba o abajo de la seleccionada. El ecualizador le permite variar la cantidad de atenuación y en el filtro la atenuación es prefijada y abrupta. Los tipos de filtros más comunes son: pasa altos (Highpass), pasa bajos (Lowpass), pasa bandas (Bandpass) y del tipo Notch.

Filtro Pasa altos (Highpass)

Atenúa todas las frecuencias que están abajo de la frecuencia de corte, que es una frecuencia prefijada (ver figura 10.28).

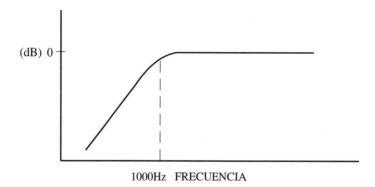

Fig. 10.28 Gráfica de un filtro pasa altos.

Filtro Pasa bajos (Lowpass)

Atenúa todas las frecuencias arriba de la de corte (figura 10.29).

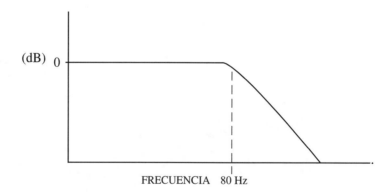

Fig. 10.29 Gráfica de un filtro pasa bajos.

Filtro Pasa banda (Bandpass)

Asigna un punto abajo y uno arriba donde se van a cortar o atenuar las frecuencias y sólo permite pasar esa banda y el resto lo atenuará. Este tipo de filtros se usan más bien para corregir algo y no de forma creativa (ver fgura 10.30).

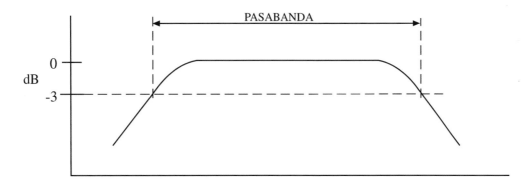

Fig. 10.30 Gráfica de un filtro pasabanda.

Filtro tipo Notch

Este filtro se usa para atenuar una banda muy angosta dejando pasar las frecuencias de los lados del rango Notch. Una de sus aplicaciones puede ser el cortar el zumbido, "hum", de 60Hz sin afectar las demás frecuencias (ver figura 10.31)

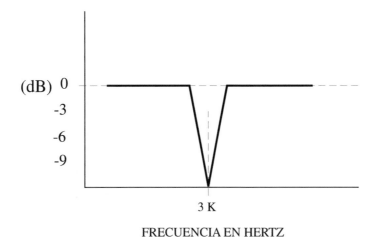

FRECUENCIA EN HERTZ

Fig. 10.31 Gráfica de un filtro tipo Notch.

Procesadores de Tiempo

Son dispositivos que varían el tiempo y desplazan el sonido para crear espacio, profundidad, efectos de eco, retardo, etc. Estos se conectan en forma paralela, es decir, que puede mezclar una señal "seca" (dry) o sin efecto con la misma señal pero con efecto o "mojada" (wet) (ver figura 10.32).

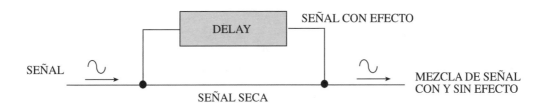

Fig. 10.32 Gráfica de un efecto conectado en paralelo.

El tipo de efectos o procesadores que pertenecen a esta categoría son:

a) Reverberación (Reverb)

b) Retardo (Delay)

c) Chorus

d) Flanging

e) Eco (Echo)

f) Desplazamiento de fase (Phase Shift)

g) Transportador de tono (Pitch transposer)

La reverberación

La reverberación es una serie de reflexiones o repeticiones de un sonido que se van uniendo poco a poco con el tiempo (más densidad) las cuales decaen después de que el sonido directo o fuente se ha dejado de producir (ver figura 10.33).

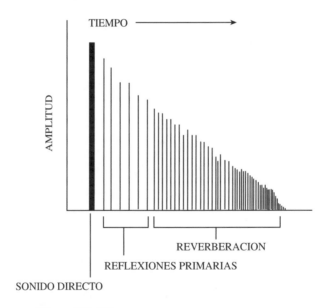

Fig. 10.33 Gráfica del efecto de reverberación.

Parámetros de la reverberación:

Tiempo de decaimiento (Decay Time)

Es el parámetro principal de un reverberverador y es el tiempo que toma la reverberación de un sonido en disminuir 60 decibeles de su nivel original.

Pre-retardo (Pre-delay)

Es un retardo corto que ocurre antes de que se escuche cualquier reverberación y se usa frecuentemente para aumentar la impresión del tamaño de la sala. Puede usarse para separar ligeramente el sonido reverberado con el directo, especialmente en voces para incrementar la claridad de la voz.

Reflexiones primarias (Early Reflexions)

Después del pre-delay siguen las "Early Reflections", son ecos que representan las primeras reflexiones de la sala. Después de estos ecos discretos se crea una reverberación densa que incrementa en densidad al igual que los niveles de la sala. En una sala real, las reflexiones primarias nos permiten localizar los sonidos y en un procesador digital nos crea la ilusión de que hay un espacio alrededor del sonido.

Tipos de reverberadores

Un reverberador es un dispositivo que reproduce artificialmente el sonido de un ambiente acústico, es decir, simula un espacio, —ambientes acústicos tales como salas de conciertos, auditorios, salas pequeñas, etc.

Reverberador de resorte (Spring reverb)

Es el más económico, es mecánico. Usa una combinación de resortes y transductores localizados dentro de la unidad para lograr la reverberación. Cuando la señal entra, ésta rebota literalmente hacia atrás y hacia adelante, produciendo la reverberación con señales percusivas, produce sonidos de "boing". El problema es que el tiempo de decaimiento es difícil de controlar.

Reverberador de placa (Plate Reverb)

Hasta hace poco, el tipo de reverberación usado más a menudo profesionalmente era el "plate reverb". Este reverberador consiste en una placa de acero de 1/64" de grosor y 3 pies de alto con 6 pies de largo, sostenida con una gran tensión dentro de una caja. La reverberación se crea induciendo el movimiento de la onda en la placa a través de un excitador o driver, el cual convierte la energía eléctrica en energía mecánica. Unos micrófonos de contacto captan el movimiento de las ondas y los convierte en pulsos eléctricos. El tiempo de decaimiento se controla moviendo una segunda placa cubierta con material de amortiguación cerca de la placa activa. La reverberación producida de esta manera es excelente, pero la placa es muy cara y muy voluminosa, y debe estar colocada aislada del piso, así que debe ir en otro cuarto.

Salas dedicadas a la reverberación

Este tipo de reverberador consiste en un cuarto rectangular con paredes y superficies de azulejo o *"tile"*, u otro material reflectivo. Utiliza varios micrófonos y una bocina para producir la reverberación. El decaimiento se controla ajustando el nivel de los micrófonos. La bocina debe colocarse con el cono opuesto a los micrófonos para evitar una retroalimentación -*feedback*.

Reverberador digital (Digital reverb)

Es el tipo de reverberadores que más se usa hoy en día y utiliza la técnica de sampling para grabar señales desde placas (plates) y otros tipos de reverbs. Las modificaciones hechas en los parámetros, como el tiempo de decaimiento, pueden guardarse en la memoria interna del reverberador digital.

Retardo (Delay)

Entre otros efectos basados en el retardo -delay- del tiempo tenemos: *eco, chorus y flanging.*

Siempre ha habido una confusión entre eco, reverberación, retardo y decaimiento, es importante saber distinguir su diferencia, especialmente si estamos trabajando en un estudio. Me ha sucedido en algunas ocasiones que el músico o cantante me ha pedido que le "de más delay" y lo que en realidad quiere es más reverberación. Con esto en mente veamos lo que son estos fenómenos:

Eco: Una (o más) repeticiones de una señal.

Reverberación: Muchas repeticiones, dejando menos espacio entre ellas (más densa).

Delay: El intervalo de tiempo entre una señal directa y su eco.

Decay: El tiempo que toma el eco y la reverberación en desvanecer.

Algunos parámetros principales en un dispositivo de delay son:

1) Initial delay: Ajusta la cantidad del tiempo de delay.

2) Mix: Ajusta el balance entre la señal "seca" y la señal con efecto de delay.

3) Feedback: Este parámetro determina cuanta señal se regresa a la entrada del procesador. También puede encontrar el parámetro de regeneración y recirculación que significan lo mismo.

El efecto de chorus

El chorus es un efecto basado en retardos creados modulando el tiempo de retardo de un procesador cuando la señal lo alimenta. Los tiempos de retardo necesarios para crear el efecto de chorus es entre 25 y 55 milisegundos, varía dependiendo del procesador y de la definición personal de quien lo está creando. Cuando aumenta, el tono de la señal retardada se baja ligeramente y cuando disminuye sube creando un sonido más grueso, similar al efecto como si la misma parte fuera ejecutada por varias personas.

El efecto de flanging

El efecto de flanging se basa también en retardos modulados entre 25 y 40 milisegundos para crear una serie de cancelaciones de fases en una señal. El sonido total o general de un flanger es el de un barrido de filtros tipo "comb".

Capítulo 11

Convertidores De Analógico a Digital y de Digital a Analógico

En el capítulo número 1 estudiamos cómo se llevaba a cabo el proceso de grabación y de reproducción digital. Establecimos que la señal tenía que pasar por un convertidor de señales analógicas a digital (ADC en inglés) para poder grabar la información en la memoria. También vimos que para reproducir las señales también tenían que pasar por un convertidor de señales digitales a analógico (DAC en inglés). Todos los sistemas digitales de grabación o reproducción cuentan con por lo menos uno de estos tipos de convertidores que en realidad son circuitos integrados o chips, como se muestran en las fotografías 11.1 y 11.2, que se incorporan en el diseño de su sistema digital junto con el resto de la circuitería (resistores, capacitores, transistores, etc.) de la entrada y de la salida de su sistema.

Existen convertidores ADC y DAC de diferentes resoluciones y salidas, es decir, diferente número de bits que, como mencioné en capítulos anteriores, entre más bits tenga un convertidor, mejor será la calidad sonora o rango dinámico de su señal. A principios de los años '80, recuerdo que los sampleadores y cajas de ritmo en el mercado en ese tiempo eran de 8 y 12 bits de resolución, ahora en los nuevos sampleadores y cajas de ritmo, procesadores, etc., son desde 16 hasta 24 bits. Si usted tiene la oportunidad de comparar la calidad de la salida de audio de una caja de ritmos de 8 bits con una de 16 bits, notará la diferencia en la claridad del sonido y comprenderá a lo que me refiero.

Una observación: Los diseños de los convertidores sean ADC o DAC varian dependiendo de la técnica que se usó en su diseño, es muy extenso explicar las diferentes técnicas, pero creo que no viene al caso en este libro, ya que lo que a usted le interesa es cómo aplicarlos en su sistema de audio digital. Si está interesado en obtener una información más técnica acerca del diseño de convertidores, en la bibliografía le recomiendo algunos libros donde puede obtener esta información con más detalle.

Bien, prosiguiendo con nuestro tema, los convertidores, especialmente los ADC se están haciendo muy populares entre ingenieros de grabación y de masterización hoy en día. Si se ha fijado últimente en los anuncios de convertidores ADC de 20 bits, por ejemplo, en revistas de audio como en Mix y Recording, me imagino que se preguntará lo siguiente cuando ve esos anuncios: "¿Pero, para qué necesito un convertidor ADC o DAC externo? ¿qué los convertidores de mi equipo digital no son muy buenos, entonces para qué gasté tanto en el sistema que compré?" En realidad, los convertidores de su sistema digital son buenos, lo que pasa es que tal vez son de 16 bits, que no tiene nada de malo, pero todo depende de qué tan exigente sea usted con la grabación y la reproducción de su sonido. Si usted desea más calidad sonora entonces es probable que necesite un convertidor externo de 18 ó de 20 bits de resolución para obtener el sonido deseado.

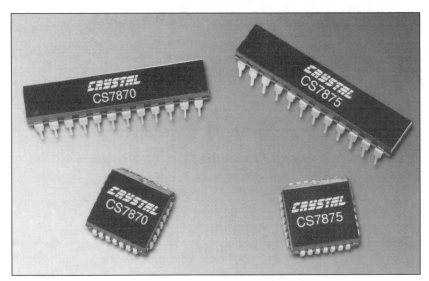

Foto 11.1 ADC en chips. *(Cortesía de Crystal Semiconductors Corporation)*

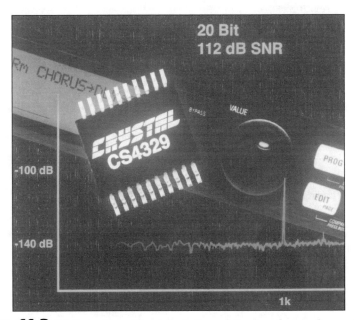

Foto 11.2 DAC en chips. *(Cortesía de Crystal Semiconductors Corporation).*

La conexión de un convertidor ADC externo es muy simple, sólo se conecta la salida de la fuente analógica como la de una voz por ejemplo, a la entrada analógica del convertidor, la salida digital del convertidor a la entrada digital de la grabadora o del interfase de audio si es que está grabando en una estación de trabajo digital multipista. Con esta interconexión, usted está sobrepasando los convertidores internos de su equipo digital (ver figura 11.3).

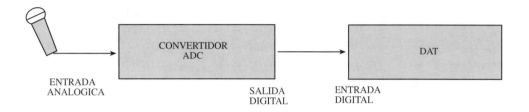

Fig. 11.3 Interconexión de un convertidor ADC.

Entre otros convertidores de 20 bits en el mercado tenemos el GML 9300 de la compañía George Massenberg Laboratories, el AD-1000 y el DA-1000 de Apogee, el 620 20 bit A/D Converter de Symetrix y el RC 24A PAQRAT y el RC 24T PAQRAT de Rane Corporation (ver fotos 11.4 a 11.8).

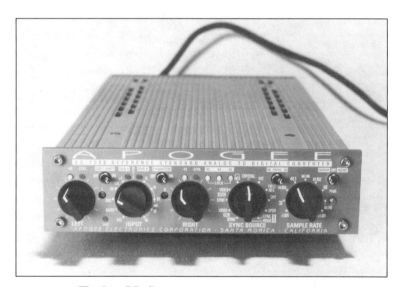

Foto 11.4 Convertidor DA 1000 de Apogee.

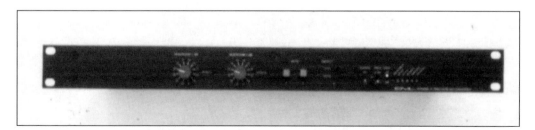

Foto 11.5 Convertidor 9300 de GML.

Foto 11.6 Convertidor 620 de Symetrix.

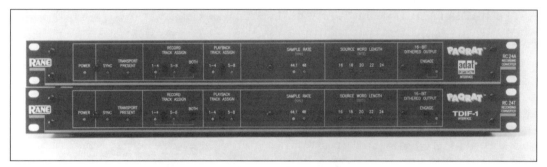

Foto 11.7 Convertidor Paqrat de Rane Corporation.

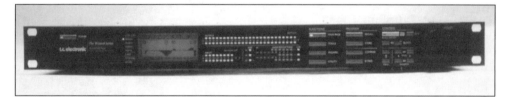

Foto 11.8 El Finalizer de t.c. electronic.

Entonces, ¿en qué quedamos, cuál fue el propósito de un convertidor externo? Bien, sabemos que una grabación de 16 bits nos da un rango dinámico de 96 decibeles, el estándar de un sistema de discos compactos. El problema es que algunas señales de bajo nivel no son reproducidas correctamente por los bits "menos significantes" (LSB) de la "palabra" de 16 bits, los que tienen menos valor. Una de las ventajas de la cinta analógica es que una señal de bajo nivel puede bien caer por debajo del "ruido de piso" -*noise floor*- de la grabadora y poder escucharse y distinguirse. Esto no pasa en el mundo digital. Las señales no procesadas con "Dither" (más adelante hablaremos del Dither) que caen debajo del nivel de cuantización, no se pueden escuchar, se pierden. Esto es por ejemplo, si usted tiene todas sus señales (música) grabadas en 20 bits (120 dB de rango dinámico) y las va a mezclar directamente a una DAT de 16 bits, el rango dinámico de su mezcla será de sólo 96 dB. En otras palabras, la DAT cortará o "tirará" los últimos cuatro bits de los 20 bits que tenía originalmente.

La solución para este problema es el uso de convertidores, como el 620 20 Bit A/D Converter de Symetrix, el AD-1000 de Apogee o el PAQRAT de Rane. Todos estos convertidores A/D cuentan con sus propias técnicas en procesar la información de 20 bits para conservar esos cuatro últimos bits (en el caso de una conversión de 20 a 16 bits). Una de las técnicas que estas compañías usan es por medio del proceso que se llama "Dither" y "Noise Shaping". El dither (se pronuncia 'dider') es el proceso de agregar ruido blanco a la señal, pero en niveles bajos donde se encuentra el último bit de cuantización. El proceso de *noise shaping* es para quitar el ruido de cuantización que se encuentra en el rango de las frecuencias medias que el oído humano percibe más.

¿Qué es "Dither"?

En el dominio digital, es muy común encontrar distorsión en señales de bajo nivel porque algunas contienen información abajo del nivel del último bit (LSB) de un sistema digital. Para evitar este tipo de distorsión, se agrega ruido blanco en la señal de audio. Se preguntará, ¿pero, por qué ruido? Bueno, recuerde que dije en el ejemplo de hacer una transferencia de una señal de 20 bits a 16 bits que los últimos 4 se pierden y en lugar de escuchar la transición de un nivel bajo a silencio repentino es mejor escuchar algo que se desvanezca gradualmente, este algo es ruido blanco porque es más aceptable para el oído humano.

En algunos sistemas digitales, el dither se puede seleccionar y ajustar, en otros no, "se activa" o "se desactiva", si en su sistema se puede ajustar la cantidad de dither que desea agregar a la señal, tenga mucho cuidado, ya que el dither (ruido) es acumulativo, es decir, si le agregó dither a la señal una vez y lo agrega de nuevo, el nivel de ruido aumentará causándole más problemas de los que tenía. Por lo general, una cantidad aceptable de dither sería como la mitad del nivel más bajo que su sistema puede generar o más o menos la mitad del valor del último bit de cuantización (LSB).

Se usa ruido blanco para el dither porque es el más fácil de generar, pero existen otras técnicas para generar dither. Con el tiempo se han diseñado otras técnicas para solucionar el problema de distorsión de cuantización como el "noise shaping" (620 de Symetrix) y el "bit mapping" (PCM-2600 de Sony). También la compañía Apogee desarrolló el sistema UV-22, el cual no es otro tipo de dither, sino que usa una señal de 22 kHz de frecuencia para el proceso de eliminar la distorsión digital.

El dither se usa en situaciones donde se tiene que hacer la conversión de 20 a 16 bits como cuando el material se masteriza a 16 bits porque es el estándar de un disco compacto, especialmente con material o música clásica o música grabada acústicamente. Usar dither es una decisión del ingeniero, necesita tener experiencia para hacerlo. Y no es buena idea agregar dither a una señal que ya lo tiene porque es posible que se produzcan otros tipos de ruidos. El dither es difícil de percibir porque es una señal muy suave. Sólo usando una estación de trabajo digital podrá distinguirlo.

La opción de generar dither se puede encontrar en los convertidores ya mencionados como el PAQRAT de Rane, el M5000, el Finalizer de t.c. electronic, el 620 20 Bit Converter de Symetrix, el PCM 2600 de Sony, el AD-1000 de Apogee con su codificador UV-22. También se puede encontrar en estaciones de trabajo digitales en forma de software como en el plug-in MaterTools de Apogee, en Pro Tools y Sound Designer de Digidesign, en el sistema de Sonic Solutions y el SADiE, entre otros.

Capítulo 12

Sincronización

Recuerdo que cuando salí de la universidad ya hace varios cumpleaños, no tenía la menor idea de lo que era la sincronización. Vagamente recuerdo que los dos últimos días de clases nos mencionaron lo que era SMPTE (se pronuncia "semti") de lo que no comprendí "ni papa" y mucho menos porque me lo explicaron en inglés.

En este capítulo voy a tratar de aclarar algunos puntos sobre lo que es la sincronización entre equipos de audio, sean analógicos, digitales, de video y de MIDI. Este capítulo es para todos aquellos que tienen todavía mucha dificultad en comprender el concepto de la sincronización y los tipos de formatos de códigos de tiempo, y para aquellos que ya entienden todo esto, entonces solamente será un simple repaso que quizá despejará algunas dudas.

Bien, ¿para qué necesitamos la sincronización?

Primero, para que el operador (o sea uno mismo) no tenga que preocuparse si se oprimió el botón PLAY o STOP a tiempo en todos los aparatos para que arranquen o se detengan simultáneamente. También sirve para mantener un "amarre" perfecto entre grabadoras de audio, video, MIDI o alguna combinación.

Debido al mecanismo del transporte, las grabadoras analógicas siempre cuentan con problemas de pequeñas fluctuaciones o variaciones de velocidad conocidas como wow y flutter y tarde o temprano estarán fuera de sincronización con el resto de los aparatos. En sistemas digitales el control de sincronización se lleva a cabo por medio de un oscilador de cristal tipo *quartz*, y ya que dos osciladores no pueden tener características idénticas, el sistema también se saldrá de sincronización debido al tiempo y al cambio en la temperatura.

La sincronización o el "amarre" de sistemas digitales o analógicos se lleva a cabo revisando constantemente la velocidad del código de tiempo en los formatos SMPTE, FSK, MTC, MIDI Clocks, DTL, etc., (definiremos estos códigos más adelante). En grabadoras analógicas la sincronización se mantiene con un control automático en la velocidad del motor, en el transporte. En aparatos digitales se logra con la variación de la velocidad de sampleo durante la reproducción del material o de la música.

Un poco de historia

Sé que la mayoría de ustedes han oído hablar del código de tiempo llamado SMPTE (Society of Motion Pictures and Televisión Engineers). Si algunos de ustedes no tienen idea de lo que es este término, no se preocupe, tarde o temprano va a estar muy familiarizado con él, ya que si está al tanto de los avances tecnológicos por medio de revistas o convenciones, este término será su favorito cuando trate de sincronizar el audio con el video y el MIDI.

Pero antes de hablar de SMPTE hablemos un poco de lo que se usaba en los años '80 para sincronizar audio con secuenciadores, sintetizadores y cajas de ritmo antes de que MIDI se hiciera popular. Recuerdo que cuando yo trabajaba para la compañía de sintetizadores Oberheim allá por 1983, MIDI acababa de ser inventado, pero Oberheim todavía no lo implementaba en sus productos. En ese tiempo Oberheim había lanzado al mercado "Oberheim System" (Sistema Oberheim) que consistía en el sintetizador OB-8, la caja de ritmos DMX y el secuenciador DSX.

La manera como se sincronizaba este sistema con una grabadora de audio era por medio de un tono llamado Sync Tone o FSK (Frecuency Shift Keying), es un tono que alterna entre dos frecuencias y que la velocidad constante de las variaciones de frecuencias indicaban el *tempo* del secuenciador. Después de haber grabado el tono FSK en una pista de la grabadora a un nivel adecuado desde la salida Sync To Tape Out del DSX o DMX, se conectaba la salida de la pista grabada con el tono a la entrada Sync to Tape In del DSX o el DMX dependiendo de cual iba a ser el controlador y cual el esclavo. Esto quiere decir que si se cambiaba la velocidad o tempo en el DSX maestro, el esclavo lo iba a seguir con la misma velocidad. Asimismo, el DMX y el DSX tenían entradas y salidas llamadas Clock In y Clock Out que eran pulsos también conocidos como "PPQN" con los que se sincronizaban entre ellos mismos. En otras palabras, el FSK controlaba el DSX por medio de las variaciones de frecuencias del tono y el DSX controlaba el DMX por medio de los pulsos PPQN. Esto quiere decir que ambos tenían un convertidor interno de Sync Tone o FSK a pulsos PPQN.

Después de que la mayoría de las compañías optaron por implementar MIDI en sus productos y que la Asociación Internacional de MIDI incorporó el estándar de Marcador de Canción -*Song Position Pointer*- que permitía colocar la secuencia al compás donde uno deseaba en lugar de tener que empezar desde el principio cada vez que queríamos escuchar una sección específica de la canción tal y como era con el formato de pulsos o *Clocks*. En ese tiempo cada compañía tenía su propio número de pulsos de reloj por cada nota negra. Recuerdo que Oberheim usaba 96 pulsos por nota negra, otras usaban diferente número de pulsos, los más comunes eran 24, 48, 64, 96, 384 y 480. Así que si uno deseaba sincronizar una caja de ritmos de Roland con el secuenciador de Oberheim tenía que asignarse el número de pulsos de otra manera no se sincronizaban. Por esa razón la Asociación también optó por la estandarización de lo que ahora se conoce como MIDI Clocks que consiste en 24 pulsos por cada nota negra. Así ya no importaba de qué marca era el secuenciador o la caja de ritmos porque la velocidad de reloj era de 24 pulsos por cada nota negra para todo mundo. Si se fija, cuando está usando un secuenciador de programa como el Performer de Mark of the Unicorn o el Cubase de Steinberg, notará que tiene la opción de elegir qué formato de sincronización desea usar. Las opciones por lo general son MIDI Clocks o Beat Clocks (Pulsos de Reloj MIDI), DTL (Sincronización Directa de Tiempo), MTC (Código de Tiempo MIDI) y SMPTE.

Sincronización

Tipos de formatos de código de tiempo:

DIN SYNC

Método de sincronización usada por Roland en las primeras cajas de ritmos y secuenciadores. Consiste en 24 pulsos por nota negra (quarter note). El conector es de 5 pins, el pin 3 es el que carga el pulso.

Direct Time Lock (DTL o DTLe)

Es método que usa Mark Of The Unicorn para usarse exclusivamente en su secuenciador "Performer" o "Digital Performer". No es parte de la especificación de MIDI. Cuando Performer lee SMPTE, el sincronizador como el PPS-100 de JL Cooper puede generar DTL para controlar el Performer.

MIDI Clocks con Song Position Pointer

Este sí es un mensaje de la especificación MIDI y genera 24 pulsos por nota negra. El dispositivo esclavo que va a recibir los pulsos MIDI se "amarrará" y seguirá el tiempo del dispositivo maestro o controlador.

Song Position Pointer (SPP)

Es un mensaje MIDI que indica o lee cuántas dobles corcheas (notas dieciseisavas) han pasado desde el principio de la canción o pieza. Si se desea comenzar desde un punto específico de la canción, se tiene que colocar en ese punto.

MIDI TIME CODE (MTC)

Es la manera de enviar SMPTE en un cable MIDI. Al leerlo el sincronizador puede convertir las horas, minutos, segundos y cuadros en el formato de MTC, éste es reconocido por muchos secuenciadores de software y sistemas integrados digitales y grabadoras digitales modulares.

PPQN (Pulses Per Quater Note)

Es básicamente un pulso de +5V que transmite y recibe las cajas de ritmo y secuenciadores de la época pre-MIDI. Técnicamente se puede referir como PPQN a los formatos MIDI Clock y FSK. Las diferentes resoluciones entre otras son: 24, 48 ó 96 PPQN.

SMPTE

Este método de sincronización fue desarrollado en los '60 para poder enumerar con precisión cada cuadro en una cinta de video para poderla editar, e indica la velocidad y la posición de la cinta. El SMPTE consiste en una señal de audio o tono que desplaza su fase en una manera especial llamada "bi-phase" para poder codificar la información binaria. Este tono es una serie continúa de información que cuenta ascendentemente el tiempo. SMPTE se representa en horas, minutos, segundos y fracciones de segundos llamados "cuadros", que es el equivalente a 33 milisegundos o .0333 parte de un segundo. El tiempo 00:59:10:00 se lee como cero horas, cincuenta y nueve minutos, diez segundos y cero cuadros.

El código de tiempo SMPTE es generado por un dispositivo conocido como generador/lector de código de tiempo SMPTE. Este se graba en la pista de una cinta magnética como una señal audible. Al proceso de grabar el código de tiempo en la cinta se le da el nombre de *striping*. Algunas grabadoras digitales como la RD-8 Adat de Fostex y la DA-88 de Tascam cuentan con un generador/lector y sincronizador interno (en la DA-88 es opcional) y no necesitan sacrificar una pista de audio para poder grabar el SMPTE, estas grabadoras tienen una pista especial llamada "TC Track" para el código de tiempo. En el caso de que grabe SMPTE en una cinta, debe tener cuidado con el nivel a grabar. Por lo general si va a hacerlo en una de audio analógico, entonces el nivel debe ser entre -10 VU y -5 VU (el VUmetro es el medidor de volumen en una grabadora y se mide en dB), y debe grabarse en la última pista de la cinta, es decir, en la pista número 4, 8, 16 ó 24 dependiendo de las pistas que tenga su grabadora multipista. Si va a grabar el SMPTE en una cinta de video de una grabadora de video de 1/2" ó 3/4", se debe grabar en la pista llamada "audio 1" o en la pista de código de tiempo con un nivel entre -5 VU y 0 VU. Finalmente, si va a grabar el SMPTE en una cinta de una grabadora de video de 1", entonces el nivel puede ser entre -5 VU y -10 VU y debe grabarse en la pista "cue" o en la pista "audio 3" de la cinta de video.

Como puede observar en la figura 12.1, los componentes básicos de una cinta de video son: la pista donde va grabado el video, dos o tres pistas para audio (según el formato de la cinta), algunas pistas adicionales como la de control, la auxiliar y la *cue* que básicamente es una pista de audio para el código de tiempo.

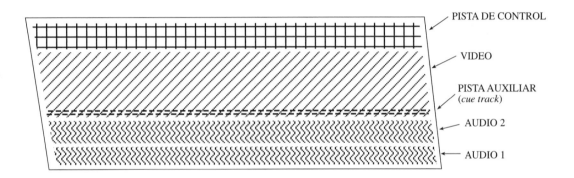

Fig. 12.1 Diferentes pistas de una cinta de video

Un cuadro de SMPTE consiste en una "palabra" digital de 80 bits de longitud que transmite el mensaje de SMPTE en horas, minutos, segundos y cuadros (figura 12.2). Como ya vimos cada bit es un "1" o un "0" que específicamente se codifica para grabarse en la cinta. Este método de codificación como mencioné anteriormente es conocido como "bi-phase" o bifásico que invierte la polaridad a medio camino del bit para representar el "1" y para representar el "0" se deja sin cambiar la polaridad del bit. La "palabra" de 80 bits se graba linealmente a lo largo de la cinta para formar el código de tiempo. Los bits de las horas, minutos, segundos y cuadros son asignados para representar el tiempo, los ocho grupos de 4 bits cada uno de los "bits de usuario" se utilizan para incorporar información en el código como el número del carrete de la cinta, el número de indentificación, la fecha, el nombre de la sesión, etc. Los últimos cuatro bits forman lo que se conoce como Sync Word, el cual provee información como la dirección de la cinta y marca el final de la "palabra" de 80 bits.

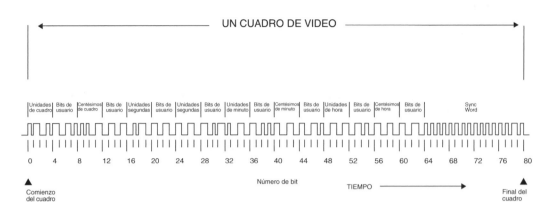

Fig. 12.2 Una "palabra" de SMPTE de 80 bits.

Tipos de código de tiempo SMPTE

Existen dos tipos del código de tiempo SMPTE, el LTC *(Longitudinal Time Code* —Código de tiempo longitudinal) y el VITC (Vertical Interval Time Code —Código de tiempo de intervalo vertical). El código de tiempo LTC (se pronuncia *"litci"*) es el código de tiempo comúnmente usado y el más económico y como mencioné antes, se graba en una pista de audio de una grabadora de audio o de video como si fuera otra pista. Por lo general se graba en la pista llamada "address track" de una cinta de video que es de baja calidad. Se usa para poder utilizar las dos de audio en la cinta de video y así poder grabar el material o música en estéreo. Si el LTC se graba en esta pista, se debe grabar antes o durante la grabación de la señal de video, no se puede agregar después. La desventaja de usar el LTC es que cuando uno detiene o pausa la cinta de video o si se mueve a una velocidad muy lenta, la señal de LTC no se puede leer.

Para resolver este problema, se debe usar el código de tiempo VITC (se pronuncia *"vitci"*), el cual se puede leer o decodificar desde el modo de pausa de la grabadora de video hasta a una velocidad rápida de la cinta. El VITC lleva la misma información que el LTC, sólo que en él se graba verticalmente la señal de video en una sección que no es visible en la pantalla.

Algunas de las ventajas de usar el VITC es que no requiere de una pista de audio dedicada especialmente para el código de tiempo; es dos veces más preciso que el LTC; puede convertirse a LTC para que funcione con equipo que sólo lea éste último. Esto se hace con dispositivos convertidores de VITC a LTC como el 4011 de Fostex.

Una de las desventajas del VITC, es que no todas las grabadoras y reproductoras de video pueden leerlo a todas las velocidades y es muy difícil codificar la señal en cintas donde ya se había grabado con anterioridad video. En fin, de los dos tipos de código de tiempo, el LTC es el favorito, pero en situaciones donde la producción es muy compleja, entonces se usan ambos.

Las velocidades de SMPTE (Frame Rate)

Existen varios tipos de formatos de código de tiempo para diferentes aplicaciones en distintos países, los cuales varían en velocidad -frame rate que es el número de cuadros que pasa por una cinta de audio, video o filme en un segundo . Y fue originalmente medido como la mitad de la frecuencia (50 Hz y 60 Hz) de la corriente alterna (AC) que sale de la pared de su casa. Por ejemplo en Norteamérica, México y algunas partes de Sudamérica se usa la velocidad de SMPTE de 30 cuadros por segundo (fps) para video blanco y negro (60 Hz), y en Europa y Japón se usan 25 fps (50 Hz).

Estándares de transmisión de televisión

NTSC

National Televisión Standards Committee (NTSC por sus siglas). Es el estándar de transmisión de televisión en Norteamérica, Japón, México y en algunas partes de América Central y América del Sur. La velocidad de transmisión en blanco y negro es 30 fps. Cuando se inventó la televisión a color, esta velocidad se redujo a 29.97 fps.

SECAM

Système En Coleurs À Mémoire. Es el estándar de transmisión de televisión a color y se usa en Francia, Hungría, Argelia y Rusia. Usa 625 líneas en la pantalla y su velocidad es de 25 fps.

PAL

Phase Alternate Line. Es el estándar de transmisión en color y fue desarrollada por Telefunken en Alemania. Este estándar se usa en Gran Bretaña, Australia y otros países europeos. El PAL también usa 625 líneas y su velocidad es 25 fps como el SECAM. Estos no son compatibles.

¿Por qué se usa 29.97 fps y no 30 fps para sincronizar el audio con el video?

Cuando se trabaja en producciones usando código de tiempo, es muy importante que el tiempo que transcurre sea exactamente el tiempo que pasa y se lee en la cinta de video, filme o audio para que exista una perfecta sincronización. Ya que como sabemos la velocidad de SMPTE en video blanco y negro es de 30 fps (de acuerdo a la NTSC), cuando se empezó a usar el video a colores, se tuvo que reducir esta velocidad a 29.97 fps debido a lo complejo de esta señal de colores y porque al usar una velocidad de 30 fps se producía una discrepancia de tiempo entre el código en la cinta y el reloj común de 3.6 segundos cada hora, es decir, 108 cuadros.

Para resolver este problema, se tuvo que establecer la velocidad de 29.97 fsp df (df = drop frame) para video a colores. Esto es que en cada minuto el tiempo "se brica" dos cuadros con excepción del minuto 00, 10, 20, 30, 40 y 50 de cada hora. Por ejemplo si tenemos el tiempo 00:13:59:29 y siguiendo lo que acabo de mencionar, el siguiente número sería 00:14:00:02. El código *Drop Frame* se usa cuando se está sincronizando el audio con el video y se necesita una sincronización con precisión. En otras producciones se puede usar el código *Non Drop Frame* porque es más fácil. Nunca combine estos dos tipos de códigos porque no son compatibles, es decir, si grabó SMPTE en una cinta con una velocidad de 29.97 fps df, ese es el código que debe usar para su producción, si no, va a tener una serie de problemas de sincronización. Siempre lea en el rótulo de la caja donde viene la cinta para saber qué velocidad usaron en esa cinta de video o audio cuando grabaron el SMPTE. Si no dice, entonces tiene que llamar al lugar de donde proviene esa cinta, porque si no lo hace, va a entrar en un mundo de pesadillas con la sincronización. Se lo digo por experiencia.

En resumen, las diferentes velocidades de código de tiempo son:

24 fps	- se usa en filme
25 fps	- se usa en video para transmisión (PAL, SECAM)
29.97 fps df	- se usa en video a color para transmisión (NTSC)
29.97 fps ndf	- video a color, no para transmisiones (NTSC)
30 fps ndf	- se usa para video blanco y negro y audio
30 fps df	- raramente usado para video blanco y negro

Sincronizadores

El sincronizador es un dispositivo que lee el código de tiempo de dos o más grabadoras de audio o video, compara los tiempos entre las máquinas y ajusta las posiciones y velocidades de cinta en las grabadoras. Los ajustes están basados en la comparación de los códigos que hizo.

Existen en el mercado diferentes tipos de sincronizadores que, dependiendo de su grado de versatilidad, pueden generar y leer diferentes tipos de códigos de tiempo como el SMPTE, el MTC, el FSK y MIDI Cloks, entre otros. También pueden convertir de un tipo de código a otro, sincronizar dos o más grabadoras, regenerar y reformar -*reshape*- el código cuando se necesitan hacer copias de video o audio de una grabadora a otra, entre otras aplicaciones.

Si anda en la búsqueda de un sincronizador, a continuación mencionaré algunos que son económicos y otros, que por su versatilidad, son más costosos:

El sincronizador/generador de eventos MIDI **PPS-100** de JL Cooper (ver foto 12.3) puede sincronizar secuenciadores y cajas de ritmos con SMPTE usando el código de tiempo MIDI Clocks con el Song Position Pointer.

Foto 12.3 Sincronizador/generador PPS-100 de la compañía JLCooper.

El MTC y el Direct Time Lock, puede generar mensajes MIDI para disparar dispositivos MIDI con mensajes de notas activadas/desactivadas MIDI, cambios de programa, controladores o vía sistema exclusivo. Existe un software opcional que trabaja con la Macintosh, con la PC (Windows) y con la Atari ST. Este programa le permite crear en la computadora un "cue list" con "mapas" de *tempo* y eventos para después cargarlos en el sincronizador y también se usa como editor del PPS-100.

También de JL Cooper, tenemos el dataMaster que cuenta con una gran variedad de funciones de sincronización con MIDI y SMPTE (ver fotografía 12.4). Para aquellos que tienen grabadoras digitales modulares Adat, el dataMaster le permite conectar su Adat a otros dispositivos en su estudio, y puede producir código de tiempo en el formato Adat desde el pulso del reloj interno de la Adat para sincronizar y autolocalizar un secuenciador MIDI de una computadora externa sin tener que sacrificar una pista de audio. El dataMaster también puede hacer que una Adat se sincronice a un secuenciador, es decir, si usted se "brinca" del compás 10 al 32, la Adat se "saltará" a ese punto también. Puede sincronizar Adats vía SMPTE con grabadoras de audio multipista o de video y trabaja con las diferentes velocidades de SMPTE.

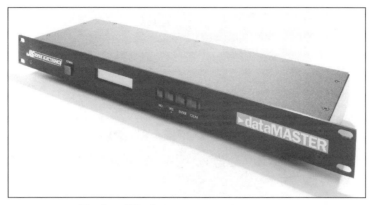

Foto 12.4 El dataMaster de JL Cooper.

Si desea controlar las funciones del transporte de la Adat, lo puede hacer vía MIDI Machine Control, usando un secuenciador que transmita mensajes MIDI o con el dispositivo llamado CuePoint de JL Cooper.

El AI-2 de la compañía Alesis (TimeLine), es un controlador universal para la Adat que permite controlar hasta 16 Adats (128 pistas) desde un editor de video y todo un sistema de sincronización para grabadoras (foto 12.5). Cuenta con cuatro entradas para interconectarlo con dispositivos externos y las dos salidas de control se usan para controlar hasta 16 Adats con o sin el controlador de Alesis BRC. El AI-2 también genera código de tiempo LTC y MTC basado en la posición de la cinta en la Adat y puede leer el SMPTE o el código EBU para ser controlado por dispositivos externos, es decir, en modo Chase.

Foto 12.5 El AI-2 de la compañía Alesis.

La compañía midiman cuenta con un sincronizador universal llamado Syncman Pro que genera, regenera y lee código de SMPTE. Puede convertir SMPTE a MTC, Direct Time Lock (para el secuenciador Performer), y Song Position Poiner, y cuenta con su técnica llamada Spot-Lock Video Sync. También incorpora la función Jam Sync y puede grabar y reproducir hasta 768 efectos de Foley con MIDI (foto 12.6).

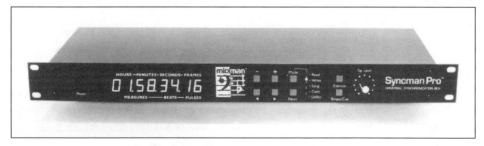

Foto 12.6 El Syncman Pro de midiman.

El Video Syncman de midiman, es un convertidor de códigos de tiempo SMPTE, de VITC a LTC y a MTC simultáneamente, de LTC a VITC y MTC, de MTC a VITC y a LTC. También lee todas las velocidades de código de tiempo como 24, 25, 29.97 y 30 fps. Puede regenerar la señal de SMPTE y tiene la función de *Jam Sync* en todos los modos. Una de las funciones más interesantes que tiene el Video Syncman es que puede grabar SMPTE en la cinta de video para que se vea en la pantalla. A esta función se le da el nombre de "Screen Burner" o "Window Burner" (foto 12.7).

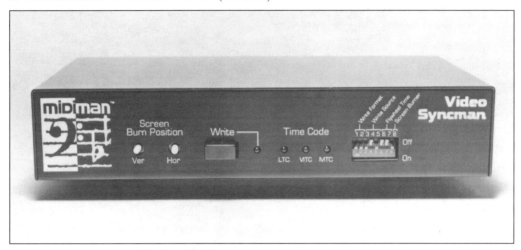

Foto 12.7 El Video Syncman de midiman.

El MIDI Time Piece AV (MTP AV) tiene básicamente las mismas funciones que el MIDI Time Piece II de Mark of the Unicorn pero le agregaron funciones de sincronización que permite sincronizar MIDI con las Adats, Pro Tools y con video. Algunas de las características con las que cuenta son: video Genlock, Adat sync, Word Sync y Superclock de Disidesign. Con el MTP AV usted puede usar las Adats, Pro Tools y otros aparatos compatibles con el Word clock como dispositivos esclavos (con código SMPTE y video). También puede controlar las Adats desde un secuenciador sin la necesidad del BRC o con mensajes de MMC que pueden provenir desde el CuePoint de JL Cooper. El MTP AV trabaja con Macintosh y PC (Windows) o puede usarlo autómaticamente (foto 12.8).

Foto 12.8 El MIDI Time Piece AV de Mark Of The Unicorn.

Por otro lado tenemos al Micro Lynx de la compañía TimeLine. El Micro Lynx es un sincronizador para SMPTE y MIDI que facilita la sincronización de múltiples dispositivos como transportes de grabadoras de audio y video, estaciones de trabajo digitales (DAW), unidades controladas vía MIDI y vía SMPTE. Cuenta con un teclado integrado para controlar sus funciones (foto 12.9). El sistema básico puede controlar dos grabadoras de audio o de video y puede generar código de tiempo SMPTE y MTC simultáneamente. Si desea controlar una tercera grabadora, entonces necesita adquirir una tarjeta de expansión M3. Para poder "amarrar" estaciones de trabajo digitales con un "reloj sobresampleado" y/o con salidas "AES/EBU sample clock", necesita la tarjeta opcional ACG (Audio Clock Generator) y para leer código VITC, entonces necesita la tarjeta opcional Vertical Interval Timecode.

Foto 12.9 El Micro Lynx de Time Line.

Por último tenemos el SMPTE Slave Driver (SSD) de Digidesign que es un dispositivo para obtener una sincronización directa del sistema de grabación y edición digital como Pro Tools, Sound Tools o ProMaster con LTC (ver foto 12.10). Cuando se usa el SSD con uno de los sistemas mencionados se puede adquirir una sincronización con grabadoras analógicas o digitales de audio o video con código LTC de alta fidelidad. EL SSD también actúa como una fuente que varía la velocidad, como convertidor SMPTE a MTC o como generador de SMPTE (LTC). EL convertidor de SMPTE a MTC en el SSD abastece el MTC como información de posición que le hace saber a Pro Tools donde empezar a grabar o reproducir en el código de tiempo especificado. Una vez que Pro Tools comienza a reproducir en el momento apropiado, el SSD hará que el Super Clock (256 x sample clock) de Pro Tools se sincronice con el LTC que está entrando. Si la velocidad varía cuando Pro Tools está grabando o reproduciendo, el SSD ajustará el tiempo vía la velocidad de sampleo manteniendo el sistema sincronizado con una alta precisión sin importar qué tan larga sea la canción o el material.

Foto 12.10 El SMPTE Slave Driver de Digidesign.

Sincronización con video

Cuando usted quiere grabar código de tiempo en una cinta de video deberá estar en perfecta sincronización con la señal de video. Si no, la sincronización entre el código y la imagen se irá perdiendo poco a poco hasta el punto en que el sonido terminará antes que la imagen. Para poder resolver este problema, se necesita un dispositivo conocido como generador de *Black Burts*, es una señal con señal de video pero sin imagen y contiene la información necesaria para sincronizar las grabadoras de video y/o audio. Esta señal se envía al sincronizador y a la grabadora de video simultáneamente para que ambos estén recibiendo la misma señal de referencia (ver figura 12.11). Sólo existe la necesidad de un generador de este tipo si el código de tiempo que está usando es LTC, ya que el VITC automáticamente se sincroniza con la imagen porque están incluído en la señal de video. Entre otros generadores de *Black Burst* tenemos el ES-219 y el PC-219 de la compañía ESE, este último es una tarjeta que se conecta a su PC o Amiga. También, existen las BSG-50, BG-50 y PC-BSG de la compañía Horita. La PC-BSG es una tarjeta que se inserta en una ranura adentro de la computadora IBM, y la BG-50 tiene múltiples salidas de *Black Burst* para *Composite Sync* y para *Genlocking* que son sistemas de video grandes. El término *Genlock* o *Genlocking* es la sincronización de la señal a una referencia de video.

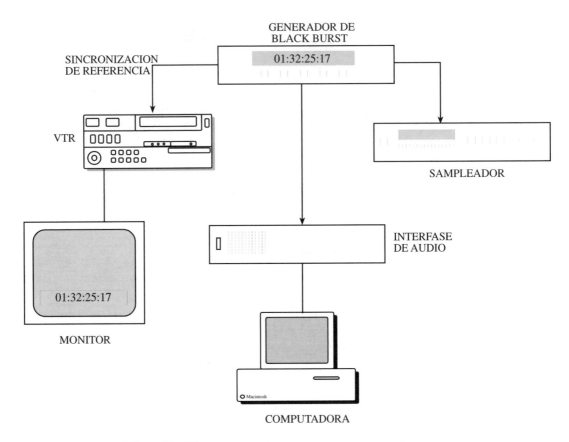

Fig. 12.11 Sincronizando audio y video con "Black Burst".

Para reformar el código de tiempo (Reshaping)

Cuando existe la necesidad de hacer una copia o transferencia de una cinta analógica a otra u otro medio que contiene código de tiempo, es probable que necesite "reformar" -*reshape*- o regenerar el código de tiempo. Ya que el código de tiempo consiste en formas de onda cuadradas, es probable que estas ondas cuadradas no se reproduzcan exactamente cuando se transfieren a otra cinta. Si esto sucede, el lector de código de tiempo no podrá leer el código apropiadamente y es cuando se empezarán a notar errores o a desincronizar las máquinas y no va a ser agradable tratar de saber el por qué el lector de código no está leyendo la información correctamente. Es el momento de pensar en regenerar su código de tiempo.

Una forma de regenerar el código de tiempo, es por medio del proceso llamado *Jam Sync* o *Jam Time Code*. La manera en que se lleva a cabo es enviando este código a un generador que tenga la función de *Jam Sync*, como el Lynx Time Code Generator de TimeLine. El código de tiempo es sampleado y analizado por el lector interno del generador, detecta las "direcciones" -*address*- e información de usuario -*user data-* que está entrando y es regenerado como código de tiempo nuevo manteniendo exactamente los mismos números como el código original, todo esto realizado a un tiempo real. El generador de código reproduce el nuevo código de tiempo libre de distorsiones y lo envía al medio analógico o digital que usted desee (ver figuras 12.12 y 12.13).

Fig. 12.12 Regeneración de código de tiempo.

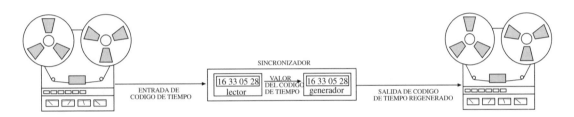

Fig. 12.13 Regeneración de código de tiempo con Jam Sync.

Tipos de sincronización

Durante la post-producción de una producción de película por ejemplo, el material de video o película se encuentra en una grabadora/reproductora de video de 3/4" como la U-Matic VO-9850 de Sony y el material de audio se encuentra en una grabadora digital modular como la DA-88 de Tascam o en una o dos grabadoras analógica de 24 pistas. El tipo de equipo y el número de máquinas usadas varía de un estudio a otro. Suponiendo que durante la mezcla de la producción se están usando varias DA-88 para el audio, una que contiene los efectos especiales de sonido, otra que contiene los sonidos de *foley*, otra el ADR (Automatic Dialog Replacement), y otra para la mezcla final de la música. Bien, para que todo esto funcione se necesita usar un buen sistema de sincronización con un sincronizador de alta calidad.

En un sistema de sincronización ya sea entre audio y video o audio y audio, siempre se asigna a una de las grabadoras de audio o video como dispositivo maestro y las demás como esclavas, igual a como se asigna en sistemas de MIDI. Generalmente cuando se está trabajando con audio y video, la grabadora de video es la que se asigna como el controlador maestro. Existen varios tipos de sistemas de sincronzación, entre los básicos tenemos al conocido como sistema de sincronización con control, que consiste en una sincronización de video y audio donde se agrega un controlador o sincronizador entre la grabadora de video y audio como se puede observar en la figura 12.14. En un sistema como este se graba código de tiempo SMPTE en la grabadora de video y la de audio, el código se envía al controlador desde ambas máquinas. El controlador es el que determina cuándo y dónde y en qué cinta están tocando ambas. Para que se lleve a cabo esto, el controlador envía señales de control de transporte a ambas máquinas por el cable que está conectado en la parte de atrás de cada grabadora, de esta manera el audio y el video estarán en perfecta sincronización.

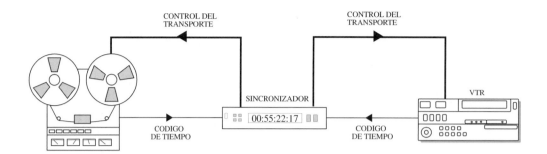

Fig. 12.14 Sincronización de audio con video.

El otro sistema básico de sincronización es el llamado Audio Chase, que es la capacidad de una grabadora de audio analógica o digital de localizar y "amarrarse" a una posición en la cinta desde un tiempo de referencia específico designado por un código de tiempo recibido desde el exterior. Esto significa que en lugar de que el controlador o sincronizador del sistema en la figura 12.15 envíe señales de control hacia la grabadora de video para determinar el modo en que el transporte de la grabadora de audio va a estar, la grabadora de video enviará el código de tiempo directamente, es decir, que si usted oprime el botón PLAY en la grabadora de video, la grabadora de audio estará también en el modo PLAY o de reproducción, de esta manera se dice que la grabadora de audio se encuentra esperando el código de tiempo o está en el Modo *Chase*.

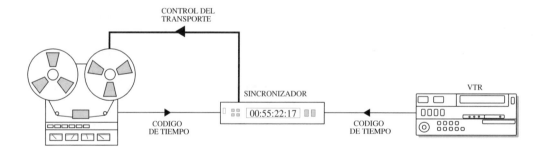

Fig. 12.15 Sincronización de audio tipo "chase".

Capítulo 13

Transmisión Digital

En los últimos años las transferencias o transmisiones de audio digital se han vuelto muy populares por lo económicamente accesible. Hoy en día y por toda la literatura que existe sobre cómo hacer copias o transmisiones digitales entre una grabadora DAT a otra o de una Adat a otra, por ejemplo, es decir, la transmisión de números o dígitos y no de voltajes contínuos entre grabadoras digitales. Mucha gente aún no tiene el concepto bien definido de lo que es una transferencia o transmisión de audio digital. El sólo hecho de conectar la salida de audio de una grabadora DAT a la entrada de otra no significa que se está haciendo una copia digital del material o de la música. En realidad lo que se está haciendo es una copia del material, pero analógicamente, es decir, voltajes y no números digitales cuando se conectan las salidas de las grabadoras que están marcadas como "BALANCED OUTPUT o INPUT" y no como "DIGITAL I/O" o "DIGITAL OUTPUT y DIGITAL INPUT".

Habrá notado que en algunos aparatos, como procesadores de efectos, convertidores de velocidad de sampleo, sampleadores, sintetizadores, DAT, grabadoras multipista, discos compactos, etc., tienen en el panel posterior diferentes tipos de conectores que están marcados con sus respectivos nombres y denotan de qué tipo son las salidas o entradas, es decir, analógicas o digitales. Algunas veces están separadas y dibujadas dentro de un rectángulo para separarlas y para que no haya peligro de equivocarse.

En la foto 13.1 se pueden observar los diferentes tipos de conectores que tiene este procesador de efectos. En la sección analógica, cuenta con un par de entradas y salidas llamadas LEFT INPUT, RIGHT INPUT, LEFT OUTPUT y RIGHT OUTPUT. Por otro lado, en la sección digital tiene tres tipos de conectores para tres diferentes tipos de transferencia de audio digital y son: AES/EBU (conectores XLR o Cannon), S/PDIF (conectores RCA) y OPTICAL (conectores para fibra óptica). También podrá observar que sólo hay un conector para las entradas y salidas izquierda y derecha en cada tipo de formato que son totalmente diferentes a las analógicas ya que tienen un conector para el canal izquierdo y otro para el canal derecho, por supuesto, estamos suponiendo que usamos un dispositivo con entradas y salidas estéreo. La razón por la cual sólo existe un conector para las salidas y entradas digitales, es porque estos formatos envían la información de dos canales por un solo cable. Por ejemplo, si usted se fija en el interfase de audio modelo

888 usado para el sistema de ProTools III, notará que sólo tiene cuatro conectores tipo XLR para las entradas y otras cuatro para las salidas, aún así, se caracteriza por tener ocho entradas y ocho salidas digitales tipo AES/EBU y dos en el formato S/PDIF, más adelante hablaremos acerca de ellos.

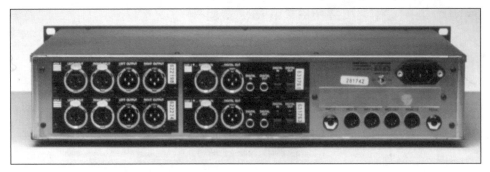

Foto 13.1 Panel posterior del M5000 de t.c. electronic

¿Para qué hacer transferencias de audio digitales?

Bien, una de las razones por las cuales es necesario hacer copias digitales en lugar de analógicas es que cuando uno hace copias analógicas, la señal tiene que pasar por una consola para subir los niveles de ésta y que así la grabadora, ya sea casete o DAT tenga un buen nivel de entrada. Obviamente, si la grabación cuenta con muy buenos niveles, se pueden conectar las grabadoras directamente sin tener que usar una consola, pero aún así se tiene que ajustar los niveles de entrada de la grabadora en que se va a llevar a cabo la copia. También, se puede usar un preamplificador externo y reforzar la señal de este modo. Esto es en caso de que no haya buenos niveles, ¿ok? Bien, prosigamos. El proceso de pasar la señal por la consola es un proceso normal, lo que pasa es que dependiendo de qué tan buena sea la calidad de la consola que están usando para obtener un buen nivel de grabación, será la calidad de transferencia o copia, es decir, si la consola es muy ruidosa, lo que se va a grabar en la DAT también tendrá ruido, eso me recuerda mucho al dicho norteamericano, cuando se habla de computadoras que dice: "GARBAGE IN, GARBAGE OUT" (traducido al español: "ENTRA BASURA, SALE BASURA"). En cambio, si se usa una buena consola que es bastante silenciosa, con un mínimo de ruido, entonces la copia va a ser mejor, pero el proceso sigue siendo analógico.

El problema del ruido en una consola se debe a que en cada etapa de la consola donde pasa la señal, es decir, por el preamplificador, por el ecualizador, por el fader, etc., hay un aumento de ruido producido por los amplificadores de los circuitos. Como mencioné anteriormente, hay de consolas a consolas y de circuitos a circuitos. Si los circuitos usan amplificadores (circuitos integrados o OpAmps—Amplificadores Operacionales) de muy buena calidad, entonces el ruido será mínimo, de otra manera si se le sube al volumen para escuchar más señal o música, también se le está aumentado el nivel al ruido que vendría siendo la suma de todos los amplificadores o etapas por donde pasa la señal desde que entra por el preamplificador de la consola hasta su salida (vea figura 13.2).

Por otro lado, si en lugar de hacer la copia analógica se hace digitalmente, entonces no tendrá que ajustar ningún nivel de entrada ya que el nivel de entrada de la DAT donde se va a copiar la información será exactamente igual al nivel que contiene la grabación original sin tener que mover ningún fader ni pasarla por la consola. Recuerde que lo que estamos enviando por el cable que interconecta las dos grabadoras son números o dígitos y no voltajes o audio, aún cuando estamos usando cables de audio comunes con conectores XLR o RCA.

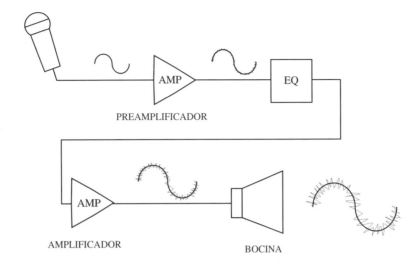

Fig. 13.2 Una señal pasando por dos amplificadores y un ecualizador.

Otra razón por la cual se deben hacer copias del material digitalmente es porque cada vez que se toca la DAT original, no se degrada ni pierde calidad sonora. En cambio en una cinta magnética (grabación analógica) cada vez que se reproduce la música o material se pierde un poco en la respuesta de frecuencias agudas y finalmente, después de un buen número de "tocadas", el sonido de la grabación se escuchará muy opaco y padecerá de frecuencias agudas.

Tipos de formatos de transmisión de audio digital

Ya que hemos hablado un poco de cómo se hace una conexión para llevar a cabo una transmisión de audio digital, hablemos ahora de cuáles son los diferentes formatos.

En primer lugar, para hacer una transmisión en cualquier formato debe seleccionarse la velocidad de sampleo en la que se llevará a cabo la misma. Por lo general los sistemas de hoy en día pueden transmitir a una velocidad de 32 kHz, 44.1 kHz y 48 kHz. Por ejemplo, si usted grabó su mezcla en una DAT a una velocidad de 48 kHz en lugar de 44.1 kHz (que es la velocidad estándar para masterizar un CD) y desea transferir una de las canciones para ser editada en Pro Tools o cualquier otro sistema de edición digital, deberá seleccionar entonces la misma velocidad (en este caso de 48 kHz), si tiene ajustado Pro Tools a que reciba a 44.1 kHz, éste le indicará errores de transmisión.

Si no está claro el concepto de la velocidad de sampleo, sólo piense como si estuviera usando una grabadora analógica donde usted tiene que seleccionar a qué velocidad correrá la cinta, a 15 ips (pulgadas por segundo) ó a 30 ips (suponiendo que está usando una grabadora profesional de 24 pistas con una cinta de 2 pulgadas de ancho). Vamos a suponer que grabó su canción a una velocidad de 30 ips, llega a otro estudio y coloca la cinta, entonces se da cuenta de que esa canción que grabó se escucha más lenta y más baja de tono, bien, si observa notará que la selección de velocidad de la grabadora se encuentra en 15 ips y no en 30 ips.

Se preguntará, ¿para qué quiero seleccionar una velocidad de 30 ips en lugar de 15 ips?, bien, la respuesta es que entre más rápido viaje la cinta, tendrá menos ruido de cinta, y la grabación será mejor.

La desventaja de esto es que la cinta se usará más rápido y no podrá grabar la misma cantidad de canciones. Otro punto en contra es que sale muy costoso, aproximadamente $140. US Dls. por cada cinta de 2 pulgadas, a menos de que no haya objeción por el precio de la cinta en el presupuesto del proyecto. Por otro lado, si graba a una velocidad de 15 ips, la cinta le rendirá más, pero la cantidad de ruido de cinta aumentará. En muchos estudios lo que se hace es grabar a 15 ips para ahorrar cinta pero se utiliza el sistema de reducción de ruido Dolby SR y siendo un sistema caro los estudios de grabación lo rentan aparte.

Lo mismo pasa en una grabación digital, si usted decide grabar a una velocidad de sampleo de 48 kHz, pasará lo mismo que en el mundo analógico, pero en lugar del gasto de cinta, será de memoria en disco duro en el caso que estemos hablando de un sistema integrado de grabación directo a disco duro como Pro Tools o Sonic Solutions. Como ustedes saben los costos de memoria como los discos duros son altos, aunque recientemente ya han bajado de precio. Como mencioné en el caso de una grabación con cinta a 30 ips, si grabamos digitalmente a 48 kHz, obtendremos una máxima reproducción y con un buen rango dinámico de la señal grabada. Ahora, cuando escuchamos un disco compacto grabado a una velocidad de 44.1 kHz, la calidad sonora es también excelente y si comparamos la calidad entre una a 44.1kHz y una a 48 kHz, la diferencia no es mucha, y a propósito, recuerde que si graba a 48 kHz, de todas formas tendrá que bajar la velocidad de sampleo a 44.1 kHz para fabricar los CD ya que ese es el estándar de fabricación. Así es que si desea gastar más memoria de la necesaria ....

Bien prosigamos con el objetivo de esta sección que es la de estudiar los diferentes tipos de formatos de transmisión de audio digital.

Hasta ahora tenemos varios formatos de transmisión que se usan frecuentemente y son:
AES/EBU (Audio Engineering Society/European Broadcast Union)
S/PDIF (Sony/Phillips Digital Interfase Format)
SDIF-2 (Sony Digital Interfase Format)
MIDI (Musical Instruments Digital Interfase)
MADI (Multiple Audio Digital Interfase)
Fiber Optic Transmission
Todos estos formatos tienen sus usos y aplicaciones y enseguida las estudiaremos.

El formato AES/EBU

El formato AES/EBU se ha convertido en el formato de transmisión de audio digital más popular. Este formato se usa para transmitir dos canales (izquierdo y derecho) simultáneamente por un cable de línea balanceada, es decir, dos conductores (+ y -) y la tierra (GND) usa conectores tipo XLR o Cannon. A este formato se le considera "profesional". La transmisión consiste en una señal con información de tiempo para la sincronización y depende de la velocidad de sampleo, se considera auto-controlada. Trabaja usando un método de modulación de frecuencia bi-fásico (como el código de tiempo SMPTE) donde la polaridad es independiente, de esta manera no importa si el cable se conecta fuera de fase, de todos modos funcionará. Asimismo, fue diseñado para poder correr el cable hasta una distancia de 100 metros, y si es necesario mandarlo a una distacia más larga, se puede usar un dispositivo que refuerce la señal y no haya pérdidas en la información transmitida. El voltaje de la señal puede ser entre 3 y 10 voltios pico a pico con una impedancia de 110 ohms (ver figura 13.3).

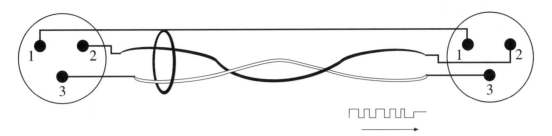

Fig. 13.3 Conexión del formato AES/EBU.

Una transmisión de AES/EBU se lleva a cabo en bloques de 192 bits que son organizados en veinticuatro palabras de 8 bits cada uno. En esos bloques de información se transmiten dos sub-cuadros de 32 bits durante cada período de una muestra. Cuando se hace una transmisión de dos canales de audio, se envían en forma serial, por ejemplo, un sub-cuadro sería el canal izquierdo y otro el canal derecho, de esa manera se enviaría el primer subcuadro primero y después el segundo, enseguida el primero de nuevo y después el segundo y así sucesivamente. En caso de enviar una señal mono, entonces se enviaría solamente el primer sub-cuadro.

Dijimos que un sub-cuadro consiste en 32 bits ¿O.K.?, bien, 24 de estos se usan para la información de audio de un canal (figura 13.4). Los otros bits proporcionan otra información que le envía el aparato transmisor al receptor, como la velocidad de sampleo, la fecha y hora en que se está transmitiendo, la dirección de la información para cerciorarse de que la sincronización se está manteniendo intacta, la información de sincronización y otra información importante. En la mayoría de los casos sólo se utilizan 16 ó 20 bits para la información de audio, el resto, los 24 se asignan a cero, o se reservan para otras aplicaciones. Una desventaja de este formato es que cuando se hacen copias entre grabadoras, la información enviada no incluye lo de las marcas de los índices que se habían grabado cuando se hizo la grabación originalmente, esto es porque esta información se incorporó después de que el AES/EBU se había establecido.

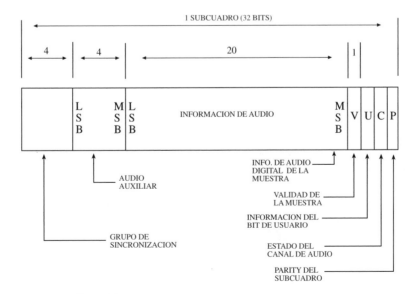

Fig. 13.4 Estructura del formato de transmisión AES/EBU.

El formato S/PDIF

Se considera como un formato que se usa en aparatos a nivel consumidor como reproductores de CD, DCC (Digital Compact Cassette), etc., pero aún así el S/PDIF se usa también en aparatos de nivel profesional, y si tiene alguna duda, la próxima vez que visite un estudio profesional encontrará que algunos aparatos como DSP, grabadoras digitales profesionales, entre otros, tienen incorporado este formato al igual que el AES/EBU.

Básicamente, el S/PDIF se diseñó para transmitir audio digital (dos canales a la vez) entre aparatos de nivel consumidor y lo pueden reconocer por el tipo de conectores que usan, del tipo RCA, aunque en algunos aparatos se incorporan conectores de fibra óptica para hacer la transmisión S/PDIF (foto 13.5 y figura 13.6).

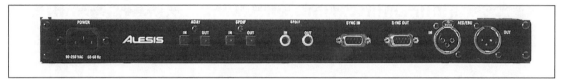

Foto 13.5 Parte posterior del convertidor AI-1 de Alesis con las entradas para S/PDIF.

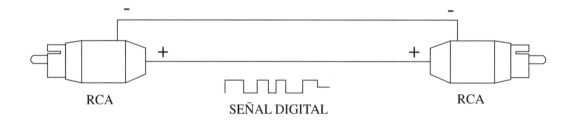

Fig. 13.6 Conectores RCA para realizar la transferencia via S/PDIF.

Las principales diferencias entre el formato AES/EBU y el S/PDIF es en primer término el tipo de conector usado como mencionamos anteriormente y el nivel de voltaje en que trabaja el S/PDIF que es de 0.5 Voltios con una impedancia de 75 ohms. La transmisión en sí es similar a la del AES/EBU en donde la información de los canales se envía en bloques de 192 bits que están organizados en grupos de doce "palabras" de 16 bits cada una. Los dos primeros bytes enviados tienen información general del estado del canal de audio e información sobre qué tipo de aparato es la fuente generadora de la transmisión, así como cuál es la frecuencia de sampleo y otros códigos necesarios para llevar a cabo la transmisión entre el transmisor y el receptor. En el SP/DIF también hay 24 bits reservados para la información de audio en los que va incluida la información del índice, es decir, el ID de inicio y el número de programa.

El formato SDIF-2

El SDIF-2, antes conocido como SDIF-1, es un formato o protocolo que fue desarrollado por Sony para transmitir información en forma serial entre equipo digital marca Sony por medio de tres cables tipo BNC (comúnmente usado en videocaseteras), uno para el canal de audio izquierdo, otro para el canal derecho y el tercero que lleva el pulso de reloj para una perfecta sincronización entre los dos canales durante una transmisión (vea figura 13.7).

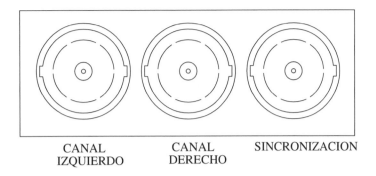

CANAL
IZQUIERDO   CANAL
DERECHO   SINCRONIZACION

Fig. 13.7 Conectores tipo BNC para transferencias via SDIF-2.

Este formato todavía se usa en procesadores como el PCM-1610 y el reconocido PCM-1630, hoy en día es uno de los sistemas más usados para masterizar discos compactos. La transmisión SDIF-2 se lleva a cabo en grupos de 32 bits en donde 20 de ellos son para la transmisión de audio, aunque muy rara vez se usan más de 16 bits. El resto de los 32 bits se usan para enviar información tal como códigos de sincronización, códigos de prohibición de copia (SCMS—Serial Copy Management System), si la información contiene énfasis o no, la velocidad de sampleo, etc. A propósito, las velocidades de sampleo que son comunes en este formato son de 44.056 kHz, 44.1kHz y 48 kHz.

El formato MIDI

Como vimos, MIDI es un protocolo de transmisión digital muy usado en la actualidad para controlar varios sintetizadores por medio de uno solo, enviar información (hacer un respaldo de información) de programas o efectos de un dispositivo a otro de la misma marca —eso es a lo que se le conoce como SySex o Sistema Exclusivo, etc. Este formato utiliza el cable tipo DIN (vea figura 13.8). Como se dejó establecido, éste no debe medir más de 15 metros de longitud, pero si se desea alargar, debe usarse un reforzador de señal para que no haya pérdidas en la información que se trata de transmitir.

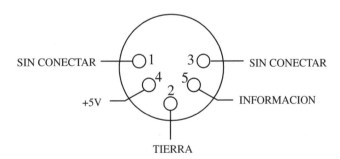

SIN CONECTAR — 1   3 — SIN CONECTAR

4   5

+5V —   2 — INFORMACION

TIERRA

Fig. 13.8 El conector para una transmisión vía MIDI.

En este formato la información se transmite en forma serial y se llevará a cabo sólo conectando la salida del dispositivo transmisor al receptor (figura 13.9). Una comunicación de MIDI entre dos dispositivos (sintetizadores, procesadores de señales, sampleadores, etc.) se lleva a cabo por medio de una transmisión-recepción de tres o más bytes por mensaje o comando, dependiendo del tipo de información que se esté transmitiendo, es decir, cambio de programa o sonido, una nota activada, una alteración en el tono por medio de la rueda de cambio de tono, etc. Si observa la figura anterior, puede notar que el sintetizador transmisor está enviando un mensaje de una nota activada al sintetizador receptor.

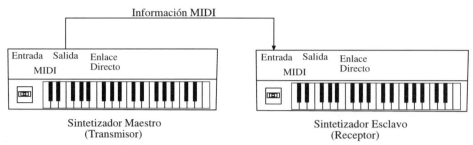

Fig. 13.9 Ejemplo de una transferencia vía MIDI.

Como vimos en el capítulo 4, el primer byte que se envía es el byte llamado De Estado que consiste en el tipo de comando o mensaje y el número de canal MIDI en que el mensaje se va a transmitir o a recibir. El segundo y el tercer byte (en este caso), se llaman Byte De Información porque llevan la información sobre qué nota se oprimió y a qué velocidad o qué tan fuerte se oprimió. Para una información más detallada les recomiendo nuevamente "Descubriendo MIDI", editado por Miller Freeman Books.

El formato MADI

El MADI es una interconexión digital entre dispositivos con múltiples canales de audio, por ejemplo, entre una grabadora digital multipista (DASH de Sony) y una consola digital (ProMix/02 de Yamaha). Este formato es muy parecido al AES/EBU con la única diferencia que el AES/EBU sólo puede transmitir dos canales a la vez y el MADI puede transmitir hasta 56 canales al mismo tiempo. Debido al rápido crecimiento del uso de audio digital en un formato multicanal, en 1987 se verificó una reunión entre compañías como Neve, Solid State Logic, Mitsubishi y Sony para definir el estándar conocido ahora como MADI, que es una simple conexión entre dos dispositivos digitales multicanales para hacer una transferencia de información de audio digital (ver figura 13.10).

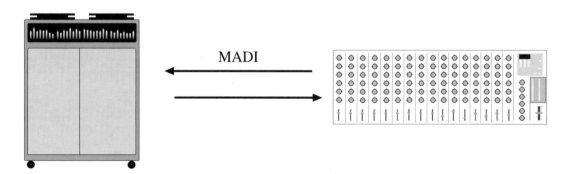

Fig. 13.10 Ejemplo de una transmisión con el formato MADI.

MADI se transmite en forma serial por medio de un cable coaxial con conectores tipo BNC (cable usado para video) con una impedancia de 75 ohms que puede extenderse hasta 50 metros de longitud. También se pueden transmitir los 56 canales de audio digital por medio de fibra óptica y una velocidad de transmisión de 100 megabits por segundo. El formato de la información es como la del formato AES/EBU excepto por los cuatro primeros bits. Las muestras pueden ser hasta de 24 bits de largo y con una velocidad de sampleo entre 32 kHz y 48 kHz.

Transmisión vía fibra óptica

Alguno se preguntará ¿qué es la fibra óptica y para qué se usa? Bien, una transmisión por medio de fibra óptica es un modo de enviar información de audio digital entre dos dispositivos que tienen este formato. La transmisión de audio digital se hace casi igual que una transmisión con el formato AES/EBU o S/PDIF, la diferencia es el diseño del dispositivo ya que se pueden transmitir más de dos canales de audio digital a diferencia de dos como el AES/EBU. Como ejemplo tenemos la grabadora digital multipista, la Adat de Alesis —ahora ya Fostex y Panasonic, que utiliza el formato de fibra óptica para transmitir audio digital de ocho canales a la vez entre ellas mismas para hacer copias del material para usarlo como respaldo, hacer ediciones digitales del material entre ellas mismas usando el BRC—controlador remoto.

Como mencioné anteriormente, una transmisión digital usando la fibra óptica no implica sólo el conectar los cables de fibra óptica y empezar a hacer copias, sino que uno debe asegurarse de que el protocolo entre los dos dispositivos pueden "hablar" el mismo "lenguaje", es decir por ejemplo, si uno conecta una Adat a una grabadora DAT común como la D-10 de Fostex por medio de los conectores de fibra óptica, la transmisión no se llevará a cabo, primero porque la DAT recibe sólo dos canales a la vez y la Adat ocho, y segundo porque el formato de transmisión digital de ocho canales de la Adat es patente de Alesis y los fabricantes que deseen usar ese formato con las Adat, deben hacer su diseño conforme al diseño de la circuitería (hardware) y al software que diseñó Alesis.

Las ventajas de usar el formato de transferencia de audio digital por medio de fibra óptica son: a) poder transmitir a altas velocidades y largas distancias sin degradación de la señal; b) transmitir más de dos canales a la vez; c) la transmisión se hace por medio de luz y no por alambre convencional evitando zumbidos, *ground loops* e interferencias entre canales; d) los cables son muy livianos; e) los cables no tienen polaridad, es decir, cualquier extremo puede conectarse en el dispositivo transmisor o en el receptor. La velocidad en que se puede transmitir puede ser de hasta 100 megabits por segundo dependiendo de la aplicación, la fuente óptica puede ser en forma de diodo emisor de luz o un rayo laser. Las Adat por ejemplo usan LED como fuente óptica, así que no hay peligro de daño a sus ojos debido a la luz.

Al ver los dispositivos que contienen conectores de fibra óptica, observará que tienen unos protectores para no dañar el lente, deben removerse para conectar los cables y colocarlos de nuevo cuando no se usen, esto es como medida para protección del lente. Evite tocar con sus manos los extremos de los cables para no ensuciar con la grasa de los dedos los lentes y que el rayo de luz no tenga ninguna obstrucción, especialmente si se acaban de comer unos sabrosos tacos o sopes mexicanos.

Convertidores de formatos

En algunas ocasiones quizá le habrá pasado que está en el estudio terminando un proyecto o una mezcla y de repente, el productor necesita una copia digital de la mezcla para llevarse a casa y escucharla por la mañana con "oídos frescos", es decir, no fatigados. O quizá necesite una copia de las 24 pistas en las Adat y pasarlas a una DA-88 de Tascam. Esta última situación es muy común, lo digo por que lo he visto. La manera de salvar estas situaciones es usando un convertidor de formatos de transmisión de audio digital y de velocidad de sampleo como el AI-1 de Alesis y el SRC-2 de Roland. Estos convertidores accionan el audio digital en varios formatos tales como el AES/EBU, el S/PDIF y el de fibra óptica (ver fotos 13.11 y 13.12).

Fotografía: Oscar Elizondo.

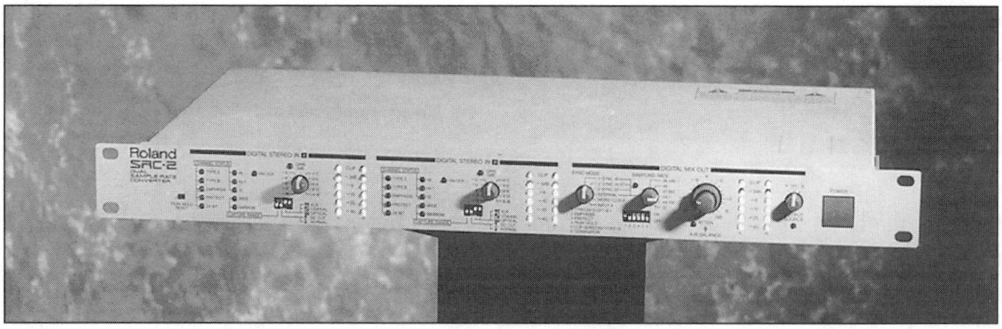

Foto 13.11 El convertidor de sampleo y formatos SRC-2 de Roland.

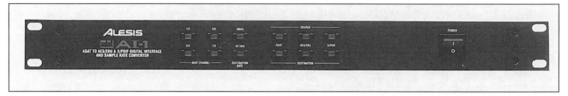

Fig. 13.12 El convertidor de sampleo y formatos AI-1 de Alesis.

Volviendo a nuestra situación de la copia digital que nos habían pedido, ya sabemos que la Adat tiene sólo salidas y entradas digitales (Digital I/O) con conectores de fibra óptica, también sabemos que para hacer una transferencia digital entre las DA-88 se necesita el interfase opcional externa IF-88AE que trabaja con los formatos AES/EBU y S/PDIF. A propósito, si cuenta con el BRC (para las Adat) y el RC-848 (para las DA-88) podrá hacer copias digitales desde ahí. Bien, ya establecido esto prosigamos, para hacer nuestras copias, necesitamos del AI-1 de Alesis o el SRC-2 de Roland para llevar a cabo esto, usted debe conectar la salida digital óptica de la Adat a la entrada óptica del AI-1, la salida digital AES/EBU del AI-1 a la entrada digital AES/EBU del IF-88AE de Tascam. Para esto ya debe de tener conectado el IF-88AE al conector marcado Digital I/O de la DA-88.

Este tipo de convertidores como mencioné anteriormente, también hacen conversión de velocidad de sampleo. Por ejemplo, si usted grabó la música de un comercial a una velocidad de sampleo de 48 kHz en su grabadora DAT donde puede seleccionar la velocidad de 48 kHz ó 44.1 kHz y quiere hacer una copia a otro DAT que sólo acepta la velocidad de sampleo de 44.1 kHz, entonces lo que deberá hacer es rentar o conseguir prestado un convertidor de sampleo y bajar la velocidad de la música a 44.1 kHz para poder hacer la copia digitalmente, o si puede conseguir otra grabadora DAT que puede seleccionar los dos tipos de velocidades, mucho mejor para que evite el tener que convertir la información. Estos convertidores cuestan entre $900. y $2,000. US Dls. en Norteamérica (precio de lista).

Capítulo 14

Diversos Tipos de Conectores y Cables

Los conectores y sus aplicaciones

Hoy en día existe una gran variedad de conectores para los cables en diferentes usos. Con la proliferación de los nuevos sistemas digitales incluyendo MIDI y técnicas de transferencia digital a menudo es difícil estar al tanto con los tipos de conectores y cables usados en la industria del audio profesional. Por esta razón he decidido incluir este capítulo sobre los diferentes tipos de conectores y cables.

Conector mini

Este conector llamado 'mini phone' mide 3.5 mm (1/8") puede ser mono o estéreo, es decir, se pueden conectar dos o tres conductores respectivamente. Este tipo de conector se usa por lo general en grabadoras de casete común, en la salida para audífonos de un disco compacto portátil, en grabadoras Walkman.

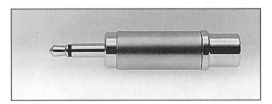

Foto 14.1 Conector mini monofónico.

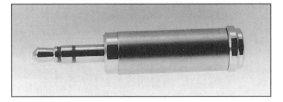

Foto 14.2 Conector mini estéreo.

Conector RCA

Este conector es uno de los más usados tanto en el estudio profesional como en el semiprofesional y de uso común (foto 14.3). Este tipo de conector sólo se encuentra en la versión mono, es decir, se usa para líneas no balanceadas (dos conductores). Comúnmente se encuentran en estéreos caseros, en las salidas de audio y video de las videocaseteras, en las entradas y salidas analógicas no balanceadas de la RD-8 Adat de Fostex, la Adat XT de Alesis , la Adat de Panasonic, la MDA-1, en las grabadoras multipista semiprofesionales, entre otras aplicaciones. En el campo del audio digital se usa para transferencias digitales con el formato S/PDIF (Sony/Phillips Digital Interface Format).

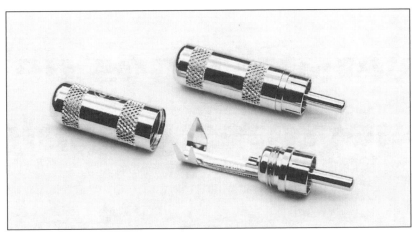

Foto 14.3 Conectores RCA.

Conector de 1/4"

Dependiendo del país donde se encuentre usted a este conector se le llama conector de 1/4", conector plug, conector para guitarra eléctrica, conector fono, conector tipo TS (monofónico), conector TRS (estéreo), etc (ver foto 14.4). El conector TRS (Tip, Ring, Sleeve) se usa para líneas balanceadas o de (+4 dBu). También se usa en las salidas para los audífonos o para los puntos de inserción en una consola (*effects loop*). Este conector usa tres conductores.

En la versión de 1/4" TS (Tip, Sleeve) o monofónico, se usa para conectar guitarras eléctricas, en líneas no balanceadas (-10 dBv), en salidas directas de una consola, en las entradas y salidas no balanceadas de la Adat original, etc. El TS se conecta a un cable de dos conductores.

Estos conectores los puede encontrar rectos o en un ángulo de 90 grados según su aplicación.

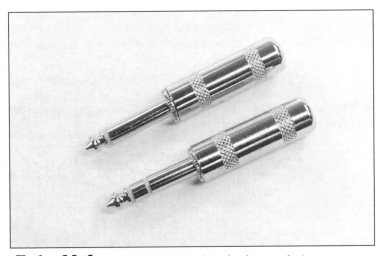

Foto 14.4 Conectores de 1/4" de pulgada monofónico y estéreo.

Conector XLR

Me imagino que alguna vez en su vida ha usado un micrófono. Bien, los tipos de conectores usados en los cables para micrófonos son del tipo XLR o Cannon (foto 14.5 y 14.6), se usan para líneas de baja impedancia o balanceadas y tienen tres "patitas" o pins enumeradas como 1, 2 y 3 (ver figura 13.3 en el capítulo 13). Por lo general, el pin 2 es el que lleva la señal positiva (+) también llamada "Hot". El número 3 lleva la señal negativa (-) o "Low" y el número 1 lleva la tierra o masa. Esta asignación de pins no es estándar, aun cuando gran parte de los elementos del equipo profesional usa esta asignación, usted deberá tener cuidado porque algunas compañías optan por asignar el pin 2 a la señal negativa (-) y el 3 a la positiva (+). Si eso pasa, entonces haga un cable especial para que en el conector el pin 2 esté enchufado al lado positivo y en el otro, al lado negativo (-). Lo mismo con el pin 3.

En el mundo digital, el conector XLR o Cannon se usa para hacer transmisiones digitales entre dispositivos que funcionan con el formato AES/EBU. Estos conectores se pueden encontrar en las entradas y salidas analógicas balanceadas de la Adat de Panasonic, la MDA-1.

Puede encontrar estos conectores rectos o en un ángulo de 90 grados según su aplicación.

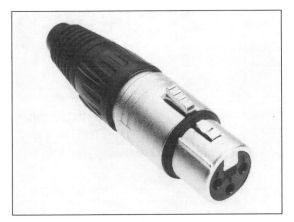

Foto 14.5 Conector XLR hembra.

Foto 14.6 Conector XLR macho.

Conector MIDI

El conector tipo DIN de cinco conductores es comúnmente conocido como conector MIDI. Como le dije, cuenta con cinco conductores de los cuales solamente se usan tres para la transmisión de MIDI. Los pins 1 y 3 se dejan sin conectar. Esto fue establecido como estándar por la MMA (Asociación de Manufactureras de MIDI) (ver figura 14.7 y foto 14.8).

También estos conectores los puede encontrar rectos o en un ángulo de 90 grados según su aplicación.

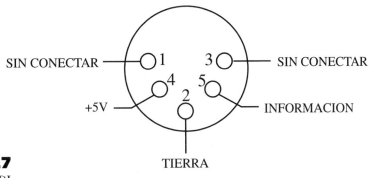

Fig. 14.7
Conector MIDI.

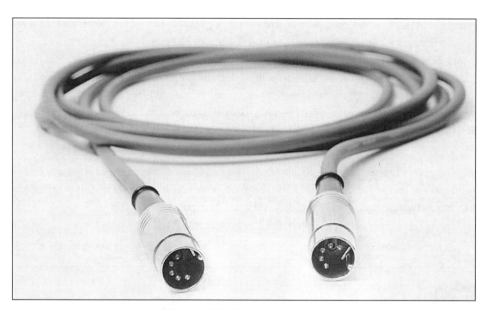

Foto 14.8 El cable MIDI.

Conector TTY o Bantam

Este conector lo encuentra en los estudios de grabación profesionales y se usa en el patch bay para inter-conectar entradas y salidas de grabadoras, efectos, etc. Este tipo de conector es del tipo TRS (Tip= Punta, Ring= Anillo, Sleeve= Manga) porque tiene tres conductores, es para líneas balanceadas (foto 14.9).

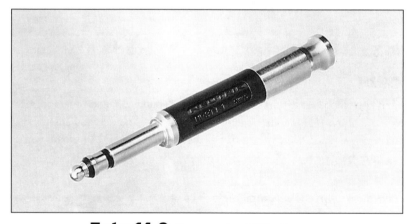

Foto 14.9 Conector tipo TTY o Bantam.

Conector BNC

Este conector por lo general lo encuentra en grabadoras profesionales de video para sus entradas y sali-das, también se usa en algunos dispositivos para el envío y la recepción de una señal o pulso de reloj usado para la sincronización entre dispositivos como en el interfase de audio 888 I/O de Digidesign que se usa para el sistema de Pro Tools (ver foto 14.10). Y se usa para la transmisión digital entre equipo de audio en el formato MADI (ver capítulo 13) y en el formato SPDIF-2.

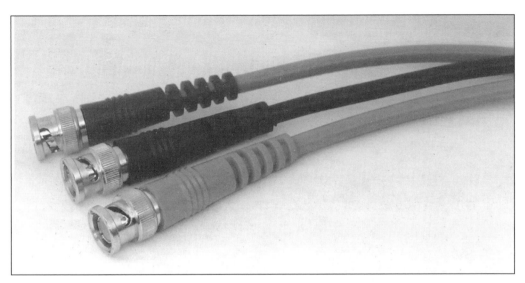

Foto 14.10 Conector tipo BNC.

Conector DB-25

El conector DB-25 sub lo puede encontrar en los puertos SCSI en una computadora o dispositivo que tenga un interfase en paralelo como en algunos sampleadores (foto 14.11). El DB-25 sub como se ha de imaginar cuenta con 25 conductores o pins y los puede encontrar en las entradas y salidas analógicas balanceadas de la Adat RD-8 de Fostex, la DA-88 y la DA-38 de Tascam.

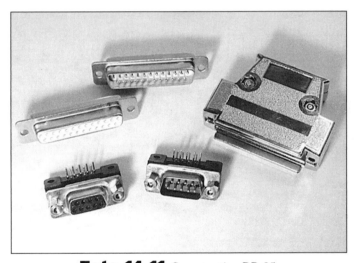

Foto 14.11 Conector tipo DB-25.

Conector DB-9

Este conector DB-9 sub se usa comúnmente para sincronizar las Adat, las DA-88, en el interfase digital entre la Adat y Pro Tools de Digidesign, etc. (ver foto 14.12). Debe tener cuidado cuando pida este tipo de cables, porque es posible que la asignación de pins no sea la misma que necesite para su aparato. La compañía Tascam le sugiere en el manual de la DA-88 que utilice sólo el tipo de conector Tascam recomendado.

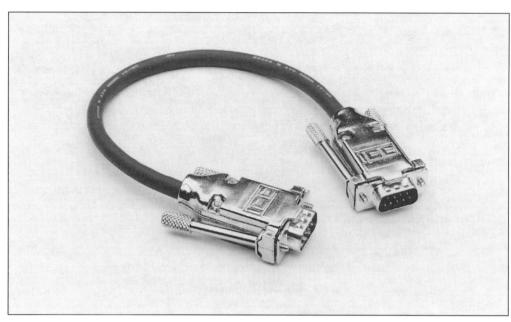

Foto 14.12 Conector tipo DB-9 Sub.

Conector para SCSI

Este conector de 50 pins se usa es los discos duros externos (ver foto 14.13). Por lo general en un disco duro externo va a encontrar dos de estos tipos de conectores, de esta manera se pueden conectar dos o más discos duros en serie. Los conectores están colocados en paralelo en el disco duro, así que no importa que use el conector de arriba o el de abajo, es lo mismo, si no me cree, entonces experiméntelo usted mismo.

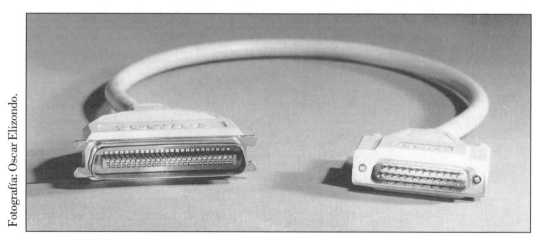

Fotografía: Oscar Elizondo.

Foto 14.13 Conector tipo SCSI de 50 "pines".

Conector ELCO

El conector tipo Elco serie 8016 de 56 conductores se usa en la Adat original y en la XT de Alesis (foto 14.14). Se le conoce como Elco porque lo fabrica la compañía ELCO Corporation. En el capítulo 6, sobre las Adat, usted puede ver la asignación de los pins en caso de que desee hacer sus propios cables. También existen conectores Elco con diferente número de conductores.

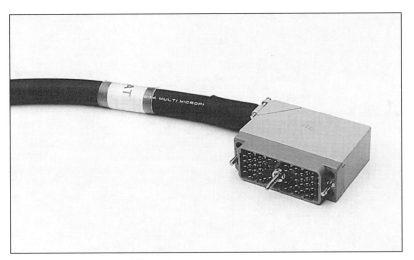

Foto 14.14 Conector ELCO.

Conector para fibra óptica

Este tipo de conectores se usa para la transferencia de audio digital entre grabadoras y procesadores de efectos, entre otros dispositivos digitales (foto 14.15). En las Adats de Alesis, Fostex y Panasonic se usa el conector Toslink óptico para la transferencia digital de audio. Aún cuando básicamente es el mismo tipo de conector encontrado en las salidas y entradas digitales en equipo casero de alta fidelidad, el formato no es el mismo en las Adat, así que no trate de conectarlos juntos. El formato de la Adat transmite ocho pistas de audio digital por el cable de fibra óptica y el del equipo casero, sólo dos (canal izquierdo y canal derecho), es decir, formato S/PDIF.

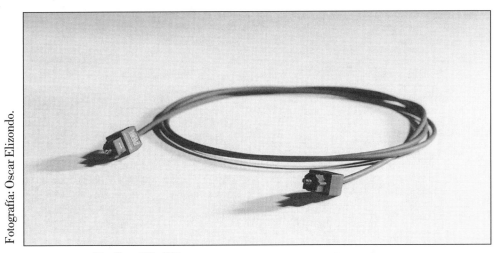

Fotografía: Oscar Elizondo.

Foto 14.15 Cable para transmisión digital con fibra óptica.

Conector NuBus

El conector NuBus se encuentra generalmente en las computadoras Macintosh y compatibles. Las Mac normalmente tienen de tres a cinco para conectar las tarjetas o plaquetas del sistema de Pro Tools tarjetas como la del Disk I/O, el DSP Farm y el Bridge I/O, también la tarjeta SampleCell II y la de Lexicon llamada NuVerb que trabaja en combinación con Pro Tools. El conector NuBus cuenta con tres hileras de 32 pins para un total de 96 (ver foto 14.16).

Foto 14.16 Conector NuBus. (*Fotografía: Oscar Elizondo*)

Capítulo 15

Aplicaciones

Después de haber visto y estudiado los diferentes capítulos con temas como la transmisión de audio digital, Pro Tools III, grabadoras digitales modulares, los tipos de convertidores, etc., en este capítulo quiero finalizar hablando acerca de algunas de las aplicaciones con el equipo de audio digital. Estas aplicaciones se relacionan con situaciones reales en un estudio de grabación usando ejemplos de equipo específico en el mercado.

Aplicaciones de Sincronización

Sincronizando dos grabadoras de 24 pistas analógicas

Si usted ha visitado algún estudio de grabación profesional comercial, habrá notado que en él se encuentran por lo menos dos grabadoras analógicas de 24 pistas como la A-827 de Studer o la MTR-90 de Otari, entre otras, esto quiere decir que el estudio proporciona un servicio de grabación a 48 pistas analógicas. Tal vez cuando usted visitó un estudio se preguntó , ¿pero cómo se sincronizan las dos grabadoras y cuál es el proceso para hacerlo?

Bien, para "amarrar" dos grabadoras de 24 pistas en perfecta sincronización, se necesita un sincronizador que pueda controlar dos o más grabadoras como el Lynx II o el Micro Lynx de Time Line. Por lo general usted necesita adquirir un interfase junto con un cable especial para el tipo y modelo de las grabadoras que desea "amarrar".

Después de que haya conseguido todo el material necesario para la interconexión entre las máquinas, debe conectarlos de la siguiente manera (figura 15.1):

1) Primero debe establecer cual grabadora va a ser la grabadora maestra (A o B). Supongamos que la "A" es la maestra. Conecte el sincronizador (línea de control) a la grabadora "A" y a la "B". Dependiendo de qué tan sofisticado sea su sincronizador, usted puede conectar una o ambas grabadoras a él.

2) Conecte las salidas de las pistas que contienen SMPTE a las entradas Master Time Code (MTC, no lo confunda con MIDI Time Code) y Slave Time Code (STC) del sincronizador para que reciba el código de tiempo de ambas grabadoras.

Ya que haya conectado todo el sistema, entonces deberá grabar SMPTE idénticamente en las últimas pistas (pista número 24) de las dos grabadoras, esto quiere decir que usted tiene que sacrificar dos pistas de audio para grabar el código de tiempo, así que en lugar de tener 48 pistas, tendrá 46.

Ahora, cuando se oprime PLAY en la grabadora maestra o "A", el código SMPTE de "A" es recibido por el sincronizador que empieza activar el motor de la grabadora esclava o "B". Cuando la "B" empieza a trabajar, envía el SMPTE que tiene grabado en la pista 24 de la cinta hacia el sincronizador, el sincronizador compara los números del código SMPTE y revisa que sean iguales, si no, el sincronizador acelerará la velocidad del motor de la "B" o la bajará hasta que esté en sincronización con la grabadora maestra. Cuando la velocidad de la grabadora esclava cambia de velocidad, usted no notará los rápidos cambios de velocidad porque estos pasan en fracciones de segundo.

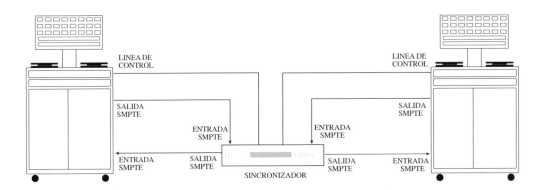

Fig. 15.1 Sincronizando dos grabadoras analógicas de 24 pistas.

Pasos para grabar SMPTE en una grabadora multipista

El proceso para grabar código de tiempo SMPTE es muy simple aun cuando muchas personas creen que es lo más difícil de hacer.

a) Primeramente dependiendo del generador de SMPTE que esté utilizando debe conectar la salida llamada ya sea SMPTE OUT o SYNC OUT de su generador de código a la entrada de un canal de su consola. La salida de este debe asignarse a una de las pistas de su grabadora multipista, preferiblemente que sea la última pista de la cinta. Por ejemplo si está usando una grabadora de 8 pistas, entonces asigne la pista 8 para que reciba el código de tiempo SMPTE, si está usando una de 16 pistas el código debe ir grabado en la 16 y si está usando una de 24, entonces deberá usar la pista 24. Es muy importante que deje la pista que se encuentra a un lado de la última pista sin grabar, esto si es que tiene suficientes pistas disponibles, si no, entonces trate de no grabar el SMPTE con un nivel muy alto. La razón de esta observación es que si el nivel del código es muy alto, se mezclará con la pista que lleva sólo audio y se escuchará mal. Por otra parte, si el nivel del SMPTE es muy bajo, el lector de código de tiempo no entenderá lo que el dispositivo maestro (en este caso la multipista) le está enviando y resultarán muchos errores y se perderá la sincronización. Los niveles apropiados deben ser entre -10 dB y -5 dB. A propósito, también puede conectar el generador de SMPTE directamente a la pista de la grabadora donde va grabar el SMPTE, sobrepasando de esa manera la consola, y si necesita aumentar el nivel del código, entonces use un preamplificador externo de buena calidad.

b) Deberá desactivar el sistema de reducción de ruido si es que cuenta con uno, por ejemplo, el Dolby SR, dBx NR, etc. Asímismo, si está reproduciendo el SMPTE a través de la consola, entonces deberá desactivar (Bypass) el EQ también.

c) Después de hacer las conexiones y asignaciones apropiadas (figura 15.2) es tiempo ahora de seleccionar la velocidad del código de tiempo que tiene unidades de cuadros por segundo (frames/sec). Estas velocidades pueden ser entre 24 (filme), 25 (norma europea), 29.97 df o ndf y 30 df o ndf. Por lo general cuando está tratando de sincronizar sólo audio, la selección deberá ser en 30 fps. Si está sincronizando video a color con audio entonces deberá ser 29.97 fps que es el estándar de la NTSC para video a color.

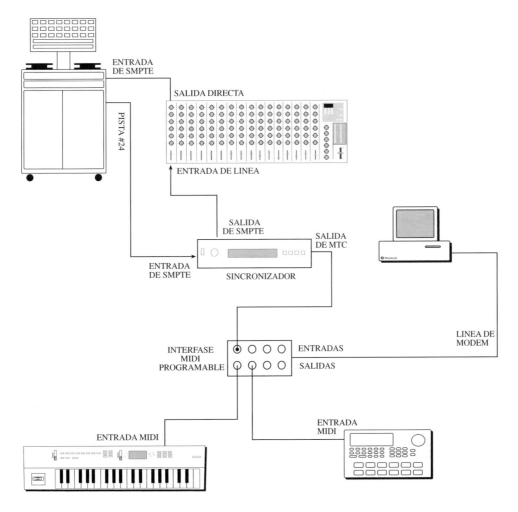

Fig. 15.2 Conexiones para grabar SMPTE.

d) Al haber seleccionado la velocidad deseada, deberá oprimir el botón en el generador de SMPTE llamado START u OK. Los botónes de esta función cambiarán según el generador que esté utilizando.

e) El código de tiempo se debe grabar de principio a fin de la cinta y su comienzo deberá programarse a que empiece en 01:59:30:00, la razón es para tener suficiente tiempo para que el esclavo se "amarre" a tiempo con la máquina maestra.

d) Para leer el código de la cinta y sincronizar con SMPTE las cajas de ritmo, secuenciadores o sistemas integrados digitales como Pro Tools y las Adats, entonces deberá hacer las conexiones y asignaciones apropiadas para que la salida de la pista que lleva el código sea enviada al lector de SMPTE, por lo general es el misno generador. Para esto usted debe elegir primero la velocidad de cuadros o *frame rate* (en el dispositivo esclavo) que se grabó en la multipista para que coincidan las dos velocidades.

e) Si va a sincronizar cajas de ritmo, secuenciadores externos o internos en un sintetizador con código de tiempo SMPTE, primero deberá programar lo que se le da el nombre de "Start Cue" que consiste en el tiempo de inicio, el tipo de compás, (es decir, 3/4, 4/4, 6/8) y el tiempo o *tempo* de la canción. Al recibir SMPTE el lector de código, éste convertirá SMPTE a MIDI Clocks con SPP (Song Position Pointer). Durante este tiempo, el lector calculará la posición de la pieza y el tiempo basado en el "tempo map" o cambios de tiempo que se programó antes en el "Start Cue".

f) Cuando se sincroniza SMPTE con MTC (MIDI Time Code) que es reconocido por la mayoría de los secuenciadores en programa como Performer, Cuebase, Studio Vision, Cakewalk, etc., y la mayoría de los sistemas integrados de audio digital, al recibir SMPTE el lector de código, este convertirá el SMPTE a MTC y no se tendrá que programar antes el "Start Cue". El tiempo de inicio o "Start Time" se selecciona en el mismo secuenciador.

g) El código DTL (Direct Time Lock) únicamente puede usarse con el secuenciador Performer o Digital Performer de la compañía Mark Of The Unicorn. Este programa también trabaja muy bien con MIDI Clocks y con el Song Position Pointer. Si va a usar Performer con otro secuenciador o caja de ritmo, es mejor que utilicen otro método que no sea DTL.

h) Cuando uno trabaja con MIDI Clocks, puede ser que el lector de código de tiempo 'le pregunte' que si desea usar el MIDI Clock con *Fast Song Position Pointer* (FSPP) o con *Slow Song Position Pointer* (SSPP). Esto es en caso de que esté usando secuenciadores o cajas de ritmo que instantáneamente se "amarran" al código de tiempo. Si es así, entonces seleccionará el MIDI Clock con FSPP. Por otro lado si usa una caja de ritmos o secuenciador antiguo que no se "amarra" instantáneamente, entonces tendrá que seleccionar el SSPP, para esto, esperará algunos segundos después de enviar el SSPP para permitir que los esclavos tengan suficiente tiempo para sincronizarse. En otras palabras, tendrá que aplicarse un "Pre-Roll", es decir, que se deberá posicionar la cinta unos segundos antes del punto en que desea que inicie la sincronización.

Usando el FSK y el PPQN

Una de las varias aplicaciones de sincronización es cuando el músico/ingeniero/productor de bajo presupuesto desea grabar una canción medio compleja que tiene más instrumentos que pistas de grabación y cuentan con un solo "porta estudio" de cuatro pistas y 8 canales o faders para mezclar como el Multitracker 280 de Fostex, una caja de ritmos como la SR-16 de Alesis, un sintetizador multitimbral con secuenciador interno como el X3 de Korg y un módulo generador de sonidos externo multitimbral como el Proteous de E-MU Systems.

a) Primeramente necesitamos decidir cuáles van a ser las asignaciones de nuestras cuatro escasas pistas. Obviamente, en este caso sólo vamos a tener la posibilidad de grabar en vivo una voz en una pista, se usarán dos para los instrumentos con MIDI y la última para el código de tiempo, en este caso usaremos el FSK o Sync Tone ya que la caja de ritmos SR-16 puede generarlo y leerlo. Obviamente asignaremos la SR-16 como controlador maestro del equipo MIDI y como esclavo al FSK. Si su caja de ritmo no tiene esa opción, puede usar también el PPS-1 ó el PPS-2 de JL Cooper o el Pocket SYNC de Anatek que son muy accesibles económicamente.

b) Después de hacer las conexiones como se muestra en la figura 15.3, lo primero es grabar el tono FSK en la pista número 4 del "porta estudio". Grábelo con un buen nivel ya que si está muy alto puede distorsionar, si está muy abajo, el lector de FSK no entenderá bien la señal. El tono debe grabarse para cada canción ya que tiene que ver con el tiempo o *tempo* de ésta. Después de grabar el tono FSK la señal se va

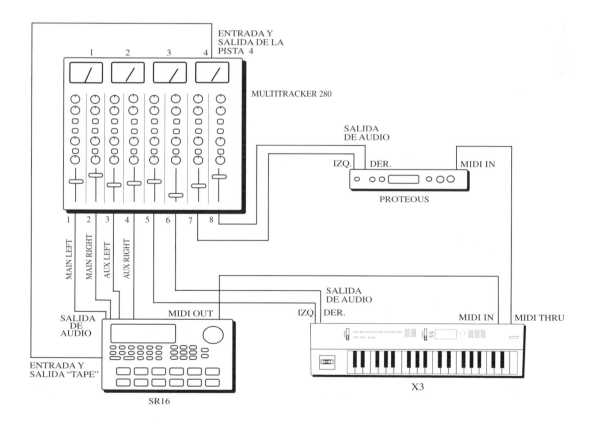

Fig. 15.3 Conexión para grabar usando el FSK y PPQN.

a reproducir por la cuatro y la salida de esta pista deberá conectarse a la entrada llamada generalmente "Tape In" o "Audio In" dependiendo de la clase de convertidor de tono FSK a MIDI Clocks con Song Position Pointer o PPQN.

c) Para este punto la instrumentación de la canción se supone que ya ha sido secuenciada y que ya se hizo la asignación de los canales MIDI, de los instrumentos individuales en el sintetizador multitimbral y en el módulo generador de sonidos. Lo único que resta es asignar los instrumentos a diferentes canales de audio del "porta estudio". Por ejemplo, ya que el X3 de Korg sólo tiene un par de salidas monofónicas, entonces le sugiero que haga la mezcla izquierda/derecha internamente de los instrumentos que decidió generar del X3 y que conecte las salidas de éste a las entradas de los canales 5 y 6. La batería o caja de ritmo por lo general ocupa cuatro canales, en el canal 1 el bombo, en el 2 la tarola y en los canales 3 y 4 los toms, platillos y Hi-Hat. En los canales 7 y 8 pueden ir otros instrumentos provenientes del Proteous, ya sea dos individuales o la mezcla de tres o más instrumentos dependiendo del arreglo de instrumentos.

e) Al tener asignado todo esto, entonces ya está listo para grabar la instrumentación en las pistas 1 y 2 mientras que la pista 4 está abasteciendo el tono FSK para sincronizar la caja de ritmo con los sintetizadores y el secuenciador interno del X-3. A propósito, no olvide asignar el X-3 en la función Ext(erna) que se encuentra en el menú Global, de otra forma el X-3 no responderá a los MIDI clocks provenientes de la SR-16.

f) Después de haber grabado la instrumentación, es tiempo de grabar la voz en la pista 3 del "porta estudio". Para esto debe regresar la cinta para que el tono FSK comience desde el principio. Al momento de oprimir PLAY en la grabadora las pistas en la grabadora empezarán a escucharse y al mismo tiempo estarán grabando la voz. En caso de que no le haya gustado la mezcla de la instrumentación proveniente del equipo MIDI, aún tiene la oportunidad de mezclarlos de nuevo ya que el tono FSK ya está grabado y sería muy sencillo remezclar los instrumentos de nuevo.

Le sugiero que grabe los instrumentos que vienen de los sintetizadores especialmente si está haciendo una producción más grande con 8, 16 ó 24 pistas porque si no, al momento de terminar la sesión y desconectar todo el equipo MIDI para irse a dormir, y suponiendo que a la mañana siguiente no le guste algo en la mezcla, entonces va a tener que reconectar todo el equipo, reasignar todos los programas en los sintetizadores y hacer nuevamente las asignaciones de los canales de MIDI. Que de otra manera si los hubiera grabado, únicamente tendría que colocar la cinta magnética y empezar a mezclar ahorrando bastante dinero en la renta, si es que como le dije anteriormente es una producción grande y tuvo que rentar un estudio. Todo esto lo digo por experiencia y le diré que mucha gente se arrepiente de no haber grabado las pistas en lugar de tocarlas sólo de los sintetizadores.

Usando SMPTE y MTC

Los equipos que han salido al mercado en los últimos cuatro o cinco años como las grabadoras digitales, analógicas y de video, así como los instrumentos MIDI, ya pueden leer o generar código de SMPTE y MTC. Por ejemplo digamos que deseamos sincronizar una Adat con el secuenciador de programa Performer de la compañía Mark Of The Unicorn. También, supongamos que la Adat que tenemos es la RD-8 de Fostex, ya que ésta genera código de tiempo MIDI (MTC) al mismo tiempo que genera SMPTE. Las conexiones de este ejemplo se encuentran en la figura 15.4. Como puede observar, la salida MIDI de la RD-8 se conecta directamente a la entrada del interfase MIDI que se encuentra conectado en la computadora Macintosh. El interfase puede ser uno sencillo como el Pocket MAC de ANATEK que tiene una entrada y dos salidas MIDI y la compuerta serial para conectarse a la computadora. Este interfase cuesta en Estados Unidos aproximadamente $60.00 US Dls, o si quiere uno más sofisticado pueden adquirir el MIDI Time Piece A/V también de Mark Of The Unicorn o el Studio 5 de Opcode. Estos también tiene un convertidor de SMPTE a MTC.

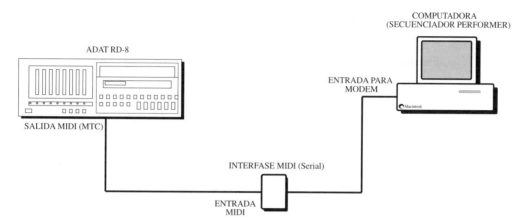

Fig 15.4 Sincronización entre una Adat y un secuenciador.

La RD-8 como ya sabemos tiene 8 pistas para grabar y una pista extra (TC Track) para el código de tiempo SMPTE. Así que lo primero que debe hacer es generar SMPTE internamente, pero antes de generarlo necesita seleccionar la velocidad en cuadros por segundo (frame rate ya sea 24, 25, 29.97 df o ndf, 30 fps dependiendo de la aplicación) y el tiempo de inicio en horas, minutos, segundos y cuadros. Por lo general siempre deben dejar de cinco a treinta segundos antes de que comience la música. Esto es para que haya oportunidad de que las maquinas se sincronicen para el tiempo de que comiencen a grabar. Casi siempre se comienza en una hora, es decir, 00:59:30:00 cero horas, cincuenta y nueve minutos, treinta segundos y cero cuadros (en este ejemplo tienen 30 segundos antes de la hora). También es necesario dejar un lapso de tiempo para en caso de que el productor o el artista quieran agregar un compás o una introducción después de haber terminado la canción.

Ya que haya grabado el SMPTE en la cinta S-VHS en la RD-8, estará listo para hacer rodar la cinta, a propósito, siempre es recomendable grabar el SMPTE de principio a fin de la cinta que va a usar, esto es para que tenga un código contínuo en caso de que desee agregar otra canción en la cinta y sincronizarla. Antes de que sincronice la RD-8 con Performer, debe seleccionar el tipo de código que va a usar para sincronizarlo con la RD-8 y este se encuentra en el menú Receive Sync, en este caso seleccionaremos MTC porque es lo que vamos a recibir de la RD-8 y no SMPTE. En seguida debe activar Slave To External Sync que se encuentra en el menú Basics del secuenciador. Una cosa más, usted también debe seleccionar en qué tiempo SMPTE va a querer que el Performer comience a grabar o reproducir al recibir SMPTE. En este caso lo podríamos asignar arbitrariamente a 01:00:10:00 (una hora, cero minutos, diez segundos y cero cuadros).

También, debe poner Performer en la función de grabación oprimiendo el botón gráfico de grabación en la pantalla. Si no lo oprime antes de que empiece a rodar la cinta en la RD-8 y comience a generar MTC, el secuenciador no va a funcionar. Notará que cuando regresa la cinta y oprime PLAY en la RD-8, el secuenciador comenzará desde el principio.

Formateando cintas S-VHS y Hi8-mm

Cuando usted va a iniciar una sesión de grabación usando grabadoras digitales modulares con el formato de cinta de video S-VHS que usan las Adats de Alesis, Fostex y Panasonic o con el formato de cinta de video Hi8-mm como la DA-88 y DA-38 de Tascam o la PCM 800 de Sony, usted debe primero formatear las cintas antes de grabar. Aun cuando usted puede formatear una cinta al mismo tiempo que esté grabando, es más recomendable formatear las cintas antes de cada sesión para evitar errores de continuidad del código de tiempo.

El proceso es muy sencillo, únicamente siga las siguientes instrucciones y podrá formatear las cintas sin problema:

Pasos para formatear una cinta en la Adat de Alesis y la RD-8 de Fostex:

1) Oprima el botón FORMAT (si la cinta es nueva y nunca ha sido formateada, el LED FORMAT se encenderá y apagará antes de ser oprimido el botón). Una vez que oprime el botón el LED FORMAT permanece encendido indicando que si usted pone la Adat en el modo de grabar (RECORD) la cinta empezará a formatearse. Al mismo tiempo, los ocho LED o indicadores de cada pista empezarán a encenderse y a apagarse indicando que estos van a ser grabados. El oprimir cualquiera de los ocho botones de grabación, no tienen ningún efecto mientras el LED FORMAT están encendido.

2) Oprima el botón RECORD y mientras lo mantiene oprimido, oprima el botón PLAY. La Adat momentáneamente entra en el modo de PLAY para "encarrerarse" a la velocidad adecuada y revisa si la cinta está siendo formateada.

3) Si la cinta está al principio, la Adat lleva a cabo el proceso de formatear completo grabando 15 segundos de *leader* (en la pantalla se mostrará la palabra "LEAd"), dos minutos de información (la pantalla mostrará la palabra "dAtA", después el código de tiempo empezará en -00:05 y continuará contando hasta el final de la cinta. A propósito, durante todo el tiempo que está formateando la cinta, la pantalla mostrará: "-FO-".

Si la cinta no formateada no está al principio, entonces la función se desactivará y no podrá grabar. Asegúrese de regresar la cinta hasta el principio antes de formatearla por primera vez.

Si por alguna razón usted únicamente formateó sólo algunos minutos de la cinta un día y desea formatear el resto de la cinta días después, entonces debe usar el proceso llamado "extensión del formato" (format extension). Lo que debe hacer es adelantar la cinta hasta un poquito antes de llegar al final de la sección ya formateada para después entrar al modo de FORMAT. Toda la información en la cinta desde ese punto será borrada y la Adat comenzará a "estampar" el código de tiempo de nuevo desde ese punto para obtener continuidad del código de principio a fin de la cinta. Por esta razón si planea formatear la cinta usando *Format Extension*, no oprima el botón STOP inmediatamente después de acabar de grabar una canción cuando estaba formateando al mismo tiempo de grabar. Deje unos 15 segundos después de acabarse la canción, esto es para evitar no borrar la última nota de la canción anterior cuando empiece a formatear con la función "extensión del formato" para la siguiente canción.

Algo que tiene que saber es que si la cinta está posicionada en la sección de "LEAd" o de "dAtA" (antes del tiempo 00:00), al entrar al modo FORMAT, automáticamente la cinta se regresará al principio y empezará a reformatear. Mientras se rebobina la cinta, la pantalla mostrará "-FO-" y el LED REWIND estará en estado intermitente, esto indica que la Adat va a formatear de nuevo la cinta desde "LEAd" o desde el principio de la cinta. Recuerde que si desea parar de formatear la cinta es sólo oprimiendo el botón STOP, no trate de hacerlo del modo como si fuera a "ponchar" (punch in/out), es decir, oprimir otro botón del transporte que no sea STOP.

En la RD-8 de Fostex el proceso es similar, pero no se olvide que antes de empezar a formatear una cinta por primera vez deberá seleccionar la velocidad de sampleo ya sea 44.1 kHz ó 48 kHz. En la Adat original de Alesis si empieza a formatear sin hacer ningún ajuste a la velocidad de sampleo, entonces estará formateando a la velocidad de 48 kHz porque esa es la velocidad predefinida al encender la Adat. Si quiere formatear a 44.1 kHz, entonces tendrá que oprimir el botón llamado PITCH DOWN hasta bajar el tono a -147 cents.

Pasos para formatear una cinta en la DA-88 de Tascam:

1) Una vez que insertó la cinta en la DA-88, la adelantó y la rebobinó para aflojar la cinta, oprima el botón FORMAT. Entonces el LED FORMAT se encenderá y apagará.

2) Oprima el botón FORMAT una segunda vez. El LED FORMAT se quedará encendido indicando que la DA-88 ya está lista para formatear.

3) Oprima el botón FS para seleccionar la velocidad de sampleo 44.1 kHz ó 48 kHz. Una vez que empieza a formatear en una velocidad de sampleo y se da cuenta que esa velocidad no era la correcta durante el proceso de formatear, entonces debe detener el proceso y rebobinar la cinta para cambiar la velocidad de sampleo a la correcta, porque una vez que formateó la cinta, ya no podrá cambiar la velocidad de sampleo.

6) Oprima y mantenga así el botón RECORD y después PLAY para empezar a formatear la cinta. Al terminarse de formatear la cinta, esta se rebobinará hasta el principio automáticamente.

Para sincronizar tres Adats (24 pistas):

1) Con las Adats apagadas, conecte un cable tipo DB-9 sub del conector llamado "SYNC OUT" de la Adat que va a ser la grabadora controladora (ver figura 15.5), es decir la maestra al conector llamado "SYNC IN" de la segunda Adat (primera esclava).

2) Conecte un segundo cable tipo DB-9 sub del conector "SYNC OUT" de la segunda Adat al conector SYNC IN" de la tercera Adat (segunda esclava).

3) Encienda las Adats en orden, es decir, primero la maestra, luego la primera esclava y por último la segunda esclava. Usted notará que cada Adat mostrará en la pantalla "id1", "id2" y "id3" consecutivamente. Así es como se asigna automáticamente el número de identificación de cada Adat.

4) Después de encender las grabadoras, al oprimir PLAY en la Adat maestra, las otras se pondrán en el modo de PLAY también.

<u>Adats</u>

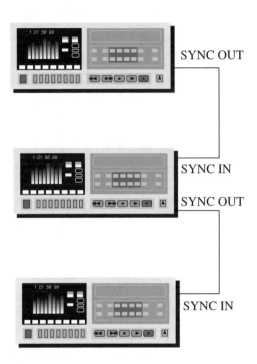

SYNC OUT

SYNC IN

SYNC OUT

SYNC IN

Fig. 15.5 Sincronizando tres Adats (24 pistas).

Para sincronizar tres DA-88 (24 pistas):

1) Con las DA-88 apagadas, conecte un cable tipo DB-9 sub del conector llamado "SYNC OUT" de la DA-88 que va a ser la grabadora controladora (ver figura 15.6), es decir la maestra, al conector llamado "SYNC IN" de la segunda DA-88 (primera esclava).

2) Conecte un segundo cable tipo DB-9 sub del conector "SYNC OUT" de la segunda Adat al conector

"SYNC IN" de la tercera DA-88 (segunda esclava).

3) Encienda las DA-88 en orden, es decir, primero la maestra, luego la primera esclava y por último la segunda esclava. Usted tendrá que seleccionar el número de identificación de cada DA-88 manualmente con el botón giratorio en el panel posterior de DA-88 para que todas tengan su propio número de identificación.

4) Después de encender las grabadoras, al oprimir PLAY en la DA-88 maestra, las otras se pondrán en el modo de PLAY también.

DA-88

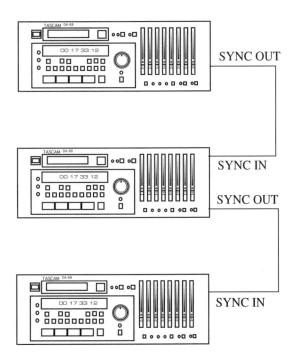

SYNC OUT

SYNC IN

SYNC OUT

SYNC IN

Fig. 15.6 Sincronizando tres DA-88 (24 pistas).

Cómo hacer una transferencia digital por medio de S/PDIF o AES/EBU)

Supongamos que usted grabó su mezcla final lista para ser masterizada en su grabadora de DAT y desea hacer una copia. Bien, lo mejor es que consiga una segunda grabadora DAT para hacer la copia digitalmente para que no haya peligro de agregarle ruido al pasar la señal por la mezcladora analógica.

1) Lo primero es conectar la salida digital del DAT que va a reproducir la mezcla a la entrada digital del DAT que recibirá la información (ver figura 15.7). Si las grabadoras DAT que está usando tienen salidas para el formato AES/EBU, entonces conéctelos a esas entradas y salidas, o en los conectores llamados "S/PDIF IN" y "S/PDIF OUT".

2) Asegúrese de que los dos DAT tengan la misma velocidad de sampleo 44.1 kHz ó 48 kHz, si no, el DAT receptor mostrará errores de transmisión. Dependiendo de la velocidad de sampleo en que grabó su mezcla final, esa será la velocidad en que debe ajustar los dos DAT.

3) Después de hacer las conexiones apropiadas, seleccione las velocidades de sampleo y seleccione el modo de operación de las grabadoras DAT en "Digital" en lugar de "Analógico", entonces ya está listo para hacer la copia digital.

4) Ponga en el modo de grabación el DAT que va a recibir la información para empezar a grabar, después oprima PLAY en el DAT que contiene la información para que comience a mandar la mezcla hacia el

DAT receptor. Los niveles del DAT receptor no se necesitan ajustar, ya que estos van incluidos en la transmisión digital.

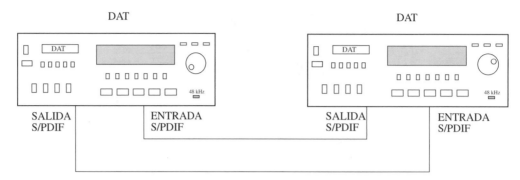

Fig. 15.7 Transmisión digital entre dos DAT.

Cómo hacer una copia digital en las Adat

1) Conecte dos Adat por medio de los conectores "SYNC OUT" en la grabadora maestra y "SYNC IN" en la grabadora esclava (ver figura 15.8).

2) Conecte la salida digital de la Adat maestra a la entrada digital de la esclava por medio del cable de fibra óptica de las Adat.

3) Inserte una cinta en blanco preformateada en la Adat esclava. La cinta con el material ya grabado debe estar en la Adat maestra.

4) Ajuste la Adat maestra para que sea la fuente de generación del reloj (clock) interno oprimiendo y deteniendo el botón SET LOCATE y oprima también el botón DIGITAL IN hasta que vea en la pantalla que muestre "Int".

5) Oprima el botón DIGITAL IN en la grabadora maestra y en la esclava. Los LED en ambas grabadoras deberán estar encendidos.

6) Ponga en el modo de grabación la Adat esclava para recibir la información. Asegúrese de que la Adat maestra esté en el modo SAFE, es decir, que los LED rojos en las pistas no se estén encendiendo y apagando.

7) Oprima PLAY y RECORD en la Adat maestra para que la esclava comience a grabar y la maestra a reproducir.

8) Oprima STOP en la Adat maestra para terminar la copia digital.

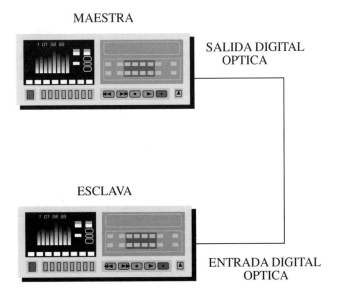

MAESTRA

SALIDA DIGITAL
OPTICA

ESCLAVA

ENTRADA DIGITAL
OPTICA

Fig 15.8 Transmisión digital con fibra óptica.

Para generar SMPTE en la DA-88

Para generar SMPTE y sincronizar la DA-88 con equipo que no sea otra DA-88, entonces necesita la tarjeta de sincronización SY-88 de Tascam. Los pasos para generar SMPTE son los siguientes:

1) Oprima y detenga el botón DISPLAY y oprima el botón de la flecha DOWN. El LED TC se iluminará.

2) Oprima los botones de las flechas UP y DOWN simultáneamente.

3) Seleccione la velocidad del código (*frame rate*) usando los botones de las flechas UP y DOWN.

4) Oprima el botón DISPLAY hasta que el LED GEN se ilumine.

5) Use los botones de las flechas UP y DOWN para definir el tiempo de inicio (TC address). Si está oprimiendo cualesquiera de las flechas UP o DOWN para seleccionar las horas, minutos, segundos y cuadros, oprimiendo DISPLAY la selección será más rápida.

6) Oprima el botón TC REC. El LED empezará a encenderse y apagarse.

7) Oprima y detenga el botón RECORD y después el botón PLAY. La cinta para este momento empezará a moverse.

7) Oprima el botón TC GENERATE para que el código de tiempo comience a grabarse en la cinta. Los LED RECORD, TC GENERATE, TC REC permanecerán encendidos hasta que termine de grabar SMPTE en la cinta.

Es una buena costumbre grabar el SMPTE de principio a fin de la cinta.

Apéndice

Sistema Binario y Hexadecimal

Recuerdo que cuando era niño siempre tuve problemas en la escuela cuando estaba aprendiendo a sumar, restar, multiplicar y dividir especialmente cuando me pedían calcular raíces cuadradas ¿las recuerda? Lo peor de todo es que uno tenía que hacer las operaciones a "papel y lápiz" y no se permitia usar calculadoras electrónicas como las que se usan ahora. Bien, todas estas operaciones eran basadas en el sistema decimal, es decir, con números del 0 al 9. Conforme fui avanzando, me di cuenta que después de tantos años de tomar matemáticas no era tan difícil lo que en aquel entonces creía. Cuando llegué a la universidad y empecé a estudiar informática diseñando hardware y software, me di cuenta que ya el sistema decimal no era parte de mi vocabulario, sino el sistema binario y el hexadecimal que es el que usan las computadoras.

Estos dos sistemas son parecidos al sistema decimal que ya todos conocemos. En el sistema decimal contamos del 1 al 10, pero en realidad únicamente tenemos los digitos del 0 al 9. Cada vez que contamos y llegamos al 9, nos brincamos a la columna de las decenas (que es la columna de la izquierda), del mismo modo si seguimos contando y llegamos al número 99, entonces nos brincaremos a la otra columna del lado izquierdo que vendría siendo la columna de las centenas y así sucesivamente. Ahora bien, cuando vemos el número 2103 decimos que es el número "dos mil ciento tres". Bien, pero ¿cómo lo calculamos? Sabemos que cada columna empezando del lado izquerdo tiene un valor absoluto, la de las unidades, los decenas, las centenas y la de los milésimos. Por ejemplo, vamos a calcular la cifra ya mencionada.

MILESIMOS (1000)	CENTENAS (100)
2	1
DECENAS (10)	UNIDADES (1)
0	3

Si multiplicamos y sumamos:

$$(1000 \times 2) + (100 \times 1) + (10 \times 0) + (1 \times 3) = 2103$$
$$2000 \quad + \quad 100 \quad + \quad 0 \quad + \quad 3 \quad = 2103$$

Así de sencillo es la aritmética en el sistema decimal. Ahora bien, la manera de convertir números del sistema binario y hexadecimal al decimal es similar.

En el sistema binario el número base o raíz es el 2 y en el hexadecimal el número16. Para las computadoras es más fácil trabajar con los números binarios que son el uno (1) y el cero (0). Científicamente el número1 significa activado y el cero desactivado; o sea, uno significa SI y cero significa NO en lógica. A las computadoras no les gusta andar con rodeos, a ellas les gusta una respuesta definida 'sí o 'no' y nada 'de que quizá'. A la unidad mínima que una computadora puede procesar y almacenar en su memoria se le da el nombre de Bit (Binary Digit). El bit tiene dos valores, el 1 (uno) y el 0 (cero). Para las computadoras el contar del 0 al 1 no es muy interesante que digamos, así como al humano el contar del 0 al 9. Por esa razón se inventó el BYTE que es el conjunto de ocho bits, es decir, un grupo de ceros y unos. Ya que sabemos lo que es un bit y un byte, vamos a ver como se trabaja con el sistema binario. No detenga su lectura porque esto es importante para la comprensión de MIDI y del audio digital.

Supongamos que tenemos el siguiente número binario 01110011 que es equivalente a un byte de información (8 bits). Bien, vamos a convertirlo a su equivalente decimal. Veamos la siguiente tabla:

BITS	7	6	5	4	3	2	1	0
DECIMAL	128	64	32	16	8	4	2	1
BINARIO	0	1	1	1	0	0	1	1

$$(128 \times 0) + (64 \times 1) + (32 \times 1) + (16 \times 1) + (8 \times 0) + (4 \times 0) + (2 \times 1) + (1 \times 1) = 115$$

Los valores decimales se obtuvieron de la siguiente manera, a propósito, como recordarán, las computadoras comienzan a contar desde el cero (0):

2 elevado a la 0 potencia	= 1	=	1
2 elevado a la primera potencia	= 2	= 2 x 1	= 2
2 elevado a la segunda potencia	= 4	= 2 x 2	= 4
2 elevado a la tercera potencia	= 8	= 2 x 2 x 2	= 8
2 elevado a la cuarta potencia	= 16	= 2 x 2 x 2 x 2	= 16
2 elevado a la quinta potencia	= 32	= 2 x 2 x 2 x 2 x 2	= 32
2 elevado a la sexta potencia	= 64	= 2 x 2 x 2 x 2 x 2 x 2	= 64
2 elevado a la séptima potencia	= 128	= 2 x 2 x 2 x 2 x 2 x 2 x 2	= 128

De esta manera es como se convierten los números binarios a decimales. Conocer este sistema es muy útil cuando hablamos de las Tablas de Implementación de MIDI. También se dará cuenta del valor de estos sistemas numéricos cuando se habla de los canales de MIDI y de los mensajes.

El sistema hexadecimal que tiene como base o raíz el número 16, es usado por las computadoras como otro método de comunicación entre ellas. Este método es muy efectivo y más sencillo de interpretar y manejar por los programadores de software. MIDI lo utiliza también para indicar los diferentes tipos de "mensajes" que emplea para la comunicación entre sintetizadores. En el sistema hexadecimal se emplean las primeras seis letras del alfabeto para indicar los números 10, 11, 12, 13, 14, y 15 de la siguiente manera:

Ya que las computadoras empiezan a contar desde el cero (0), entonces tenemos:

DECIMAL	HEXADECIMAL
0	0H
1	1H
2	2H
3	3H
4	4H
5	5H
6	6H
7	7H
8	8H
9	9H
10	AH
11	BH
12	CH
13	DH
14	EH
15	FH

Observe que se le agregó una "H" a la derecha de cada número hexadecimal. Esto es para evitar confusiones al interpretar las cifras. Los dígitos del 0 al 9 son exactamente idénticos tanto en el sistema decimal como en el hexadecimal. Por esa razón es importante agregar la letra "H" al indicar un número en forma hexadecimal. Por ejemplo 10H = 16, 20H = 32.

La conversión de cifras hexadecimales a decimales, se lleva a cabo de la siguiente manera: Como mencioné anteriormente, un byte consta de ocho bits de información, también un byte se puede dividir en dos partes o dos grupos de cuatro bits cada uno y se les da el nombre de NIBLES. Veámos el siguiente ejemplo:

BYTE 0001 0000

BINARIO		DECIMAL		HEXADECIMAL
0001 0000	=	16	=	10H

PRIMER NIBLE   0001
SEGUNDO NIBLE   0000

Los valores 128, 64, 32, 16, 8, 4, 2, y 1, fueron calculados al elevar el 2 a las potencias del 0 al 7, tal y como lo planteamos anteriormente en la explicación del sistema binario.

PRIMER NIBLE				SEGUNDO NIBLE			
128	64	32	16	8	4	2	1
8	4	2	1	8	4	2	1
0	0	0	1	0	0	0	0

(10H)

por consiguiente:

$$(128 \times 0) + (64 \times 0) + (32 \times 0) + (16 \times 1) + (8 \times 0) + (4 \times 0) + (2 \times 0) + (1 \times 0) = 16$$
$$0 \quad + \quad 0 \quad + \quad 0 \quad + \quad 16 \quad + \quad 0 \quad + \quad 0 \quad + \quad 0 \quad + \quad 0 \quad = 16$$

Como segundo ejemplo veamos el número binario 00110011:

BYTE 0011 0011

BINARIO		DECIMAL		HEXADECIMAL
0011 0011	=	51	=	33H

PRIMER NIBLE   0011
SEGUNDO NIBLE   0011

PRIMER NIBLE				SEGUNDO NIBLE			
128	64	32	16	8	4	2	1
8	4	2	1	8	4	2	1
0	0	1	1	0	0	1	1

(33H)

por consiguiente:

$$(128 \times 0) + (64 \times 0) + (32 \times 1) + (16 \times 1) + (8 \times 0) + (4 \times 0) + (2 \times 1) + (1 \times 1) = 51$$
$$0 \quad + \quad 0 \quad + \quad 32 \quad + \quad 16 \quad + \quad 0 \quad + \quad 0 \quad + \quad 2 \quad + \quad 1 \quad = 51$$

Espero que con esta sección del Sistema Binario y Hexadecimal se le facilite el manejo y comprensión de todo lo referente a MIDI y al audio digital.

Abreviaturas

A-DAM	-	Akai Digital Audio Multitrack
ACG	-	Audio Clock Generator
ADAT	-	Alesis Digital Audio Tape
ADC	-	Analog-to-Digital Converter
ADR	-	Automatic Dialog Replacement
ADS	-	Advance Digital Sampler
AES/EBU	-	Audio Engineering Society/European Broadcast Union
BIT	-	Bynary Digit
BRC	-	Big Remote Control
CPU	-	Central Processing Unit
DAC	-	Digital-to-Analog Converter
DAT	-	Digital Audio Tape
DIMM	-	Dual In-Line Memory Module

DIN	-	Deutsch Industry Norm
DIP	-	Dual In Line Package
DSP	-	Digital Signal Processing
DOS	-	Disk Operating System
DTL	-	Direct Time Lock
EPROM	-	Erasable Programable Read Only Memory
F-F	-	Flip-Flops
fps	-	frames per second
FSK	-	Frecuency Shift Keying
GB	-	GigaByte
GM	-	General MIDI
HD	-	Hard Disk
Hz	-	Hertz
IC	-	Integrated Circuit
ips	-	inches per second
KBAUD	-	Kilobaud
LAN	-	Local Area Networks
LTC	-	Longitudinal Time Code
LRC	-	Little Remote Control

MADI	-	Multiple Audio Digital Interfase
MAR	-	Memory Address Register
MB	-	MegaByte
MDR	-	Memory Data Register
MIDI	-	Musical Intruments Digital Interfase
MMA	-	Manufacturer MIDI Association
MMC	-	MIDI Machine Control
MSC	-	MIDI Show Control
MTC	-	MIDI Time Code
NTSC	-	National Televisión Standards Committee
PAL	-	Phase Alternate Line
PCI	-	Personal Computer Interface
PCM	-	Pulse Code Modulation
PPQN	-	Pulses Per Quater Note
RAM	-	Random Access Memory
ROM	-	Read Only Memory
S-VHS	-	Super Video Home System
S/H	-	Sample and Hold
S/PDIF	-	Sony/Phillips Digital Interfase Format

SDIF-2	-	Sony Digital Interfase Format
SIMM	-	Single In-Line Memory Module
SPL	-	Sound Pressure Level
SCSI	-	Small Computer Systems Interfase
SECAM	-	Système En Coleurs À Mémoire
SMDI	-	SCSI Musical Data Interface
SMF	-	Standard MIDI Files
SMPTE	-	Society of Motion Picture and TV Enginners
SPP	-	Song Position Pointer
SSD	-	SMPTE Slave Driver
SySex	-	MIDI System Exclusive
TDM	-	Time Division Multiplexing
VHS	-	Video Home System
VITC	-	Vertical Interval Time Code

Bibliografía

Para mayor información sobre los temas cubiertos en este libro, se pueden consultar los siguientes libros y revistas técnicas, que sólo se han publicado en inglés.

Valenzuela José "Chilitos". Descubriendo MIDI.
  San Francisco: Miller Freeman Books, 1995.

Petersen George. Modular Digital Multitracks.
  Emeryville: Mix Books, 1994.

Anderton, Craig. Multieffects for Musicians.
  New York: Amsco, 1995.

Huber Miles David. Hard Disk Recording for Musicians
  New York: Amsco, 1995.

Pohlmann C. Ken. Principles of Digital Audio, Second Edition.
  Indiana: Howard W. Sams & Company, 1989.

The Cutting Edge of Audio Production & Audio Post-Production.
  White Plains, NY: Knowledge Industry Publications, Inc., 1995.

Mix Magazine, Cardinal Business Media, Inc.
  6400 Hollis St. #12, Emeryville, CA, 94608.

Mix Edición en Español, Cardinal Business Media, Inc.
  6400 Hollis St. #12, Emeryville, CA, 94608.

Recording, Music Maker Publications, Inc.,
  5412 Idylwild Trail, Suite 100, Boulder, CO, 80301-3523.

Músico Pro, Music Maker Publications, Inc.,
  5412 Idylwild Trail, Suite 100, Boulder, CO, 80301-3523.

Keyboard, Miller Freeman Publications,
  600 Harrison Street., San Francisco, CA 94107

A

B

C

G

H

I

J

K

L

M

N

O

P

R

Suscríbase a
MIX

¡Unase A Los Profesionales!

Suscríbase hoy mismo a Mix, la revista más leída por los profesionales del audio en los estudios de grabación, sonorización, audio para video, cine y producción musical.

Para recibir más información comuníquese al:

Tel: (510) 653-3307 • Fax (510) 653-5142

o escriba a: Mix Edición en Español • Attn: Suscripciones 6400 Hollis Street #12 Emeryville, CA 94608 USA

Libros Esenciales para Músicos Profesionales

AUDIO DIGITAL
JOSÉ "CHILITOS" VALENZUELA

- Teoría básica del audio digital
- Aplicaciones prácticas en el estudio
- Pro Tools
- **Sincronización entre equipo analógico, digital, video y MIDI**

Este libro cubre una variedad de temas, desde el concepto básico del audio digital hasta aplicaciones realizadas en situaciones reales en el estudio. Se incluyen temas como grabadoras digitales modulares, sistemas de edición digital a disco duro, tipos de conectores y cables, *sampling*, MIDI, convertidores ADC y DAC y aplicaciones, entre otros. 245 páginas, 290 fotografías y dibujos, 1996, ISBN 0-87930-430-8, $24.95 Dls.

DESCUBRIENDO MIDI
JOSÉ "CHILITOS" VALENZUELA

Una guía sencilla para el uso de la nueva generación de instrumentos musicales. Perfecto para el músico, arreglista, compositor, productor, ingeniero en sonido y principiante en la música electrónica. Se incluyen conexiones y aplicaciones básicas y complejas de instrumentos electrónicos musicales modernos, gráficas, teoría y además un extenso vocabulario de términos frecuentemente utilizados. 116 páginas, 115 fotografías y dibujos, 1995, ISBN 0-87930-373-5, $19.95 Dls.

DICCIONARIO ILUSTRADO DE MÚSICA ELECTRONICA
JOSÉ "CHILITOS" VALENZUELA

Un extenso diccionario ilustrado para que los ingenieros de grabación, músicos, productores y estudiantes tengan una mejor comprensión sobre la terminología del tema de MIDI y de las computadoras. Este genial diccionario cuenta con ilustraciones y fotografías de las definiciones para un mejor entendimiento. Asimismo, los términos en inglés fueron traducidos de la manera que se usan en diferentes países de Latinoamérica y España. 180 páginas, 1998, ISBN 0-87930-431-6, $17.95 Dls.

También disponibles Backbeat Books en Inglés: docenas de títulos para gente apasionada por la música. Nuestros libros están diseñados para entretener e informar a los aficionados sobre la música que ellos quieren, informa a los lectores acerca de nuevos artistas y grabaciones y da a los músicos mayores conocimientos e inspiración para hacer su música propia. Temas claves: música y músicos de rock, jazz, blues, música clásica, world music y más; guías prácticas y libros de enseñanza para músicos y profesionales, incluyendo para guitarras, teclados, bajos, baterías y metales. Para más información visítenos en **www.backbeatbooks.com**.

United Entertainment Media

Pedidos:

Backbeat Books, 6600 Silacci Way, Gilroy, CA 95020 USA

Tel.: (866) 222-5232 o (408) 848-8294 • **Fax:** 408-848-5784

Email: libros@musicplayer.com

Web: www.backbeatbooks.com/es.html

Cargo por envío: $5.00 Dls. por cada orden dentro de U.S.A., $10.00 Dls. por cada ejemplar por pedídos internacionales. Envíe cheque o giro en dólares, o cárguelo a su tarjeta de crédito (MasterCard, Visa, American Express).

UEM Español

La división de United Entertainment Media que brinda los recursos más avanzados para los profesionales de la industria de la música

EQ en Español

La revista bimensual en tu idioma basada en la famosa EQ Magazine.
Cada número de EQ en Español contiene editorial proveniente de la familia de revistas más grande del mundo en grabación, sonido y tecnología musical.

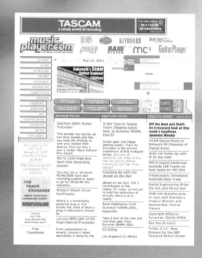

MUSICPLAYER.COM

La página de internet más completa de nuestra industria, trayéndoles ilimitados recursos: como tutoriales y acceso a los Expertos más cotizados, incluyendo un FORO completamente en nuestro idioma llamado "Nuestro Foro".

Backbeat Books

Ofreciendo una extensa colección de libros esenciales para profesionales y entusiastas de la música, incluyendo tres libros en español por el reconocido autor José" Chilitos" Valenzuela.

¡Visítanos en-línea!

www.eqmag.com • www.eqmag.com/ee • www.prosoundnews.com • www.musicplayer.com • www.musicplayer.com/nuestroforo • www.backbeatbooks.com • www.musicyellowpages.com

¡Qué sorpresas tendrá UEM Español para tí en 2002!

CMP
United Business Media

EQ • EQ en Español • Extreme Groove • Pro Sound News • Surround Professional • Keyboard • Guitar Player • Bass Player • mc • Rumble • Gig